団地再生まちづくり 2

よみがえるコミュニティと住環境

団地再生産業協議会
NPO団地再生研究会
合人社計画研究所 編著

文化とまちづくり叢書

水曜社

序——団地再生と「利用の構想力」

東京大学 教授 松村秀一

「明日から新築はゼロ」と思ってみること

私が団地を含む集合住宅の再生に関する研究を始めた１９９０年代の半ば、ある飲み会の席で旧知のベテラン建築家から「最近マツムラは何に関心を持っているのか？」と問われたことがある。

「これからは新築は徐々に減り、相対的に既存ストックの再生の問題が大きくなってくるでしょうから、私はそこに注力しはじめています」というようなことを答えたと記憶している。自称「アバンギャルドな」その建築家は「そうか」と一呼吸置いた後、彼独特のアドバイスをしてくれた。

「俺は何十年も『アバンギャルド』をやってきたからよくわかるが、そんな中途半端な感じではいかんな。いいかマツムラ、お前もそういう新しい時代の課題に取り組もうとするのならもっと『アバンギャルド』な姿勢でなければ。『アバンギャルド』の基本はできるだけ遠くに球を投げること。誰も投げられないほど遠くにな」

「『遠くに球を投げる』というのは具体的にはどんな感じですか？」と問うと、すぐに次のような答えが返ってきた。

「お前の話からすると、まずは明日から新築が一切なくなる、ゼロになると思って研究することだな」

私は別にアバンギャルドな研究者を目指していたわけではないのだが、なぜかこのアドバイスがとても気に入り、それ以来再生の問題を考えるときは「明日から新築はゼロになる」と思うようにしてきた。そしてそうしてみると、周りの中途半端さが目についてしかたなくなってきた。再生の方法を議論する場では「そんなことを考えるより取り壊して新築する方が面倒も少ないし、よいものができるでしょう」というたぐいの意見が出るのが常だったし、新しい事業分野として再生の可能性を検討していた人たちの多くが、新築市場が少し持ち直すとすぐに検討を中断し、手慣れた新築事業に戻っていった。「これからはストックの時代だ」といって政策を議論しようという場では、平気でこれから良質なストックとなり得る新築のあるべき姿が主要議題になったりしてもいた。遠くに球を投げるどころか、球を投げるように見せかけて実際には球を投げないような意識と態度が常態化していたのである。

「箱」の産業から「場」の産業への転換を意識すること

しかし、21世紀も最初の10年が過ぎようとしている今になってようやく多くの人の態度が変わりつつある。もはや新築市場の拡大が期待できないということをかなりはっきりと認識しはじめたからである。ただ、多くの関係者は当然のことながら「明日から新築はゼロ」とは思っていない。そのため個人個人の頭の切り替えもうまくできていないし、ましてや組織の意思決定場面での切り替えは遅れに遅れている。ここで問題なのは、属人的な能力にせよ、ある程度普遍化した手法にせよ、組織のあり方にせよ、すべてが新築分野で蓄積してきたものを転用すれば再生という分野にも対応できるという根拠のない意識である。

新築と再生にはもちろん共通することもあるが、事業分野としては大きく異なる。話をわかりやすくするために大胆に割り切った言い方をすれば、新築の主たる関心事は建設される「箱」そのものであったのに対し、再生が扱う主題は生活そのものであり、それが展開される「場」の再編成である。結果的に「箱」の質や性能を直したり向上させたりする行為が含まれるかもしれないが、再生に関する思考がそこからスタートすることはない。

例えば、空き家を抱える団地の再生の問題。劣化した外壁や屋根を直し、住戸内の設備を新しいものに交換すれば問題は解決するのだろうか。あるいはそもそもそこに問題の核心があるのだろうか。そんなことはない。そこに住んでいる高齢者が抱えているのは空き家に象徴されるコミュニティの荒廃の問題であり、彼らの生活の場、すなわち団地や地域の運営の問題である。そこでは、どうすれば空き家に新しい住民が入ってくれ、彼らが団地や地域の活性化にどのように寄与してくれるかこそが本質的な問いであるはずだ。もちろんバリアフリー化に代表される「箱」の改善も必要だろうが、それは部分的な要素でしかあり得ない。介護サービスや住民同士の助け合いを含む生活の「場」としての団地や地域の総合的な質の向上をこそ目標にすべきだろう。

建築設計者や建設業者は「箱」づくりには手慣れている。しかし上述のようなサービスや運営、さらにはコミュニティ形成や空き家の流通までを包含した「場」の形成に手慣れているわけではない。本格的に再生の時代に突入しつつある今必要なのは、大胆な産業の転換、すなわち「箱」の産業から「場」の産業への転換なのだと思う。

利用者の構想力を導入すること

そのような産業の転換は一朝一夕にはできない。時間をかけた試行錯誤の過程、そしてその経験の蓄積がどうしても必要だ。その意味で本書のような経験と思考の共有を目指すメディアの存在は重要だ。本書を企画した方々や参加した方々に敬意を表したい。ただし、産業の転換にとって重要なことをもう一つ申し上げておかねばならない。それは産業への新しい血の導入である。

新しい血を入れずに産業が変わることは容易でない。では、「箱」の産業から「場」の産業に転換するうえで、どんな血を導入すればよいのか。まずそれはその場で生活する人々、空間を利用する人々であろう。「箱」の新築時代にも居住者参加への取り組みはあったし、注文住宅の設計では施主があれやこれや意見をいう機会が保証されてきた。しかし、その場合の居住者や施主の中心的な関心はやはりまっさらな「箱」そのものに置かれ、「箱」を得手とする産業にしてみれば多くの場合、肌目細かな顧客対応以上のものではなかっただろう。しかし、すでに「箱」が存在するうえで生活の「場」の再編を望む場面にあっては、むしろ空間の利用者の生活経験に基づくよりリアルな要求こそが事業の全体像を決めることになるし、現に存在する「箱」に則した空間体験から生まれる新たな空間利用の構想力にも大いに期待できる。建築をはじめとする居住環境の専門家独自の知識も必要だが、空間の利用者が再生事業において中核的な役割を担うべきことは論を待たないと思う。

このいわば「利用の構想力」をどう導き、どう組織化し、それにどのような形を与えるか、それこそが専門家側の勝負どころになる。

序――「団地再生・まちづくり」の展開に向けて

澤田誠二／済藤哲仁

団地再生に関する書籍を初めて世に送り出したのは２００３年なので、すでに6年が経過した。この間、われわれは、団地再生卒業設計賞、シンポジウム、セミナーを進めてきたが、ようやく団地再生の解決策が見えた。

住宅団地とは、前世紀後半の大都市の成長に伴って、人口流入の「受け皿」として開発された。しかし高度成長期に入ると、この住環境の「標準設計住戸＋平行配置」という単調さや住戸の狭さ、設備の老朽化が住人に受け入れられず、住宅公団（現・都市再生機構など）による対処が検討されはじめた。われわれは10年前、団地再生で先行するヨーロッパを訪ねて、団地再生に取り組む際の基本は「団地コミュニティの維持」と「地域社会の活性化」と感じ、その方向で活動してきた。

この間にわが国にも、団地再生に必要な建築技術、コミュニティ維持の方法、高齢社会・地球環境問題への対処などさまざまな解決策が出そろってきている。さらに、さまざまな団地再生プロジェクトの展開に必要なプロジェクトの設定と事業・財務の方法、プロジェクトマネジメント手法の事例も見えてきている。本書は、団地再生にかかわる人々にこのことをわかりやすく伝え、それぞれの立場で役立てていただくためにまとめた。読者の皆さんのご意見をうかがいたい。

澤田誠二（明治大学教授）団地再生産業協議会　http://www.danchisaisei.org/
済藤哲仁（現代計画研究所取締役）NPO 団地再生研究会　http://www.tok2.com/home/danchisaisei/

「団地再生」の手引き

本書の各テーマを、二つのヒントに整理したうえで概括した。

Hint 1 これまでの取り組み

住戸リノベーションや建て替えなど、さまざまな試みが実現している。

よりよい暮らしの提案

- スローライフと二地域居住 p74
- いごこち（居心地）と住環境 p84
- 市民の「手」でできること p94
- 戸建て住宅団地の再生 p109
- 子育ての家から終の棲家へ p114
- 再生プロジェクトの企画と評価システム p125
- 住民主体の地域運営と団地再生 p140

新しい価値観をカタチに

- タウンスケープと団地再生 p24
- 土と緑が住み続けたい条件に p39
- リノベーションの勧め p51
- 明るい団地の条件とは p58
- 〈みどり〉の力で活気を取り戻す p64
- 文化財的価値のある農家に住む p69
- 日本とドイツの団地再生を考える p120
- 香港集住体験記 p145

再生への要素技術

- 「建て替え」と「ストック改修」 p34
- よみがえる中古団地の住戸 p89
- 安全で安心な住まいづくり p135
- マンションリフォーム工事の現場から p156
- 「居住者の自主改修」という実験 p161
- 水資源の要素技術とは p167
- 快適、安全・安心な住生活のために p189

Hint 2 これからの手がかり

日本の団地再生は発展途上だが、地域の合意形成が推進力となる。

活力を取り戻すための試行錯誤

- 再生へのグランドデザイン策定 p29
- 団地を多様性とドラマのあるまちへ p45
- 元気なまちであり続けるために p100
- 団地再生と地域あんしんシステム p130
- 住宅管理組合の脆弱性 p150

社会システムの設計へ

- 欧米とアジアの団地再生 p14
- 団地再生で周辺との連携を強化 p20
- エコ社会づくり実践へ p79
- 歩いて暮らせる郊外拠点を p105
- 苦悩する団地再生計画の現場 p173
- 縮小社会に求められる減築のしくみ p202

期待される要素技術

- 設備から見た団地再生 p178
- 団地再生とヒートポンプ p183
- 魅力ある団地は設備改修から p193
- 新築を超える団地再生 p198

CONTENTS

序 2 団地再生と「利用の構想力」
松村秀一 東京大学 教授

序 6 「団地再生・まちづくり」の展開に向けて
澤田誠二／済藤哲仁

第1章 団地再生が担う〈地域の未来〉

14 欧米とアジアの団地再生 再生という行為にとって何が大切か
村上 心 椙山女学園大学 生活科学部 教授

20 団地再生で周辺との連携を強化 環境や生活の質向上へ
大坪 明 武庫川女子大学 生活環境学科 教授

24 タウンスケープと団地再生 沿道と空をいかにデザインするか
江川直樹 建築家／関西大学 環境都市工学部 建築学科 教授

29 再生へのグランドデザイン策定 泉北ニュータウン活性化に向けて始動
土師純一 堺市議会議員

34 「建て替え」と「ストック改修」 ドイツの団地再生の現場から
河﨑恭広 大阪ガス株式会社 近畿圏部 理事

39 土と緑が住み続けたい条件に 東北とドイツで見る団地の「庭」
大沼正寛 東北文化学園大学 准教授／建築研究所ＭＡＩＳ

45 団地を多様性とドラマのあるまちへ 建築家の立場から
星田逸郎 建築家

リノベーションの勧め　住民のニーズは「ここに住み続けたい」 51
川村眞次　URサポート 設計技術部長

第2章〈水・緑・風〉を活かした再生のデザイン

明るい団地の条件とは　ドイツ・ライネフェルデから考える 58
齋藤亮太郎　明治大学 澤田研究室 OB／竹中工務店 東京本店 設計部

〈みどり〉の力で活気を取り戻す　快適な生活を楽しみつつ、資産価値も高める 64
ポール・スミザー　ガーデンデザイナー／ホーティカルチャリスト

文化財的価値のある農家に住む　土地や緑の「共有」と「私用」 69
河村和久　建築家／マインツ工科大学 建築学科 教授

スローライフと二地域居住　西湘の生活から団地再生のヒントを探る 74
原　大祐　Co. Lab 代表取締役

エコ社会づくり実践へ　環境そして人とつながる暮らしとは 79
仁連孝昭　滋賀県立大学 副学長／NPO法人 エコ村ネットワーキング 理事長

いごこち（居心地）と住環境　「生きるよりどころ」の重要性 84
安原喜秀　居心地研究所

よみがえる中古団地の住戸　学生による自主改修実験について 89
鈴木優里　武庫川女子大学 生活環境学部 生活環境学科 助手

市民の「手」でできること　多摩ニュータウンの片隅から 94
寺田美恵子　NPO法人 福祉亭 理事

第3章　団地をよみがえらせる「しくみ」

100　元気なまちであり続けるために　成熟期のニュータウン再生まちづくり
牧野純子　市浦ハウジング&プランニング

105　歩いて暮らせる郊外拠点を　棟別再生、高齢者施設、サービス導入が鍵
小林秀樹　千葉大学大学院 工学研究科 建築・都市科学専攻 教授

109　戸建て住宅団地の再生　社会実験「まち博覧会」を提案
角野幸博　関西学院大学 総合政策学部 教授

114　子育ての家から終の棲家へ　ハードの課題をソフトで克服
中道育夫　多治見市34区ホワイトタウン自治会 元区長

120　日本とドイツの団地再生を考える　明舞団地再生コンペとライネフェルデ
水野成容　大阪ガス株式会社 近畿圏部 部長

125　再生プロジェクトの企画と評価システム　持続可能な社会の実現へ
鈴木克彦　京都工芸繊維大学大学院 工芸科学研究科 教授

130　団地再生と地域あんしんシステム　一人暮らしの高齢者を見守る
小山展宏　都市・建築研究者

135　安全で安心な住まいづくり　犯罪の実態に即した的確な対策を
山本俊哉　明治大学 理工学部 建築学科 准教授

140　住民主体の地域運営と団地再生　横浜・郊外市街地の再構築をスケッチする
菅　孝能　株式会社 山手総合計画研究所

145 香港集住体験記　集合住宅の質とセキュリティ
平館孝雄　DATEプランニングアソシエイツ 代表取締役

150 住宅管理組合の脆弱性　マンションにおける所有と管理
山森芳郎　たまプラーザ住宅管理組合 理事長

第4章 再生のための技術と設備

156 マンションリフォーム工事の現場から　改修工事の手法と方法
尾身嘉一　大栄工業株式会社 社長

161 「居住者の自主改修」という実験　一つの生活デザインから始まる団地再生
横山　圭　東京理科大学 初見研究室 卒業

167 水資源の要素技術とは　環境に配慮した団地づくり
下田邦雄　東京ガス株式会社

173 苦悩する団地再生計画の現場　再生モデル団地（山宮賃貸住宅）について
桂嶋史夫　山梨県住宅供給公社 事業課長

178 設備から見た団地再生　水に着目して再生を考える
安孫子義彦　株式会社ジエス 代表取締役

183 団地再生とヒートポンプ　既存団地は温暖化を抑制する「都市の森」
片倉百樹　東京電力株式会社 顧問

189 快適、安全・安心な住生活のために　新時代の「窓・ドア」について
横谷　功　YKK AP株式会社 改装推進室 室長

193 魅力ある団地は設備改修から　住戸、住棟をまとめて見直す
安孫子義彦　株式会社ジエス 代表取締役

198 新築を超える団地再生　オランダ・アムステルダムの事例から
南　一誠　芝浦工業大学 工学部 建築学科 教授

202 縮小社会に求められる減築のしくみ　集合住宅のクオリティを高める
鎌田一夫　住まいの研究所

団地再生に取り組む——活動報告

208 都市住宅学会関西支部「住宅団地のリノベーション研究委員会」　大坪　明　主査代行／武庫川女子大学 教授

210 都市住宅学会中部支部「住宅市場研究会・住宅再生部会」　村上　心　椙山女学園大学 生活科学部 教授

212 社団法人 日本建築士会連合会

214 NPO法人 ちば地域再生リサーチ　鈴木雅之　事務局長

216 NPO法人 エコ村ネットワーキング　仁連孝昭　滋賀県立大学 副学長

218 ESCO推進協議会　村越千春　事務局長

220 NPO法人 建築技術支援協会　中村正實　事業部長

執筆者プロフィール／団地再生に関する参考書籍

第1章

団地再生が担う〈地域の未来〉

昭和30年代後半に始まった団地の建設ラッシュからおよそ半世紀。団地は今、建物自体の建て替え・大規模修繕の時期を迎える一方、団地そのものが社会的ストックであるとの認識も広まっている。そのストックが荒れてしまわないように再生し、地域に開かれた存在とすることで、コミュニティは活性化するはずだ。団地と地域をいかに結びつけるか。日本の「団地再生」は、地域の未来も担っている。

欧米とアジアの団地再生

再生という行為にとって何が大切か

団地・集合住宅の再生について、
日本では今まで「建て替え」が主流だった。
しかし、近年は欧米流の「再生」へと変化しようとしている。
はたして日本の団地再生はどうなっていくのか。

椙山《すぎやま》女学園大学 生活科学部 教授 村上 心

むらかみ・しん
1992年東京大学大学院博士課程満了後、椙山女学園大学講師、デルフト工科大学客員研究員を経て現職。博士（工学）

スクラップ・アンド・ビルドからサステナブルへ

欧米の「団地再生先進国」では、マス・ハウジング期に建設された大量の集合住宅への再生行為がわが国に先行して行われています。欧米の集合住宅・団地の再生事例を対象とした10年余りにわたる調査研究結果を踏まえて、「再生」への認識がようやく定着しつつある日本が、そこに学ぶべき点は何か、また、わが国やアジアの独自文化を踏まえた再生行為は存在するのか、という疑問に対する回答の方向性を提起したいと思います。

わが国の住宅市場が、スクラップ・アンド・ビルド型（フロー型）から、欧米の多くの国に見られるようなサステナブル型（ストック型）へと変化するのに伴い、社会の構造転換が求められています。この変化と転換は、相互に連関すべき動きであり、少子高齢化・環境保全・経済環境などの社会的諸課題への有効な処方箋として位置づけられます。既存・新築双方を対象とした、良質な住宅ストックの「持続的な（サステナブルな）」活用を目指す居住環境づくりを、「再生」と呼ぶことにすると、欧米では、日本より早くこの再生が定着しています。結果として、現存する住宅数（ストック＝S）を年間住宅着工数（フロー＝F）で除した値（S／F）を、「住

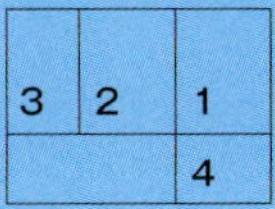

1、2. マポ・龍江（ヨンガン）洞江辺グリーンアパート。マンション・リモデリング第1号：2002／6～2003／7
3. Domgnam Apart。ビオトープづくりの様子
4. 方背（バンベ）洞宮殿。アパート：2005／7～2006／12

宅が建て替えられる平均年数（平均寿命）」を傾向的に示す指標として考えてみると（図1参照）、わが国の住宅の寿命が37年であるのに対し、欧米4か国では74年～132年であることがわかります。

こうしたわが国のスクラップ・アンド・ビルド型建築生産体制は、第二次世界大戦後の産業社会構造の転換によって促され、土地問題や税制によって加速されたものです。しかしながら、現在住宅ストック数は総世帯数をはるかに超えていること、2007年以降の人口減少が予測されていることから土地不足は解消の方向へ向かっていますし、都市部では法定容積率の限界まで活用した建築物が多く、建て替えることによる床面積の増加が期待できないため経済的メリットを得にくく建て替えは容易ではありません。

なぜ今、再生か？

では、この再生への取り組みの違いはなぜ生じているのでしょうか？　また、なぜ今わが国で再生が注目されているのでしょうか？　答えは、大きくハード面とソフト面の二つに分けて考えることができます。ハード面としては、「質」の問題と「時期」の問題の二つを取り上げる必要があります。まず「質」ですが、はなはだ残念なことに、これまでのわが国で建設されてきた住宅は、100年、200年の寿命を想定した「良質な」ストックであるとは言い難いものです。これは、第二次世界大戦後から続いた深刻な住宅不足のために、質より量を重視する供給を目指したやむを得ない結果です。したがって、再生工事を施すよりも壊して建て替える方がいいという選択は自然な結論でしょう。前述したように、今、人口減少が予測されていることもあり、住宅は全体として余ってくることが確実です。再生への注目は、量より質に意識が変化しようとしている結果なのです。ハード面でのもう一つの問題である「時期」とは、1960年代後半から70年代にかけて開発された団地や大量の集合住宅が、大規模改修工事が必要なタイミングを一斉に迎えているという事実です。ソフトでは、わが国での再生の動機が薄かったことが挙げられます。欧米では、80年代から、空室割合の多さ、入居者階層の偏り、バンダリズム（破壊行為）の多発、建物経年損壊の進行、高層住居の子どもへの悪影響、建物外観形態の単調さ、安全性の欠如、エレベーターの不足、周辺地区からの孤立などの集合住宅団地に関する具体的問題やエネルギー消費節減のための断熱工事の必要性が指摘されていました。また、移民受け入れ政策などによる社会階層間格差の顕在化によって、失業者があふれて家賃が払えない人々が集中して居住する地区などでは、麻薬や暴力が日常化してきました。これらの問題への対策として、団地の再生・集合住宅の再生が行われました。わが国では、いまだこれらの問題が顕在化していないため再生のメリットが少なかったのです。今、少子化、超高齢化の時代を迎えて、上記の欧米で先行した問題のいくつかがわが国にも大きな社会問題として降りかかってくる可能性があります。再生に取り組むことが不可避となる時代を迎えようとしているのです。

再生手法のレベル

欧米で見られる集合住宅の再生の内容を、再生の結果として得られる性能レベルによって分類することができます（図2参照）。「再生の手法」のレベルⅠとは、「初期性能への回復」を目的とする再生行為であり、建設時の性能状態に戻す再生を指しています。この行為は、一般的に「修理」や「修繕」「補修」といった呼び方をされています。レベルⅡとは、「再生行為の行われる時点での時代標準性能への引き上げ」を目的としているものです。これは「改良」「改修」といった呼び方で表現できます。レベルⅢは、「空間性能の包括的引き上げ」を目的とするもので、例えば、二つの住戸を一つにして面積を一気に2倍にしてしまうといった再生を指します。広い意

図1：基準階の費用と日数の詳細

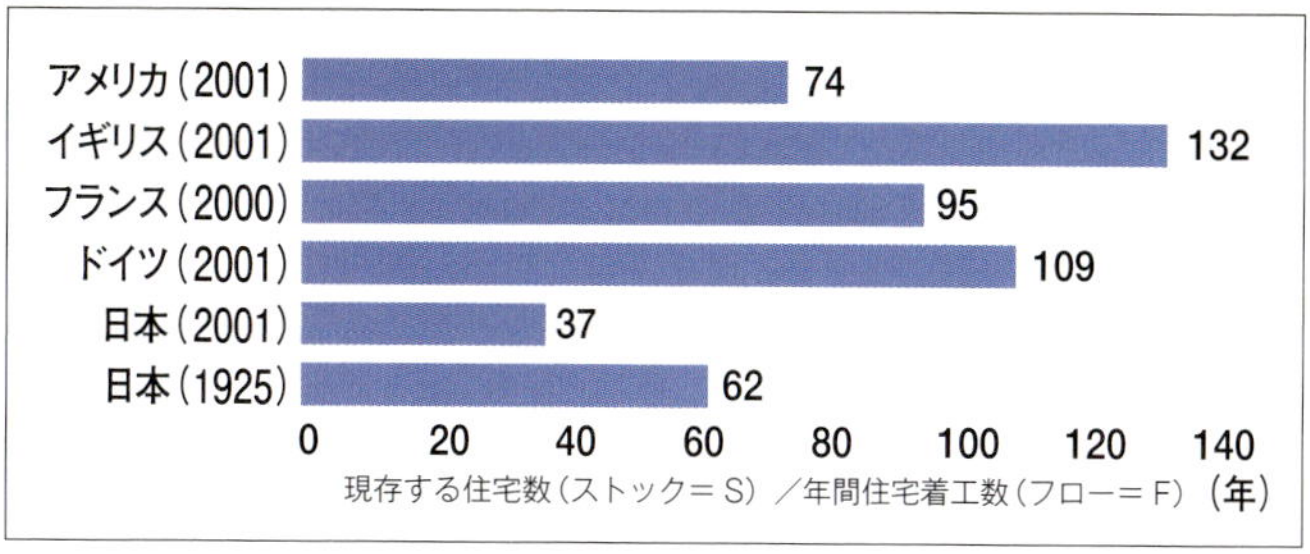

図2：再生手法のレベル —— 集合住宅再生の選択手法

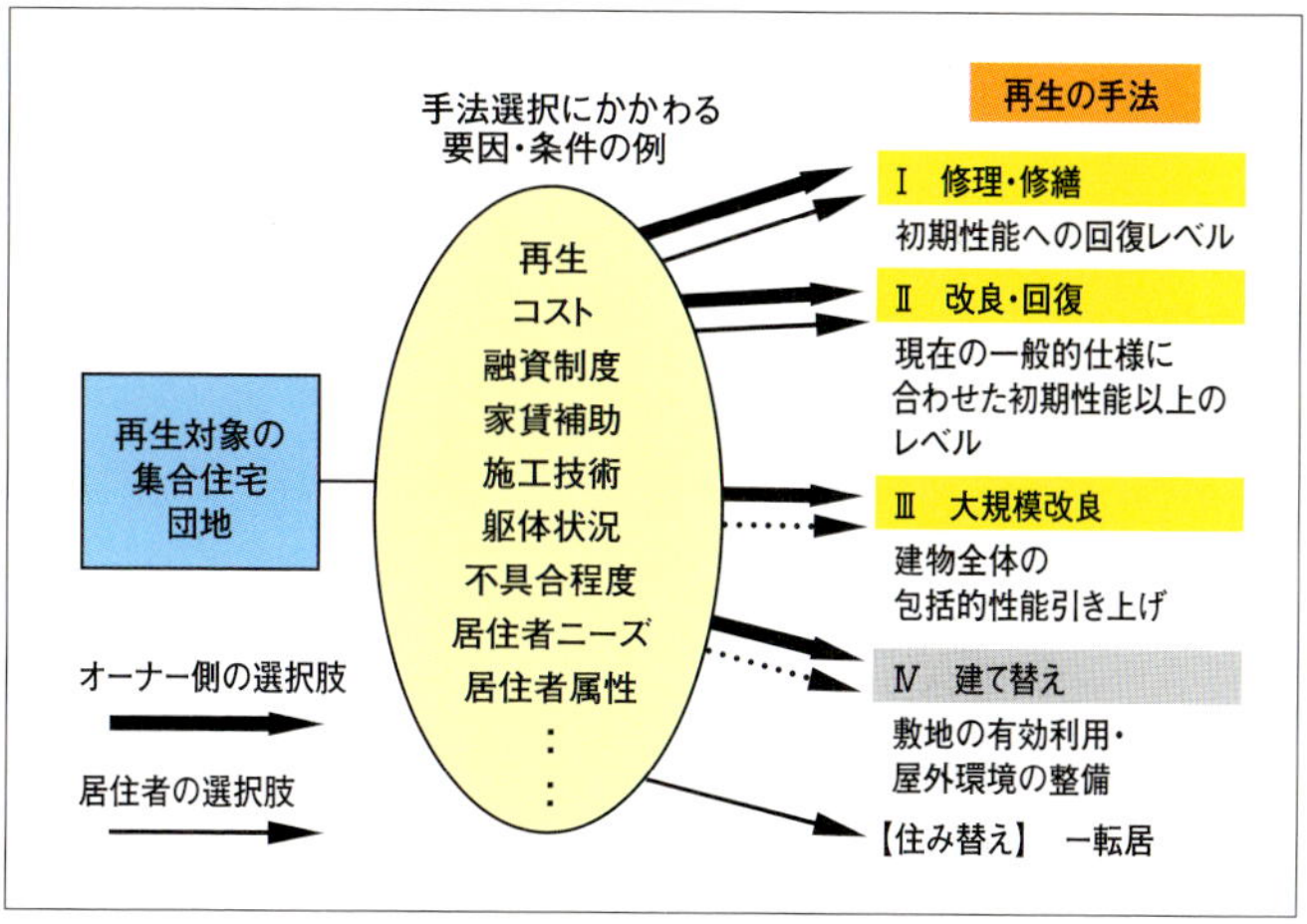

図3：韓国のS/Fと住宅関連法規の推移

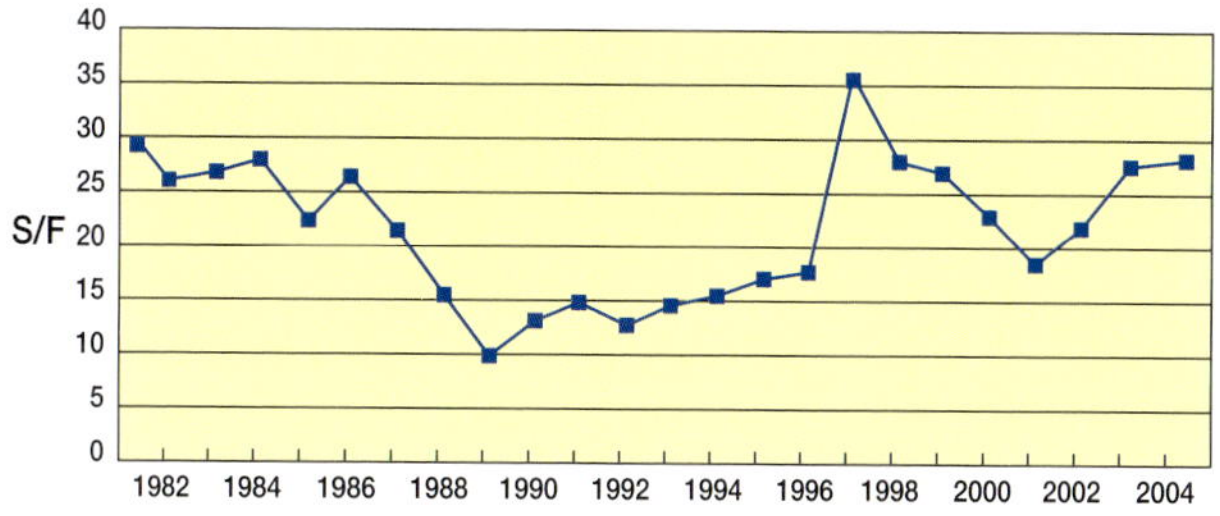

1987／1988：住宅建設促進法／施行令：建て替え組合の結成／経年20年以上
1997：住宅建設促進法：無分別な建て替えの抑制(安全審査手順の強化など)
2002：住宅普及率100%：建設業界がリモデリングに着目
2003：住宅法／施行令：リモデリング、大規模修繕10年以上、増築20年以上
2003：ソウル市都市計画条例：容積率規制強化
2004：建築法施行令／住宅法：ラーメン造の容積率緩和、リモデリングの増築許可

味では、「建て替え」も「再生」行為に含めることができます。上記の再生レベルⅠ～Ⅲで再生するよりも、古い建物を壊して新しい建物を建てた方が社会的・経済的・文化的に有利であると判断される場合には、「建て替え」という「第四の選択肢」が選ばれることになるのです。欧米では、これらの四つの再生レベルのうち、対象となる団地・集合住宅にとって最適な一つのレベル、あるいは複数のレベルの組み合わせが選択されます。対して、わが国においては、レベルⅠの修理・修繕レベルのリノベーション行為が幾度か繰り返された後に、いきなりレベルⅣの建て替えが選択されるというのがこれまでの「常識」でした。近年では、修理・修繕レベルは継続的に実施されているものの、改良・改修レベル、大規模再生レベルの実施は緒についたばかりです。

何が再生を妨げるのか?

「再生」とは建物の寿命を延ばすための工事（空間的再生）だけを意味するのではありません。失業者への技能教育や雇用対策などの「社会経済的再生」や、地域の安全・景観などを改善する「環境的再生」を含んだ取り組みです。わが国をはじめとするアジアの団地再生のボキャブラリは、欧米の再生事例に比して極めて乏しい状況にあります。結果として、経験不足のために、住み手・所有主体・計画主体などは再生内容・効果に関するイメージを持ちにくく、効果的な再生が実施されないという悪循環に陥っているように思われます。

また、新築を中心とする住宅生産システムが、再生工事との共存へと移行するためには、具体的にいくつかの課題があります。例えば、調査・診断の技術、居住者間での合意形成、工事中およびその前後における住民への対応や騒音などのトラブルへの対処、工事安全対策、職人のスキルや教育、新築に比して割高なコスト、積算の難しさ、中古住宅への価値基準のあいまいさ、などが挙げられます。これらの課題に対して、一つずつ日本型の生産システムと文化を踏まえた解決手法を開発していく必要があります。再生（リノベーション）を巡る社会の変化は、今、その必要性や内容を学んでいたフェーズから、技術革新（イノベーション）のフェーズへと移ろうとしているのです。

ソウルの団地再生

日本よりもS／F（S＝ストック、F＝フロー）が低く（図3参照）、スクラップ・アンド・ビルド型社会であった隣国韓国・ソウルでは、2003年以降、機敏に改良される法制度による経済的なインセンティブに誘導された、マンションの大規模再生事例（写真1、2）がいくつか実行されています。また、住棟と住棟の間の敷地を利用して大規模地下駐車場をつくったり（写真4）、建築家と住民が一緒にビオトープをつくったり（写真3）する団地再生が行われています。

再生をより効率的・効果的に行うための技術開発も進行中です。壁式RC構造に対する再生技術の開発、再生に関する行政法と私法間の混乱の解消、大統領が替わる度に繰り返される方針転換、人口密度が高いソウルをさらに過密にする増築の是非、などの課題はありますが、再生への取り組みの積極性、再生による資産価値の上昇を反映する不動産市場、などは、西欧のまちづくり手法を団地という形で取り入れたアジアの国々が、団地再生に取り組むためのベンチマークとなることでしょう。

終わりに

実は、「再生ブーム」は必ずしも望ましいものではありません。大量・急激につくり出した地球上の人工環境へ手を入れ続ける努力を怠った結果、あるいは、手を入れ続けるシステムを用意していなかった結果、急激な環境性能向上を行わざるを得なくなった現象にほかならないからです。日々の「維持管理（日常的再生）」を行うこと、また、行える建築システムを再び構築することができれば、予定外の大規模再生は不要となるはずです。その意味で、再生は、既存ストックのみを対象にする概念ではありません。現在つくろうとしている建築・人工環境にも、手を入れるための容易さ（変化へのキャパシティ）をどのように用意しておくべきか、という新築技術の革新の方向性を示唆する概念でもあります。このとき、19～20世紀の消費社会への反省を込めて、人工環境と自然環境のバランスへの配慮が同時に考慮されるべきであること、そして、不幸にも画一的な開発をされた団地一つひとつの状況にふさわしい個々の環境づくりを専門家と住民がともに責任を持ち計画・実行することが必要であることはいうまでもありません。再生とは、一人ひとりが持つべき21世紀の住まいづくり・地球づくりの考え方なのです。

団地再生で周辺との連携を強化

環境や生活の質向上へ

これまでの「建て替え中心」の日本のやり方では、団地と周辺地域をうまくつなげられずに、住民の利便性を損ねていることが多かった。団地のオープンスペースを活かして「つなぐこと」を考える。

武庫川女子大学 生活環境学科 教授 大坪 明

おおつぼ・あきら
1948年生まれ。アール・アイ・エー大阪支社副支社長を経て2006年より現職。NPO団地再生研究会理事、団地再生産業協議会特別委員

日本での団地再生の実情

日本の住宅団地はそのほとんどが住宅専用で、地域の人々の生活利便のための施設は、もっぱらセンターと呼ばれる場所に集中的に設けられています。さらに、郊外の丘陵地に建設された集合住宅団地では、団地周囲の道路と団地内との間が斜面を伴う植栽帯などになり、団地を囲んでいるところも多く見受けられます。このように、団地周辺との関係が断絶していることが多い点が、かねてより問題視されていました。

そこで1980年代には多摩ニュータウンなどで、住宅公団の集合住宅1階に＋αルームというアトリエやピアノ教室などたんに住む機能以外に使える部屋を、歩行者専用道路に面して設けるような試みがなされたこともありましたが、それが定着するということはありませんでした。また、現在のところ団地再生というと、その手法の中心は住宅デベロッパーを導入した建て替えです。しかしこの手法では、元住民に建て替え後に無償で返還される面積が中心課題で、事業者はいきおい許容される容積率いっぱいに建設することになります。その結果、元からその地域が持っていた環境の質や周辺住民の生活利便の向上にはあまり敬意が払われることがなくなります。民間マンションとなってしまうと、住宅専用であ

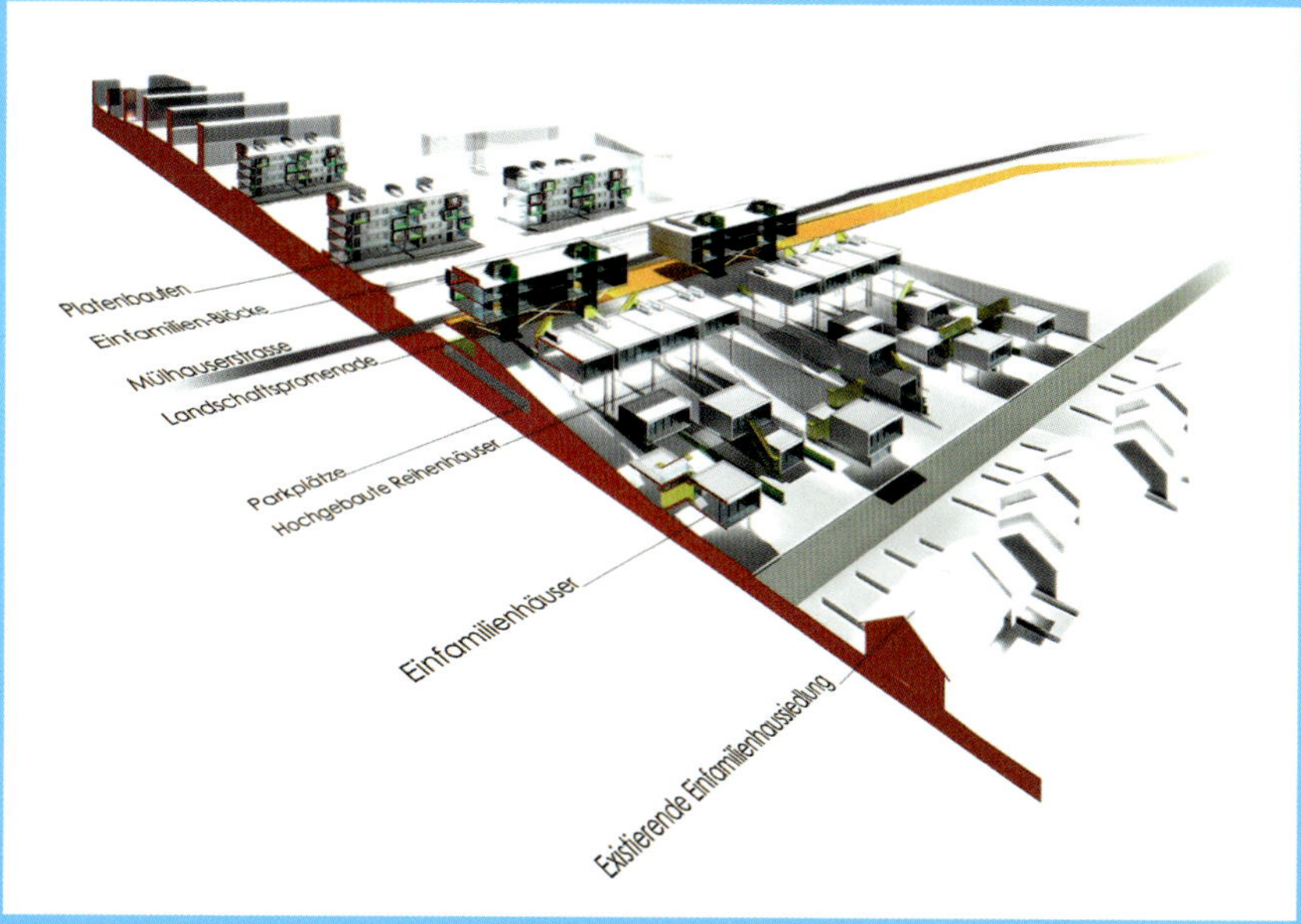

ライネフェルデ・住宅地計画のコンペ最優秀案の、戸建て住宅地側から見た鳥瞰パース

ることが管理上も処分上も好ましく、足元にまちとの関係を築く住宅以外の用途を導入することなども、ほとんどありません。

このようにわが国で建て替え手法で行われている団地再生においては、周辺のまちと団地の関係性を強化したり、まち全体の居住環境の向上や生活利便に寄与することなど、それほど考えられていないのが一般的ですが、これは地域にとっての損失ということができます。

欧州での事例

一方、欧州ではまったく事情が異なり、団地とその周辺をつなぐことが重要視されてきています。

ドイツ中央部のまち、ライネフェルデ(注)で住宅地計画のコンペが行われました。このコンペは既存団地と古いまち、そして新興住宅地の接点を住宅地として計画するアイディアを競うものであり、提出案にはそれらをつなぎ居住環境の質を向上させるアイディアが提案されています。コンペ対象地の中央には、ライネフェルデの旧市街の目抜き通りと交わる幹線道路が南北にとおっています。団地内のこの対象地に含まれる部分はすでに早い時期に「再生」の手が入ったところですが、ここ最近の「再生」によってもたらされる住環境の向上と比べると見劣りするものとなってきました。対象地の幹線道路を挟んだ団地と反対側には、近年人気が高い戸建て住宅地ができてきています。そこでこのコンペでは、初期に再生された団地の地域を改めて「再生」し、さらに戸建て住宅地に「接続」することがテーマとされました。

最優秀案では、幹線道路を挟んで中層集合住宅による団地的景観を道路の反対側にもつくり、幹線道路をとおり旧市街地に入る際のゲート的空間にするとともに、戸建て住宅地に向かっては徐々にそれをスケールダウンして戸建て住宅地の景観になじませるという計画でした。幹線道路の東と西をつなぐ歩行者動線のゲート的なブリッジも設定されています。また、別の優秀案では幹線道路に沿って計画地域の南に続く公園の緑に着目し、豊富な緑のなかで職住近接の生活が行われるという「緑住環境」の提案でした。団地が持つオープンスペースが豊富な空間の資質を活かし、それを幹線道路の団地の反対側まで拡張しているのです。いずれの案も団地とその周辺環境をつなぐことがうまく達成されています。

さらにこのコンペとは関係ないのですが、この団地内では住棟の1階に住民の生活に便利なパン屋や美容院・保険代理店といった店を積極的に導入するまちづくりをしています。このように欧州では、団地再生に際してその周辺環境と団地をつないで一体化させ、団地を普通のまちに同化していくということに大いに注意が払われています。

私たちがこれから考えること

地域のことを考えると、団地の再生に際してこのように団地とその周辺の環境を連携させて、地域の環境や生活の質の向上に役立つものにすることを、私たちも考える必要があります。

(注) ライネフェルデのまちは旧東独時代の1950〜70年代に石灰やカリ・繊維の工場が建設され、勤労者の住宅としてライネフェルデ南団地が開発された。

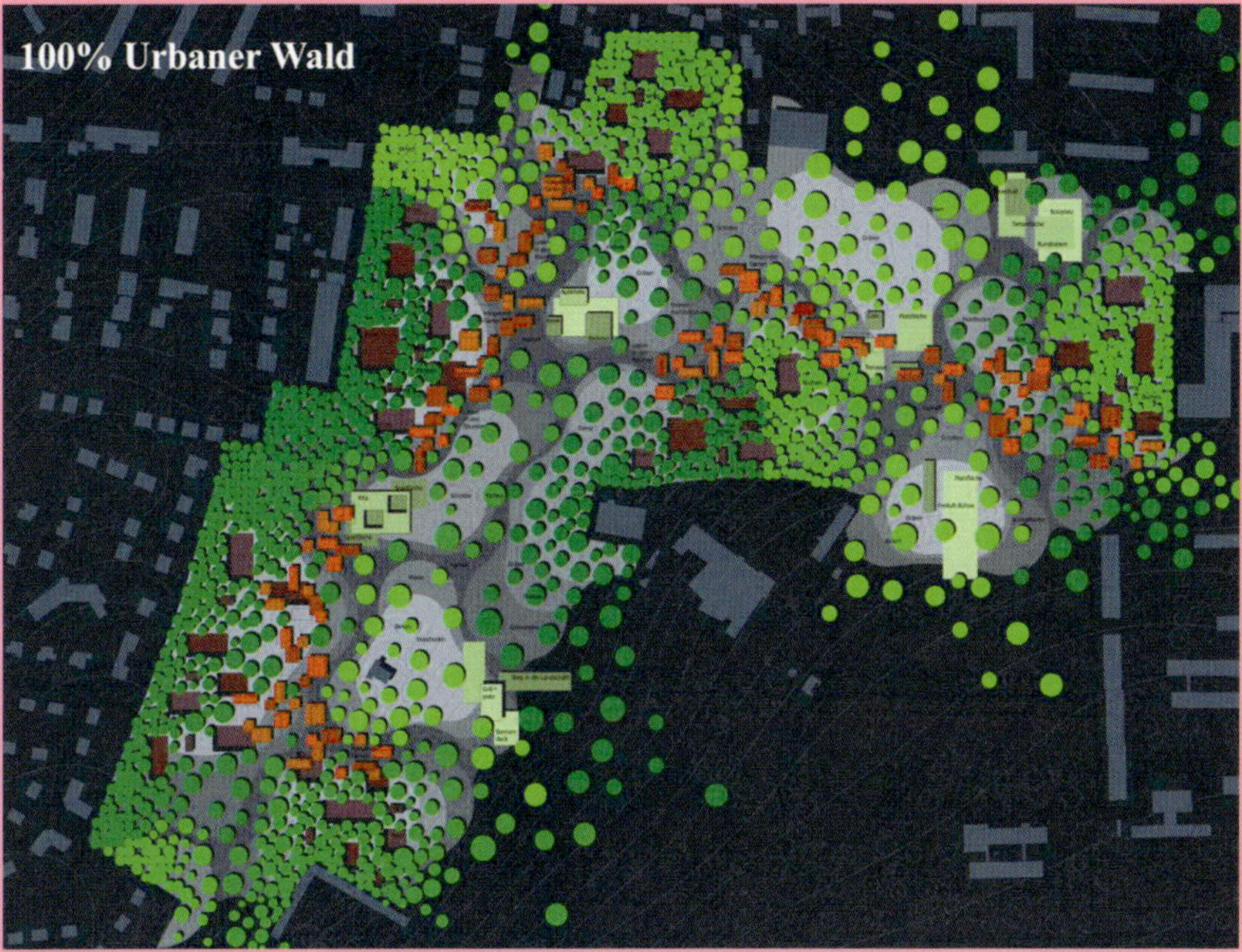

1. 優秀案の緑住環境を提案した配置図
2. 周囲を緑地に囲まれた団地（千里NT）
3. ライネフェルデの新しい戸建て住宅地
4. 住棟1階に設けられた保険代理店

タウンスケープと団地再生

沿道と空をいかにデザインするか

団地再生には、住環境の改善のみならず、その地域を魅力ある住宅地に変える可能性がある。「街区」という視点から、建築の沿道性と空との関係性を考える。

建築家／関西大学 環境都市工学部 建築学科 教授 江川直樹

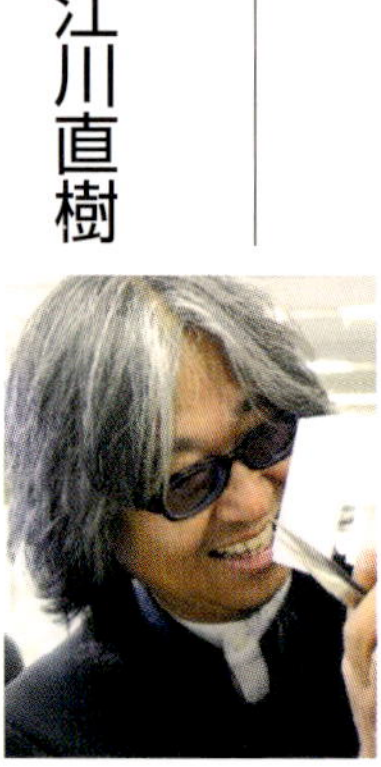

えがわ・なおき
1951年三重県生まれ。早稲田大学建築学科卒業、同大学院修士課程修了。現代計画研究所大阪代表。日本都市計画学会賞（計画設計賞）、都市住宅学会賞、関西まちづくり賞、日本建築士会連合会賞などを受賞

団地からマチへ

団地の再生、とくに、集合住宅団地の再生は、老朽化した住戸内の改善といった建築としての改善だけでなく、マチとしての再生という視点が重要です。団地という概念には、一種のユートピア的発想があり、周辺の環境からは隔絶された良質な環境を持つ一団の敷地環境という狙いがあり、周囲の環境との連続性はさほど目標とはされず、いわば、閉じた環境形成が求められていました。また、多くは、周辺が未整備なところにつくられていました。したがって、その後、周囲に形成された住宅市街地との連続性に乏しく、むしろ、広範な地域のなかでその市街地としての連続性を分断し、マチとしての一体性を欠く結果となってしまった例も多いのです。さらに、団地がつくられた背景を考えると、当時として求められた効率追求、合目的型のものが多く、偏った人口構成の住環境となっている例がほとんどで、熟成というよりは衰退傾向がより強く見受けられるようになっています。団地再生という言葉に込められた視点には、このように閉鎖的で疲弊した住環境エリアを、住戸の改善と併せて、良好で持続力のある住宅市街地に改善していくというところが大きく、つまり、『団地からマチへ』という視点が求められます。

団地から街区へ

そういった意味で考えると、街区という敷地単位で考える視点が重要です。街区とは、一般市街地を形成するまとまった敷地単位で、従来の団地の大きすぎる一団の敷地とは異なり、適切に配置された公共の街路によって囲まれ、人間の生活スケールに即して適度に分節された敷地単位なのです。この街区という敷地単位に対し、建築（住宅）がどのように配置され、「マチ」が形成されるべきかが、住宅でマチをつくっていくときに重要な視点なのです。『団地からマチへ』とは、『いかにして住宅でマチをつくっていくのか』という視点でもあるのです。

タウンスケープ

私は、住宅とマチのあり方を考えるうえで、「タウンスケープ」という視点が重要だと考えています。タウンスケープは、建ち並ぶ家々でつくられる都市景観という意味で、「まちなみ景観」といった視点ですが、それは決して表面の見え方だけを言及するのではなく、人々の生活の背後に潜む本質が表出した結果の、生活そのものの総体的な風景を意味し、そのためには、そういった生活の舞台となる環境の骨格が重要になります。

建ち並ぶ家々が協調してつくり出す環境の骨格性は、それぞれの建築（住宅、集合住宅）がどのようにマチと付き合いながら建っているかということのなかで実現できるものなのです。

私は、タウンスケープを考えるうえで、つまり、それぞれの建築が考えるべき視点として、「親街路性」と「親空性」という二つの視点が重要だと考えています。

親街路性

「親街路性」とは、建ち並ぶ家々が、いかに街路、道路空間と親しめる関係性を持ち得るか、という視点です。近年流行のオートロックマンションもよいのですが、閉鎖的になりすぎると建物とマチとの関係性が希薄になってしまい、結果として貧しい街路空間になってしまうのです。そのうえで、パブリックな空間をいかに、マチのなかに配置していくのか、パブリックな空間は誰のもので誰が維持管理していくのか、プライベートな空間はパブリックたり得ないのか、などの視点から、親密さの感じられる、結果として安心安全な「人気＝ひとけ」の感じられる市街地の道路空間、まちなみ空間を、集住空間のデザインとしてつくっていくことが重要だと考えています。

親空性

「親空性」とは、いかに空とつきあう生活環境を形成するか、その結果として、いかに空とつきあう都市景観を形成するかという視点で、言い換えると屋根なみの視点です。古今東西、美しく魅力的とされる都市や集落の屋根なみを思い浮かべるとき、そこには、低く平坦なだけであるというよりは、美しいリズムや適切なプロポーションによる変化ある屋根なみが存在していました。空との境界が、横一直線のまちなみではなく、大きな伽藍や教会、神社仏閣や市庁舎の塔、広場を望む塔、あるいは民家の屋根でも同様に、変化ある屋根なみの都市景観があったのです。

これに対し、現在の高さ規制は、日照条件が主たる要因であり、物理的に決められた、つまりデザインの視点ではなく決められた斜線による醜いともいえる屋根なみ景観を創出し、あるいは、大きな規模のマンションが、住宅市街地の空なみを横一直線に切り取ってしまうという、暴力的ともいえる景観を創出してしまうことになっています。

また、心ある地区の住民は、地区計画などで地域の高さを規制するのですが、容積率とのバランスを考えないと、低いが隙間のない、風通しの悪い都市環境を創出してしまう危険性もあるのです。とくに、高建蔽《けんぺい》率地区においては、暮らしにくい住宅環境となることが危惧されます。

浜甲子園さくら街（建て替え一期）

浜甲子園さくら街は、阪神間に位置する、旧公団住宅団地の建て替えのプロジェクトで、２００５年10月末に一部が竣工し、入居が始まって3年半が経過する集合住宅街区です。この集合住宅街区は、旧公団住宅の建て替えであることから、高齢者も多く、ヒューマンで人間性の高い生活環境、親密な生活環境の実現を目的としています。住宅とマチの親密な関係、親しげな関係、安心安全感のある関係性の具現化が求められ、住宅市街地のまちなみを形成する集合住宅街区の実現が目標とされました。浜甲子園独特の雰囲気ある歴史を次代へ継承しつつ、郊外型の団地から、都会的な多様性・機能性を備え、広く地域との一体感のある住宅市街地へと、新たなまちづくりを目指すこととなり、海に近いアーバンリゾート的な特徴を活かし、健康的な雰囲気を併せ持つ、気持ちのよい住宅市街地へと展開することが目標とされたのです。

そこで、浜甲子園のまちにふさわしい、大きすぎないボリュームの実現を目指し、高層棟を細い搭状のものとして中層棟と混在させ、浜甲子園の気持ちのよい、広い青空が感じられるように提案しました。従来の建物の高さイメージを継承

1	
3	2
5	4

1. 街区に面して住棟を配置し、メインの道路沿いは四層＋ペントハウス（屋上の住戸）といった中低層棟とし、その背後に塔状の高層棟を配する。浜甲子園の広く気持ちよい青空が感じられるタウンスケープ
2. 道路沿いの1階住戸は、すべて道路から出入りできる専用庭を持っている。専用庭は、落下防止の庇とあいまって平屋が建ち並んでいるようで、ヒューマンな界隈性をつくり出している
3. 道路沿いには、道路から出入りでき、プライバシーを守りつつも、人気（ひとけ）の感じられる平屋のような構造の専用庭が設けられている
4. 中低層のまちなみの上部に、塔状の高層棟が混じるデザインは、一般的な高さ規制に従うだけでは実現できない
5. 原っぱのある街区の内部も、デザインされた低層の自転車置き場などが、ヒューマンで気持ちのよい空間をつくり出している

するべく、バス通り沿いには高い建物は建たないようにして、その背後に搭状の高層住棟を配することにしました。さらに、市街地からの道が団地で分断されていたものを新しく再編し、鳴尾川（新しく河岸プロムナードとして再整備される予定）まで延びる公共の道として整備し、その道に沿って建築が建ち並ぶ沿道型、街区型の配置として、団地から住宅市街地への転換を目指したのです。

沿道型の中層住宅は、ペントハウス（屋上の住戸）を持ちながら四層程度で建ち並ぶイメージに工夫しています。街区の内部は、昔から地区にあった桜などの樹木を残し、「原っぱ」の風景を創出しました。さらに、住棟への入り口まわりには、できるだけ小さなスケールの低層建築物を設け、ヒューマンスケールの界隈性の実現に努めました。街区道路沿いはもちろん、街区内部の中庭に面するところも含めて、すべての1階住戸に外部から出入りできる専用庭を設け、沿道や街区の中庭を歩く人々にとって、生活感が表出された安心安全で気持ちのよいヒューマンな風景が実現しています。

沿道は、将来は住戸だけに留まらず、マチに開いたさまざまな用途に展開できるように考えています。ここでは、建物を道路から後退させ、その間を緑化するという一般的な考え方ではなく、むしろ、道路沿いに低層の壁面を設けてもよいから、道路沿いに平屋の住宅があるかのような、そういった手法を採用して、道路から入ることのできる専用庭を一階住戸に設けることとし、住宅と道路との密接な関係性を築こうとしました。結果は、生活感や人気が好ましい形態で表出し、ともすれば空虚になる集合住宅の足元をヒューマンなものにするのに成功しています。建物の壁面を後退させ、緑を植えるだけの公共性の向上ではなく、むしろ低層の住宅を近づけるという発想によって、より、安心安全な住宅地環境をつくり出しているのです。

再生へのグランドデザイン策定

泉北ニュータウン活性化に向けて始動

まち開きから40年以上が経過した大阪の泉北ニュータウン。2004年から堺市は庁内に委員会、08年には懇話会を設置し、再生のための取り組みを始めている。目指すのは、地域住民が主体となったコミュニティ再生である。

堺市議会議員　土師純一

はぜ・じゅんいち
1960年大阪府堺市生まれ。広告代理店の大広、博報堂DYメディアパートナーズを経て、2007年4月より堺市議会議員（堺市南区）

地方分権時代の自治体経営について

国のカタチが中央集権から地方分権へと大きく変わろうとしている今、堺市は政令指定都市移行4年目を迎え、「元気な都市・堺」として注目されています。

臨海の堺浜ではシャープ「21世紀型コンビナート」や世界最大級の液晶パネル工場、太陽光発電など、活発な投資により大きな経済効果が期待されています。地元産業の振興と雇用確保はもとより地球環境対策、東西鉄軌道LRTや中心市街地の再開発をはじめ、泉北ニュータウン（以下泉北NT）の再生など堺市は政令指定都市にふさわしい活力あるまちづくりを着実に推進しています。堺市南区選出の市議会議員である私にとって、この地に生まれこの地で育った一人の人間としても、泉北NTの再生は「政令指定都市・堺」の新たなステージへの重要な政策テーマです。

泉北NTは大阪府によって開発され、まち開きから42年目を迎えますが、建物老朽化、人口減少、高齢化、コミュニティ希薄化、空き家化が進んでいます。今後、堺市は府県並みの権限と財源を持つ強固な行政基盤を土台に、目を地域に転じ、都市再生について対策を講じていかなければなりません。

堺市南区の人口は約15・7万人、うち14・2万人が泉北NT

の住民、そのなかで、約7万人が公的集合住宅での生活をしています。

この公的集合住宅は、大阪府営住宅28％、大阪府住宅供給公社12％、都市再生機構15％などですが、約88％が昭和40年代に建設されたものなので、住環境が充実しているとはいえないのが実情です。小中学校では11学級以下の小規模校が増えました。これからのまちづくりを進めるうえで、公的集合住宅の再生をして青少年人口バランスの再構築を図る、団地再生が泉北ＮＴにおける大きな問題であると考えます。

『団地再生のすすめ』を目にして

そんななか、『団地再生のすすめ　エコ団地をつくるオープンビルディング』という本に巡り合い、団地再生というプロジェクトのパワーを知りました。

団地に関する問題はヨーロッパ諸国でも共通する問題です。大規模住宅団地の開発は、ヨーロッパ諸国では第一次大戦後に最初のブームがありました。第二次大戦後における住宅団地の開発は、欧州諸国と日本では、ほとんど同じ要件にこたえるものともいえます。欧州と日本との社会・経済システムの差異を考慮しつつも、欧州での団地再生の事例研究は、日本に数百万戸はあるとされる老朽化住宅団地を環境共生型の団地へ再生する方策を見つけるのに役立ちます。同時にこうした過程で、日本の団地開発やニュータウン開発の経緯を学び、団地再生の世界的モデル事例を知ることができました。ＮＨＫ『クローズアップ現代』でも放送された旧東独・ライネフェルデの団地再生事例は、泉北ＮＴにおける方策を検討する手本となりました。国土交通省担当官からＮＰＯ団地再生研究会、団地再生産業協議会を紹介いただき、国内外でニュータウン再生先進事例の数多くの調査研究をされ、同じ高い志を持ったくさんの友人と出会うことができました。

堺市政における泉北ＮＴ再生への取り組み

堺市政では泉北ＮＴ再生検討庁内委員会を２００４に設置し、泉北ＮＴ再生についての課題整理をしてきました。政令指定都市2年目を迎えた２００７年6月に私が建設常任委員会で南区まちづくりビジョンについて質疑をしたのを皮切りに、12月本会議で泉北ＮＴ再生に向けてのグランドデザインと組織についての質疑を重ね、市政における泉北ＮＴ再生に対しての存在感を高めました。

２００８年1月に、議員海外調査研究派遣に参加する機会を得て、世界モデルとして有名なライネフェルデ市を公式訪問して調査研究をしたことは、何よりの参考になりました。

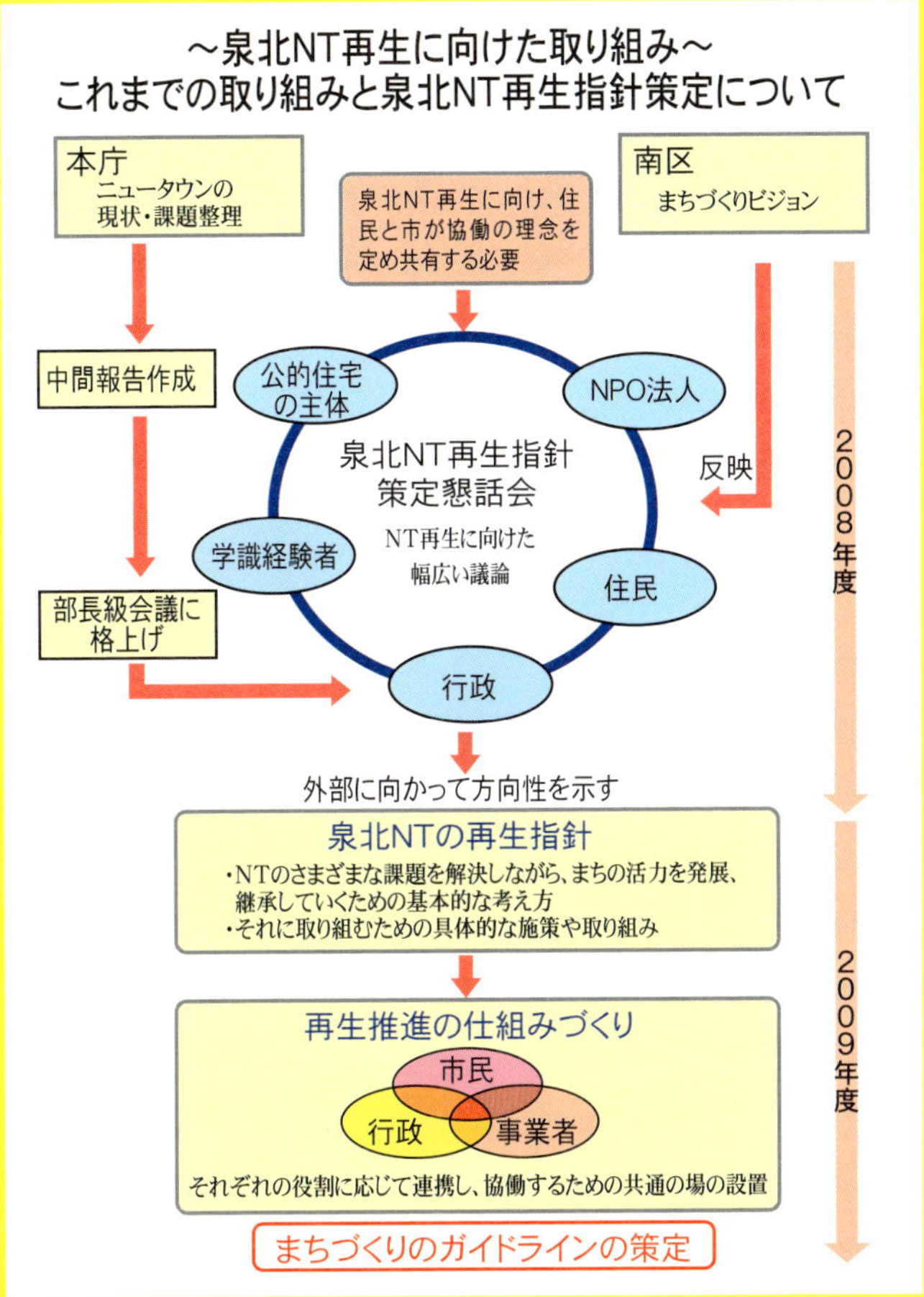

3	2	1

1. ライネフェルデ市から帰国後、泉北ＮＴ再生検討庁内委員会を対象に視察帰国報告会をNPO団地再生研究会の澤田教授と大坪教授を招いて開催
2. 南区役所で団地再生パネル展示会（ライネフェルデ市団地再生事例・全国団地再生卒業設計賞展）を開催、古川区長と泉北ＮＴ再生の明日について語る
3. 泉北ＮＴのまちづくりを考える集いを開催、松村秀一教授（東京大学大学院工学研究科）が基調講演を実施

そこで学んだことは、「まちの実態を把握して再生へのマスタープランをつくること」、「市民と行政がまちの将来像を共有することがニュータウン再生においていちばん大切なこと」です。

08年4月の組織改正で本庁財政局に泉北NT再生の新組織が編成され、泉北NT活性化事業として区域再生に向けての方向性と支援策の具体的検討に入ることになりました。ようやく08年度から堺市でも、ほんとうの意味での泉北NT再生プロジェクトが始動しました。泉北NT再生検討庁内委員会は、組織を部長級の委員会と課長級の幹事会に再編し、庁内連携をさらに高め、有識者・市民などから広く意見を聴取するため学識経験者、市民の代表、公的住宅事業者などで構成する泉北NT再生指針策定懇話会を発足させました。泉北NT再生指針策定業務について素案を作成し、09年度にはパブリックコメントを実施予定など、策定に向け動いています。

まもなく、大阪府営住宅の建て替えが始まります。堺市も公的住宅再整備に対するまちづくりガイドラインの策定を予定しています。また、南区区民まちづくり会議では、区民協働のまちづくりの視点で地域課題などについて意見交換をし、共通理解と課題解決に向け住民合意を進めています。さらに南区民の意識の共有を目指し、団地再生研究会、団地再生産業協議会の協力で団地再生企画を展開しました。堺市南区役所ロビーで全国団地再生卒業設計賞展とライネフェルデ市団地再生事例のパネル展示の開催、超長期（200年）住宅の提唱者の松村秀一先生（東京大学大学院教授）を講師にお招きし、南図書館ホールで泉北NTのまちづくりを考える集いを開催しました。

団地再生はコミュニティの再生から

コミュニティ行政は全国の自治体が抱える問題です。泉北NTでも年々、自治会加入率が低下傾向にあり、歯止めがかかりません。高齢社会で老人会は本来、活性化するはずなのですが、泉北NTでは加入率11％というのを聞くと驚くばかりです。

団地再生を進めるうえで、集合住宅での自治会非加入市民の方々への自治会加入促進は大きなテーマです。団地再生にあたっては高齢者の理解を得る施策を検討しなければ、住民の合意形成への道のりは険しくなるため、若年層が嗜好する居住空間の再生とともに議論をしなければなりません。

ライネフェルデ市において学んだ、オープンビルディングという手法は団地再生を進めるうえで重要な戦略です。オープンビルディングとは、住まい・コミュニティ・まちの環境がどのようになっていればよいのか、包括的に考え、それぞれのあり方を決める立場の人々が役割分担を明確にするという発想からできた考え方です。住まいのあり方に満足でき、近隣のあり方にコミュニティが責任を果たし、行政がきちんとまちのあり方を決める、団地の住環境が「住み続けられる」ものになる、そうした新しい考え方がオープンビルディングと名付けられた理由です。つまり、「お仕着せ」から住み手の解放を意図した手法です。

南区では、区民まちづくり会議の意見を聞いて南区まちづくりビジョンが策定されました。ここには市民協働のまちづくりをさらに進化させ、地域の公園管理を地域住民がしようとする考え方をはじめ、住環境を地域住民が主体になり再生しようとする理念があります。このようなことを切り口に論議を進めることにより、住民の地域参加を促し、自治会活動や老人会活動への関心を向上させるインセンティブになればと考えます。

「居住」「自然」「労働」の機能がそろったバランス都市

緑豊かな泉北ＮＴでも、高齢者ニーズである「生涯健康で長生きできる社会」「安全・安心な社会」の形成に向け、近所で空いた時間を役立てて収入を得たり、労働需要につながるような都市経営のあり方も再考しなければいけない時期に来ていると考えます。ニュータウンでは隣り近所のつきあいがない場合もありますが、ともに働き人間関係をつくることによって、地域で見守り、助け合う土壌もできます。防犯対策にも有効です。

泉北ＮＴには、近隣センターや医療センターの空き店舗（施設）や、児童生徒数の減少に伴う小学校廃校の跡地など、地域ストックを有効活用したオフィス空間の創造など活性化を図るポテンシャルがあります。ライネフェルデ市での学習成果を踏まえ、泉北ＮＴでの先導的プロジェクトの推進と南区全体を見据えた再生への取り組みを行っていきたいと考えます。実効性を持たせるには、全国各所で活発に活動をされている方々との連携を行い、交流を深めていくことを希望します。

「建て替え」と「ストック改修」

ドイツの団地再生の現場から

大阪ガス株式会社 近畿圏部 理事 河﨑恭広

かわさき・やすひろ
広島県生まれ。1972年日本住宅公団入社。主に団地計画・再開発・調査研究業務を担当。2008年UR都市機構退社

UR都市機構は、全面建て替えを中心とした方針から、昭和40年代以降の建物については団地ごとに判断して一部建て替えや用途転換などを行っていくことに決めた。ドイツの事例を参考にしつつ、「ストック」を活かす方法を考える。

築後年数の現状

3大都市圏で、築後30年以上経つマンションは、2008年で約80万戸。2011年には約100万戸に達します。今後しばらくは、ほぼ年間10万戸ずつ増加し、2020年には約200万戸に達します。

これまでの「建て替え」

国土交通省の調査によると、08年春時点で建て替え実施済または実施中のマンションは約110件（市街地再開発・震災復興を除く）です。築後年数の主体はおおむね30年から40年です。建て替えの成功事例の多くは、UR都市機構や公社などの分譲住宅で、容積率の余裕を活用し、建て替え資金を調達するしくみでした。

URのストック再生

UR都市機構が、昭和30年代に人口の都市流入にこたえるために建設したUR都市機構賃貸住宅は、予算の制約から戸当たり専有面積が約39㎡の世帯向け住宅が主であり、また設備水準も低いものでした。昭和60年代はじめにはその後の都市の発展により、好立地となり、低容積率では土地利用としてもったいない立地になりました。そのため１９８８年から、昭和30年代に建設した住宅については全面建て替えに着手し、約10万戸の建て替えを行いました。建物躯体の劣化が進んで使用不可能になっていたわけではありません。

UR都市機構は昨年12月には、今後10年間の方針として、昭和40年代以降のストックについて、全面建て替えではなく、ストック再生・再編を行うことを決め、公表しました。団地毎に一部建て替え・ストック改修か、集約か、用途転換かを比較しつつ、方針を決定したものです。

また、時代の変化により必要となっている高齢施設や子育て施設の導入を検討したり、居住者への生活サービス支援やコミュニティの活性化を図ることも必要になっています。

ドイツでの団地再生

昨年9月、ドイツで築後約50年、約80年経ったRC造団地で、ストック再生を実施してきた団地を視察してきました。

■オンケル・トムス・ヒュッテ団地

１９２８年にブルーノ・タウト設計でベルリン南西部に建設されたオンケル・トムス・ヒュッテ団地。外壁の色づかいが美しく、80年も経つとは聞かない限りわかりません。ブルーノ・タウトはナチスに追われ日本に亡命し、桂離宮や伊勢神宮の美しさを見いだし、世界に伝えた人です。（写真１、２）

■ライネフェルデ

ライネフェルデは１９６1年に２５００人の小さな村に東ドイツが工場をつくり、住宅を大量に建設し、1万６５００人まで増えましたが、東西ドイツ統合で、工場は倒産し、人口は4割減になりました。その事態を踏まえて、市長は産業誘致・公益施設整備・住宅の質改善・自然保全を行い、人口回復を行いました。住棟撤去や減築がよく取り上げられますが、合わせて、住民参加や設計コンペにより、バルコニー設置・専用庭設置・エレベーター設置を行い、住み心地のよい住環境を整備したことが、ＥＵ都市計画賞や国連ハビタット賞に結び付いたと思われます。（写真8〜10）

■ヘラースドルフ団地

ヘラースドルフ団地はベルリン東部に東西ドイツ統一前の１９８５年に開発されました。東ドイツの計画で建設されたため、現在外断熱の実施、バルコニー設置、エレベーター設置、住棟間に市民農園（クラインガルテン）の導入、商業施設整備などの団地再生を行っています。（写真3〜7）

■インターバウ

インターバウは、ベルリン中心部ティアガルテン公園の西南部に位置するハンザ地区に１９５７年国際コンペティショ

2		1
5	4	3
7		6

1. 住棟間には立派な緑（オンケル・トムス・ヒュッテ団地）
2. きめ細かい美しい色使い（オンケル・トムス・ヒュッテ団地）
3、6. エレベーターの設置（ヘラースドルフ団地）
4、5. 木質調のバルコニー設置。バルコニーを開閉可能ガラスにより準屋内化している様子も見える（ヘラースドルフ団地）
7. 家庭農園を設置（ヘラースドルフ団地）

	8
10	9
12	
13	11

8. 直行した住棟をエレベーター棟で連結し、スキップ廊下を設置（ライネフェルデ）
9. 住棟を減築し、幼稚園利用。コンクリートパネルやガラも再利用（ライネフェルデ）
10. 住棟をデザイン的に接続（ライネフェルデ）
11. アルヴァー・アールト設計棟　ピロティ越しの緑（インターバウ）
12、13. ブラジルの首都ブラジリアの建設にかかわったオスカー・ニーマイヤー設計棟（インターバウ）

ンによって建設されました。すでに51年が経過していますが、適切な維持管理により今なお美しく住まわれています。また２００８年には50周年記念フェアが開催されました。住宅内部も映した記念ビデオもできているようで、興味深い。設計者にはワルター・グロピウス（当時アメリカ）、オスカー・ニーマイヤー（ブラジル）、アルヴァー・アールト（フィンランド）等の有名な建築家名があります。（写真11～13）

既築の「超長期住宅」化

現在日本でも、「２００年住宅」あらため「超長期住宅」として、新築のみではなく、ストック改修にも建物寿命を長くする提案を、助成対象範囲とすることが始まっています。

UR都市機構が、東京のひばりが丘団地と関西の向ケ丘団地で実施中のストック改修のための技術開発の実証試験施工（それぞれ２００９年夏、２０１０年春完成予定）にも、国からの補助金が出る予定です。民間からも、ストックの長寿命化につながるストック改修提案が求められています。これまで建て替えを含み新築中心だった国の補助金が、既補助対象の耐震改修以外のストック改修にも入る時代です。

ご承知のように、国交省は２００４年に「改修によるマンション再生手法に関するマニュアル」を発表しています。また、２００６年には住生活基本法が定められ、住生活基本計画にも「ストック重視」の施策展開が定められています。

ストック再生は低炭素社会対応

容積率に余裕がある団地やマンションにおいては立地・住宅需要によって建て替えの可能性がありますが、現在のように持続可能な社会を目指すことが求められ、景観意識も高まるなかでは、改修検討をも行って、どちらを選択すべきか検討する必要があります。またこれから増加していく、すでに容積率を目一杯使用しているマンションでは、ストック改修を検討していく方法が実現性が高いと思われます。

高齢化が進むなかで、特別な工事費捻出も難しさが出てくると考えられる状況では、耐震診断・コンクリートの劣化状況診断を行い、一般的住宅水準と比較して、どの程度まで改善できるかを検討しつつ再生することが重要だと思われます。

残念ながら25年以上の長期修繕計画のもとに修繕積み立てを行っている分譲管理組合は２００３年で25％です。

これまでの建て替え事例のように築後ほぼ30年から40年ということではなく、ドイツのように50年から60年以上価値を保つ計画的改修を行いストック再生を目指すことは、低炭素社会への貢献も大きいと思います。

土と緑が住み続けたい条件に

東北とドイツで見る団地の「庭」

東北文化学園大学 准教授／建築研究所ＭＡ－ＩＳ　大沼正寛

たとえ住空間が多少狭くても、緑あふれる空間が目の前にあることで満足する人は少なくない。建物外構の美しさ、そしてちょっとしたスペース……。都市部における集合住宅の魅力はどこにあるのか。

おおぬま・まさひろ
1972年生まれ。東北大大学院修了、工学博士。建築会社、伊藤邦明都市建築研究所、東北文化学園大学助手、講師を経て現職。建築家。伝統木造などの建築設計や環境資産の保存活用を通して、東北の風土醸成に寄与する建築デザインを探求

フィールドで垣間見た風土のかたち

つまらない自己紹介からになりますが、血は東北人でも東京・大阪で育った私は、東北へのあこがれが強く、高校・大学・社会人とも仙台で暮らす道を選びました。その強いきっかけとなったのが、１９９６年から卒業論文でかかわった岩手県金ケ崎町城内諏訪小路地区の保存プロジェクトです（写真１）。この地区が国の重要伝統的建造物群保存地区に選定されたのは２００１年のことですが、当時私はまちの嘱託職員も勤めていて、まちの魅力に取りつかれていきました。

そこにどんな特色があったのか。それはおそらく「風土」の再発見だったと思います。和辻哲郎は、環境を認知した人間自身が、その環境の一部にもなっている主客渾然一体の様相を「外に出ている」と表現していますが、先祖伝来の屋敷地の草取りや生け垣剪定、道路の掃除をひたすら行う地域住民の姿（写真２）、彼らのつくる干し柿や凍《し》み大根、そしてそれらを取り巻くたたずまいそのものに、いいようのない一体感、風土性を感じたのです。

風土化の源——時間とともに深まる経年価値

彼らはなぜ、住まいの手入れを怠らないのでしょうか。も

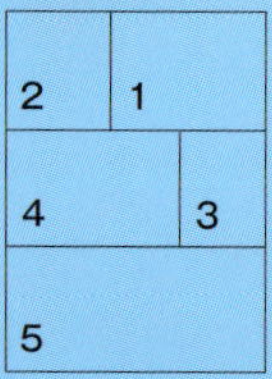

1. 仙台藩要害の城下町・金ケ崎町城内の武士住宅（菅原家）
2. 自らの住まい・まちを掃き清める古老（金ケ崎町）
3. 金ケ崎町では、維持管理行為を多世代交流の場とする「ヒバ刈りワークショップ」を開催してきた
4. 1958年築の花壇公団住宅
5. 店舗と複合させたレーマーシュタット集合住宅の東棟

ドイツ・フランクフルトの2団地で尋ねた住み手の団地に対する評価・想い

No.	団地名	性別	年齢	居住歴	住居の評価／住居の古びについての意見
A	レーマーシュタット (1928)	女	60	60	東棟のデザインや屋外の小動物の存在は良い。とても便利な場所なので気に入っている。
B	レーマーシュタット (1928)	女	20	20	デザインが有名だとは知っているが、よく分からない。
C	レーマーシュタット (1928)	女	36	36	統一的な意匠、白壁は飽きる。キッチンが狭すぎる。手入れされた立派な家なら古くても良いだろう。
D	レーマーシュタット (1928)	女	40	24	3年住んだ後、今はHellerhofSiedlungに住む。屋外が整備されていて過ごしやすく美しいが、54㎡では狭すぎる。身辺の変化があればもっと質の高いところへ住み替えたい。
E	レーマーシュタット (1928)	男	76	76	生まれも育ちもここである。庭があり雰囲気がある。住みやすい。1945年は進駐軍に明け渡したが、また戻れて良かった。娘2人は市内にいる。
F	レーマーシュタット (1928)	女	68	54	建物もなかなか良い。樹木や庭がきれいで良い。
G	ヘーラーホフ (1932)	男	24	24	悪くないが不完全。狭い。生まれ育った場所に愛着はあるが、ドイツは治安も政治も質が低下している気がする。今後どこに住むか分からない。
H	ヘーラーホフ (1932)	男	42	42	愛着がある。ここは高齢化や移民が多く人気はないが、自分は生粋の地元人で、近所の人とも会えるので気に入っている。
I	ヘーラーホフ (1932)	女	50	20	ライプチヒから来たが、市街中心部にも近く便利で、愛着が湧いてきた。

7	6
9	8

6. 花壇公団住宅の一室から眺める山桜
7. 市街地に近く低所得者・移民対応も考えたヘーラーホフ団地
8. レーマーシュタット団地の中庭。私用空間と思われる部分も多く、これらが混じり合い柔らかい雰囲気をつくっている
9. ヘーラーホフ団地を貫く公道と共用広場を使っての市・フェスティバル。多様な人種が和やかに交流している

ちろん所有の問題はあります。そしてきれいになると気持ちがよい。それらは重要な理由ですが、それだけでもない。現に借家住まいの人でも維持管理をしているのです。

どうやら、慈しんで手をかければかけるほど、愛着がわくようです。人間と環境の幸福な意識循環が形成されているわけです。年を取ると庭いじりをしたくなるのはその典型例ではないでしょうか。否、年を取るまでその楽しみに気づけなかったのが、経済成長を支えた世代以上の方々の特徴だと思います。

一方、ベビーブームのわれわれをはじめ飽食世代の一部は、よしあしは別として、すでにそれに気づいています（写真3）。民家再生、田舎暮らし、庭や畑、工芸やアート。時間をかけて風合いや愛着をはぐくむような楽しみを暮らしのなかで見いだせるかが、経済的評価とは別の、勝ち組／負け組を確実に生み出しています。現在は、この時間とともに深まる価値を「経年価値」と名づけて考察を続けています。

公団住宅に住んでみて

ところで私は、最近まで、仙台でもっとも古い団地の一つである花壇公団住宅に住んでいました（写真4）。難点は、冬も外で洗濯しなくてはならないこと、カビが生えること、

そして狭いこと。次男がヨチヨチ歩きをはじめたため、やむなく転居を決意したのですが、いまだに住み続けてもよかったかな、と家内と話すことがあります。

3階のベランダ前は白に近いピンクの花が咲く山桜で、それを木製建具のガラス越しに眺めます（写真6）。団地の友だちと遊ぶ子どもの声が、うっそうと茂る木々の木漏れ日と混じり合います。こうして考えると、思い出す空間の多くは、時間の移ろいを教えてくれる外構空間や、風合いを深めた木製造作のある場所などであり、要するに経年価値の宿る空間・場所・部位が、意外と多く存在していたことに気づくのです。

芋だの大根だのは、どごさ置ぐのっしゃ？

経年価値が宿る場所とは、こぎれいな場所ばかりにはとどまりません。玄関やベランダ、物置など、生活の節目を包む領域こそ経年価値をはぐくみ、記憶にも残るもので、現に子どもたちはしばしば、こうした場にアジトをつくります。

ところがそれらの実情は、乱雑そのもの。靴、傘、コート、灯油、ゴミ箱、虫取り網、おもちゃが山積し、そこへさらに頂き物の芋や大根、白菜などが置かれます。ちなみに首都圏のかたは驚くかもしれませんが、私の研究室の学生は、米を現金で買ったことがほとんどないそうです。実家や親戚から、

野菜などとともに送られてくるといいます。とくに土のものは土をつけておいた方がよいので、「どごさ置くべ?」となる。東北はキャッシュこそ少ないが、本来的には豊かです。そしてそれは土と緑に支えられているため、これらを許容する空間が必要なのです。あの団地も、もう少し土や緑の空間が担保されていたら、いまだに私は住み続けていたでしょう。

フランクフルトのジードルングを訪ねて

２００５年には、上述「経年価値」に関する継続研究をテーマとする笹川科学研究助成金にて訪欧する機会を得、フランクフルトでは団地を視察しました。訪れたのは１９２０年代後半からエルンスト・マイらが計画したプラウンハイム地区のレーマーシュタット団地（写真5）、オランダ人建築家マート・スタムらが計画したヘーラーホフ団地（写真7）の2か所です。

そもそも私が知りたかったのは、団地計画手法というよりは、自分の住んだ花壇公団住宅よりも古い団地の現況確認をしたかったことと、それらに対して住み手がどう考えているのかの2点にありました。資料を見る限り、体格の大きいドイツ人に対して各戸が狭すぎる可能性は十分あります。

やはり外構が重要だった!

結局、9名のかたにお話をうかがいました。その内容は表のとおりです。秀逸な建物意匠を評価する人もいれば、画一的な形態を嫌う人もおり、とくに現在のシステムキッチンの元祖である「フランクフルト・キッチン」についても、部屋面積とあわせ「狭さ」を指摘する人が少なくありませんでした。他方、狭くとも立地特性の利を評価する人などは、都市集合住宅の住み手として一般的な評価であると思います。

それにしても、たまたま出会った人がそうだったのか、半数を超える人が外構空間の美しさ、様子、行為を評価したのには少々驚きました。確かに、ここらの集合住宅の外構空間は、公有とも私有ともつかぬ緑が連続しています（写真8）。また緑以外の要素も重要で、76才になるE氏はガレージで車掃除をしていました。わが国の普通の団地にはないものです。彼の場合は、戦中に進駐軍に一時的に明け渡したものの、後はずっと住み続けてきた、とのことで、わが家への愛着も並々ならぬものがあるようでした。

つまり、たとえ部屋が狭くとも（限界はある）、庭いじりや車いじりができ、都市に近くて賑わいがあれば（写真9）、都市的文化的生活としてはいうことはないのでしょう。「土と緑の重要性」という共通点を発見できたのは収穫でした。

インターナショナル・スタイルから着地せよ

防災、耐震安全から、家族や人間関係、教育環境、少子高齢化と、住環境のあり方が問い直される昨今ですが、その行き着く先は五里霧中。このもやもや感は、コルビジェが近代建築の5原則を打ち出したような爽快さとは対照的です。しかし私は、これをまったく悲観していません。行き先の多様性が求められる時代に、やっと入ったばかりなのですから。

少なくともここ東北は、近世にも近代にも、町家や集合住宅の名作を多く生み出すには至らなかった。時代に迎合しなかった（できなかった）のです。それはすばらしい個性ではないでしょうか。いや、東北だけでなく、国内の至るところに土と緑からはじまる空間が散在しているはずです。

雨の日に長靴で帰っても、風の日に落ち葉掃きのほうきを立てかけても様になる玄関。子どものおねしょマットを干しても、木々に溶け込んで風景になるベランダ。かきやくりやくるみなど、料理に味を添える木々がある生活庭園。画一的な既存の団地を多様に再生するのは、楽しい創造行為です。今一度その場所をよく読み解き、団地という建造物をほんとうにその地域に着地させて、家だけでなく「庭」をも使用できる集合住宅の設計を施すべきではないでしょうか。

団地を多様性とドラマのあるまちへ

建築家の立場から

日本の住まいは、路地や縁側といった伝統的空間を通じて「場所」とのかかわりが深かった。巨大団地を空虚な空間としないためには、街路をつなぎ、分譲団地に戸建て住宅をつくるなど新たなプランも必要だ。

住まい空間の懐の深さや複雑さ(complexity)

リノベーションの時代の到来は、日本の住環境をよい方に改革していく、一つの契機になるのではないでしょうか。そう期待しつつ、私なりのポイントを挙げてみます。

この半世紀、日本の建設技術や社会システムは飛躍的な発展を遂げ、巨大なマンションや、大きな造成地が開発されてきました。一戸ごとの住宅は、高機能・高性能に、かつ壮麗につくられています。しかし販売価格を抑えるために敷地・容積いっぱいに効率よく詰め込むため、広告に関係の薄い、住宅とまちの間の領域が貧困になってしまっているのです。

建築家 星田逸郎

ほしだ・いつろう
1958年大阪府生まれ。神戸大学環境計画学科卒。2001年星田逸郎空間都市研究所を設立、都市・集住体・独立住宅などの幅広い計画・設計に従事

一方、日本の伝統的空間である辻や露地、縁側や土間などは、家からまちまでを、ある程度の複雑さを持った奥まり方で空間をつないでいました。家人とまちの人が適度にふれあえる快適な関係により、幼児や子ども、老人が、家族だけでなく身近に共存していたのです。それが人間形成の潜在的な教育にもなっていたと思われます。そういった伝統的に形成されてきた細やかな空間のしくみが失われつつあるのです。

住まい空間の生成変化へのかかわり(progress)

また、現代人の生活は、既製品を購入し使用することが暮

図2：再生された団地玄関広場

図1：団地再生マスタープランの例

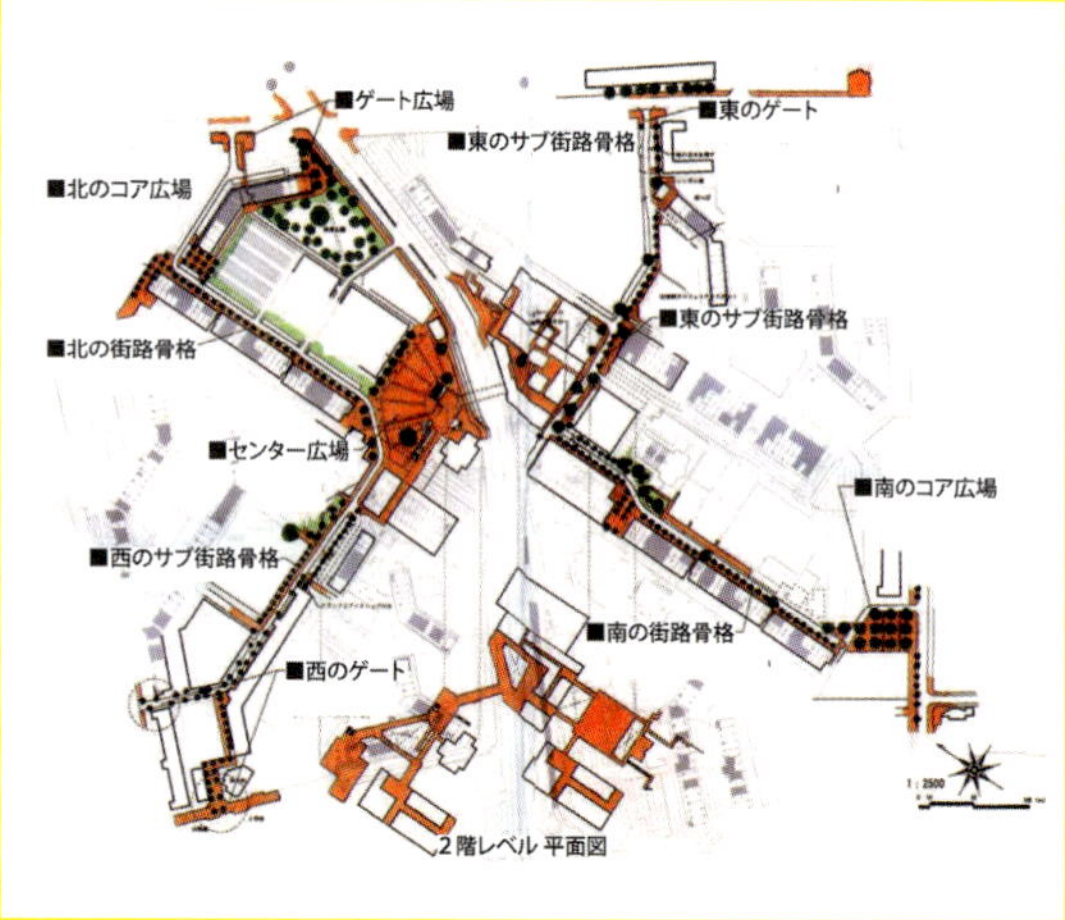

図3：再生された街路空間

図5：アーバンブロックの増殖

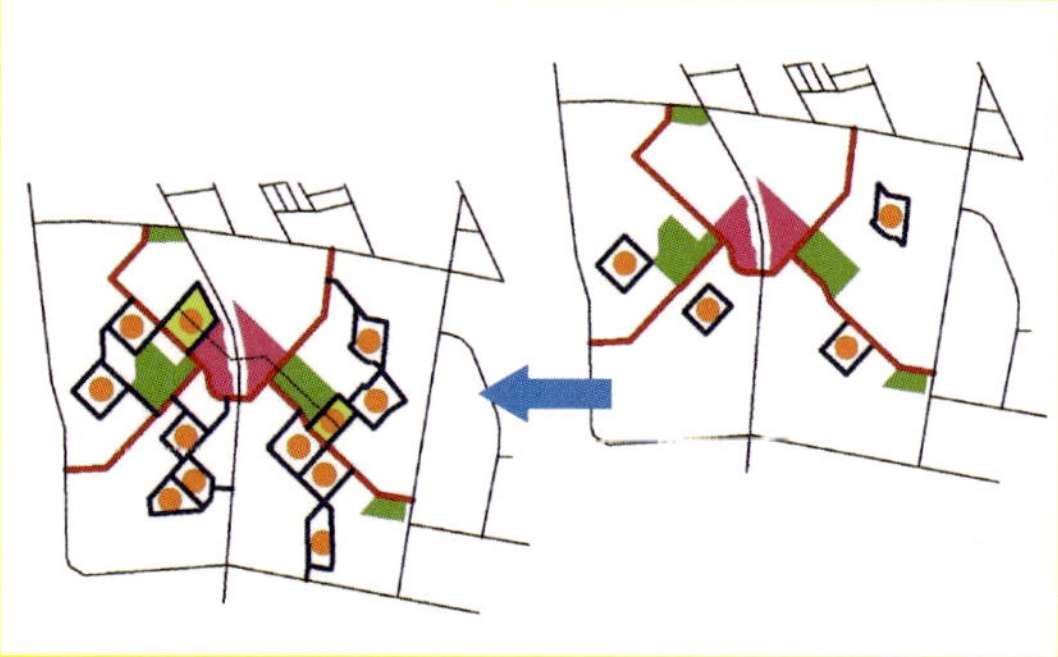

図4：アーバンユニットによる再生イメージ

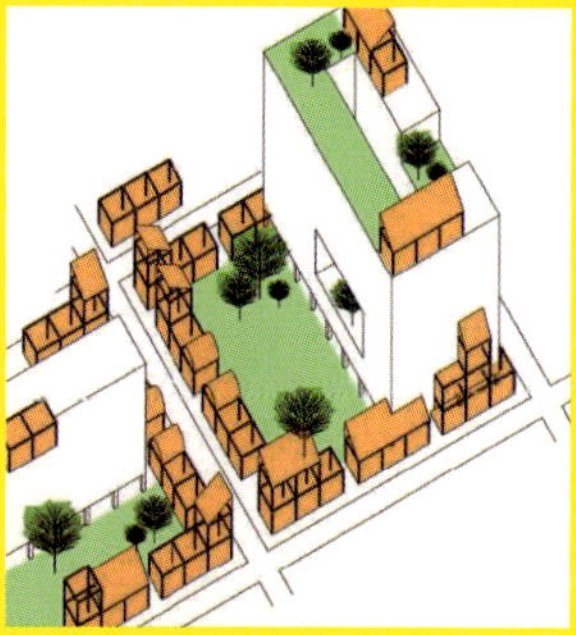

図7：団地の合間に戸建て住宅を建てる

図8：その資金により住棟再生

図6：戸建て＋団地再生の構成概念図

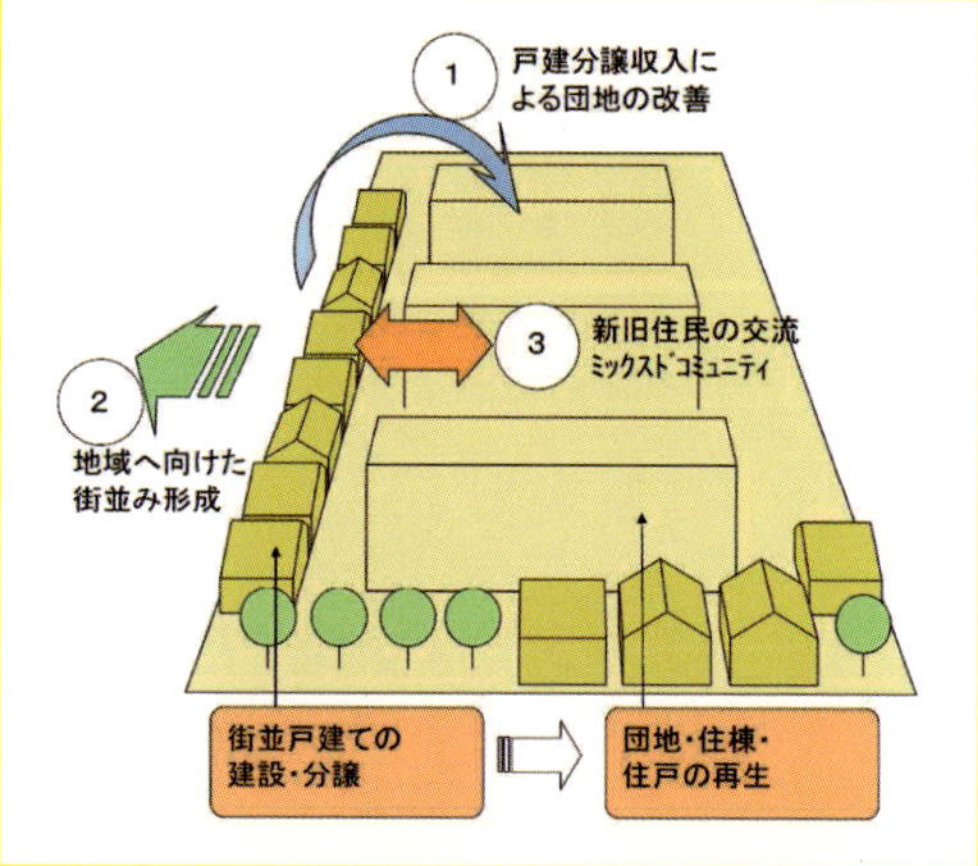

図10：共同実験棟イメージパース2

図9：共同実験棟イメージパース1

図13：再生後の模型

図11：共同実験棟イメージパース3

図12：既存の模型

図15：まちかど住宅スケッチ

図16：縁側廊下スケッチ

図14：リノベーション構成図

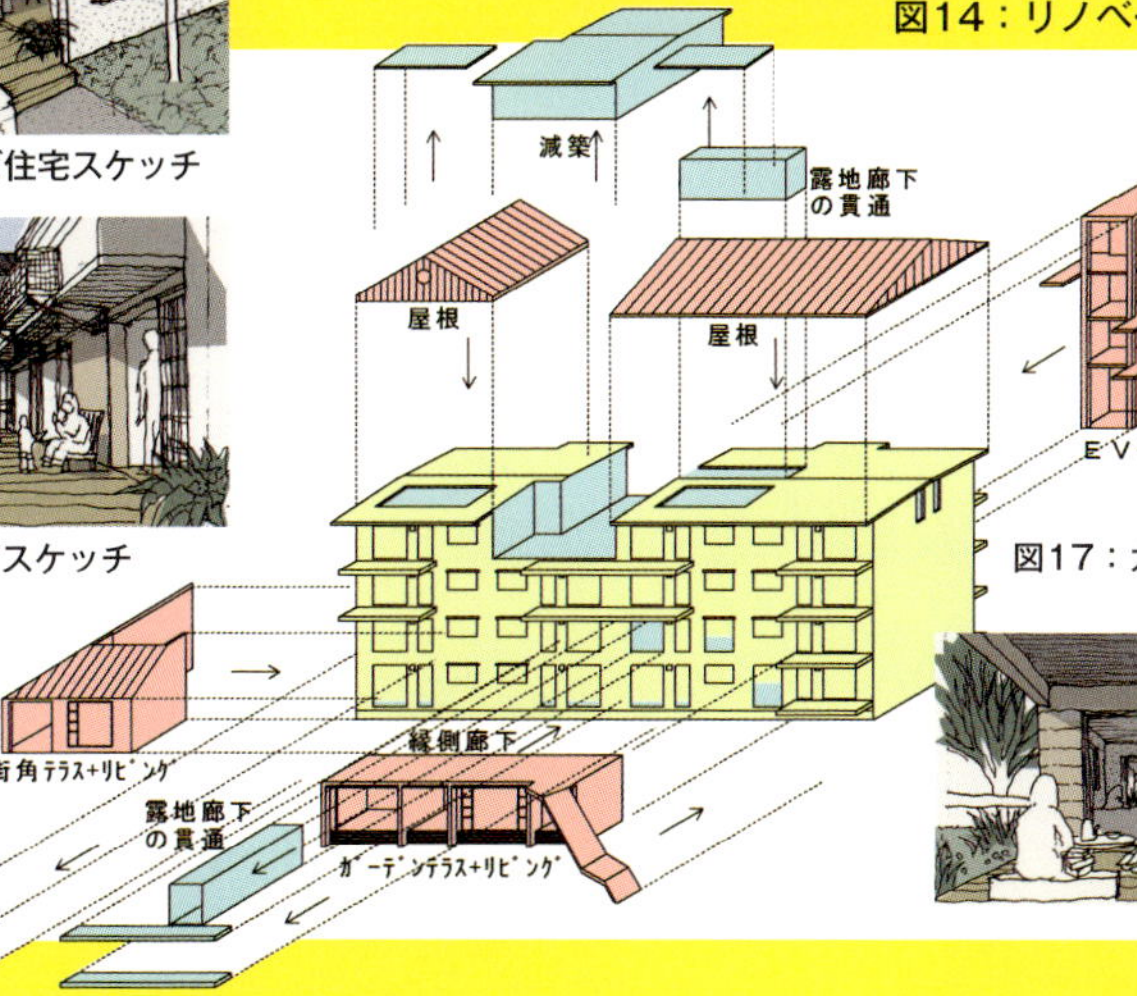

図17：ガーデンテラス
スケッチ

らしを成り立たせており、自分でつくったり修繕したり、という物へのかかわりが少なくなっています。住環境にも同様のことがいえるでしょう。

日本では古来から、住まい手が住まい空間に対して自ら考え、手をかけ、四季の快適環境のためのすだれや障子、水打ちや道の掃除などを通して、日常の細やかなドラマや感受性が保たれてきました。そういった環境や近隣などの「場所」とのかかわりが深いほど、人間としてのアイデンティティ(自分という人間の居場所や固有性)の確立が得られやすいと、精神医学などさまざまな分野でもいわれています。

そんな「住まい空間」の骨格の力を、団地再生を通し取り戻していきたいと私は考えています。

団地に街路軸をつくり出し、再生の骨格にする

ある巨大な団地の再生において、「団地再生マスタープラン(総合計画)」を作成しました。「自分がどこにいるのかわからない」「閑散としたオープンスペースが多く不安感がある」など、巨大団地の特徴である均質感や疎外感を改善するため、人通りと楽しさのあるまちに再生していくことを目指したのです。団地の中央に、再生まちづくりの骨格となる街路を創出し、それを軸として公園や施設、住棟モデル改修や枝葉の街路などを順次整備していこうという考えでした。

その最初のステップとして、混線していた歩行者動線と車動線を再整理したうえで、骨格となるメインストリートを計画し、実際に整備しました。団地内に歩行者の道を美しく改善し連続させ、広場や施設空間を絡めることで、人が行き来し自分の位置がわかりやすいまちに一歩近づいたのです。(図1〜3)

団地のなかに小さなまちの単位をつくる

その第二のステップとして、団地内のたくさんの通路を再生し「生活街路」としてネットワークすることで、団地を小さなまちの単位に分節していこうという提案を、私の先生である現代計画研究所の藤本昌也さんと行いました。自然にできた都市が、活性化した細胞のように日々新陳代謝することと同じように、少しずつ段階的に再生しまちとして多様性を帯びていく楽しさもあります。生活街路が増えていくことで、お年寄りや子どもも安心して暮らせる、人の視線とふれあいのあるまちになると考えたのです。そのためにアーバンユニット(都市の空間単位)とでもいうべき、小さな箱型の建築を提示しました(図4)。施設やお店、休憩所や住宅の離れなどさまざまなまちづくりのコマとして、街路沿いや住棟の

際《きわ》などに貼りつき、街区のアクティビティ（活性）を形成します。時間のかかる壮大な提案なので、まだ実行段階には至っていません（図5）。

団地に戸建て住宅を導入し、まちらしくする

ある経年化した中層分譲団地においての提案です。

団地の周囲や道路沿いは普通、細長く余った土地があるものの、大きな建物までは建てられず、何にも使われず閑散としていました。そこで、戸建て住宅を、周囲に向かって並べて建てたのです。敷地を分筆して売るか、または定借＋住宅分譲にし、それで得た資金にて、古い住棟自身をリニューアルしようという方法です。これにより、結果的にまちなみも生き生きとし、道沿いも楽しく、安全になりました。さまざまな人が混ざって暮らす楽しさ、親子世帯の近居もあるだろうと。いちばんのネックとなる分譲団地再生の資金問題を解決しながら、均質なまちなみを人間的で魅力あるものに変身させ、団地の価値を相互効果で上げていく、一挙両得の方法として評価をいただいています。（図6～8）

団地住民の想いを活かして住環境を再生する

ある大きな団地ニュータウンの再生方針の提案を、京都工芸繊維大学の鈴木克彦先生との共同提案として行いました。

ニュータウン内にはたくさんのブロック単位の団地があります。そこで、ブロックごとに住まい手を主体としたアンケートやワークショップ（議論や研究作業をともに行う）により住まい手の意向を抽出することで、そのブロックにしかない個性ある再生の方向性を確立しようと考えました。よくある均質で無個性な改修でなく、自分たちらしい住まい空間や、ライフスタイルを住まい手とともに獲得していこうという提案でした。そのための方法論を京都工芸繊維大学の鈴木先生研究のＳＥＡＭグラフ[注]により展開し、それにより実現されていく具体の個性ある団地空間のモデル的設計案を学生とともにつくり、提示しました。この作業から「mental-structure」（建設物の骨格でなく、住まい手の暮らしや想いの骨格）や、「Co-Public」（みんなの想いの共同物として生まれた身近な公共性）という、われわれのよりどころとなっていく新しい計画概念が生まれたのです。

住棟内の身近な住まい空間を豊かに再生する

ＵＲ都市機構の、ある賃貸団地にて、古い中層の住棟3棟に、本格的なリニューアル実験を行う「団地ストック再生実証試験」がはじまっています。戸田建設、私、前述の鈴木先

生ほかによる共同チームにて、UR都市機構と共同実験を行うための提案競技に採用いただきました。将来のたくさんのストック再生の本格始動に備えて、より有効で価値の高い方法を事前に徹底的に研究しようという試みです。技術試験として、構造や断熱、床遮音や法律などの再生技術の開発・試験を計画しています。そしてそれに加えて、本稿の主題である住まい空間の再生実験にも力を注いでいるのです。

①シェアドハウス（単身者が共同で住む家）やマルチルーム（住棟の住人が自由に使えるワンルームユニット）、まちかどに開いたカフェリビングのある家、南の共同縁側に開いたお年寄りの家など、ライフスタイルを重視した住宅への再生。

②「住棟内露地」「南の縁側状テラス」「減築のルーフテラス」「生活支援施設」などの、住棟内の共同領域を、生活の場として豊かにしていく再生。

③一般のさまざまな方の意向抽出や、実際の居住実験などを通して、住まい手の想いに近い、住まい環境再生の手法確立。そのための、事前ヒアリングや居住体験ワークショップの実践。

といった内容を計画しています。これら、住まい空間の質の再生も、構造・断熱・遮音などと並ぶ大切な再生技術であるととらえているからです。これはモデル実験なので、将来のストック改修の本番においては、コストや手法の配分やバランスを十分にかんがみての展開が不可欠となります。今回の実証試験住棟が今後の団地ストック改修の羅針盤の一つとなるよう、最大の成果を目指して設計中です。（図9〜17）

日本の団地再生の現実は、コストの問題もあり、機能・技術・シンボルテーマ（エコやバリアフリーなど）に終始しがちで、人がポジティブに生きる主舞台である住まい空間の骨格再生には意識がなかなか至っていないと感じられます。古い中層団地には、2戸1階段や、奥行が小さく間口が大きい、樹木の成熟など、一般の方々の想像以上に「日々を暮らす空間」として、もっともっと豊かに展開していく可能性と潜在力がいっぱい詰まっているはずです。そのことを、実践にて示していきたいと思っています。

（注）住民アンケートを20余りのサステナブル指標で分析し円グラフに抽出する方法

リノベーションの勧め

住民のニーズは「ここに住み続けたい」

慣れ親しんだ団地に住み続けたいというニーズは根強い。たとえ月日が経っても、それが逆に「味」につながるような方法はないものだろうか。時代に即した「リノベーション」について取り上げる。

URサポート 設計技術部長 川村眞次

かわむら・しんじ
大阪工業大学建築学科卒、日本住宅公団などを経て現在URサポート設計技術部長、大阪芸術大学非常勤講師、専門は集住体デザイン

リノベーションなら住み続けたい

集合住宅に関するリノベーション研究会（２００４年度）が行った30年以上経過した3団地のアンケート調査結果をまず簡単に説明します。

調査はあらかじめ「用途変更や社会情勢に合わせて行う部分的もしくは抜本的な改修」を意味するリノベーションについて解説し、かつその海外事例写真を示してから回答いただいたものですが、「リノベーションによる集合住宅に住みたいか否か」という問いに「住んでみたい」あるいは「どちらかといえば住んでみたい」72・3％、「どちらかといえば住みたくない、住みたくない」4・5％、「なんともいえない、わからない」23・2％。また「現在の建物修繕状況下で住み続けてもよいか否か」という問いに「住み続けてもよい」42％、「いつかは引っ越したい」39％、「なんともいえない」19％の回答を得て、「リノベーション」は団地再生の有効な手段であるということがわかりました。

修繕の積み重ねだけでは限界

これまで多くの団地は、いわゆる計画修繕や欠陥箇所の修繕を行う経常修繕により維持されてきました。これらの修繕の際には、人の健康診断と同じように欠陥箇所の早期発見・早期修繕をするための診断を行います。物件によっては耐震診断も付加されますが、これらの診断による修繕は主に機能保全に主眼がおかれていることから、長く続けると、その痕跡でみっともない姿になったり、さらには間取りや設備、内外のしつらえが時代にマッチしなくなります。結果としては前述のアンケートが物語るように一部居住者の退居からはじまり、空き家の増加、環境の悪化という循環につながることから、この循環を断ち切るリノベーションが必要になります。

リノベーションのための診療方法

しかしながら、わが国ではリノベーションのための診療方法が確立されていません。私が試みているのはオランダの建築家N・J・ハブラーケン氏が提唱しているアーバンティッシュ（街空間）・スケルトン（住棟のパブリック空間）・インフィル（プライベート空間）のカテゴリーに分離して考えるという手法に、もの・ひと・こと・かねという暮らしを支えるソフト的なカテゴリーを重ねて診断し、処方する方法です。もちろん新しくまちをデザインする視点、例えば社会動向や地域性、都市計画、需要者のニーズ、環境共生などの事柄もカテゴリーのなかで診断し、講じたい処方を優先順位や費用

対効果、難易度など、また短・中・長期に分けて整理し、再生マスタープランにまとめ上げ、実行していただくのです。再生マスタープランに盛り込むコンセプトや再生の理念、戦略、具体的な処方については、団地によって異なりますが、ここではこれまでに提案したいくつかの特色ある処方とそれを具現化している関西地域の事例を主に紹介します。

アーバンティッシュ（街空間）の視点

■まちの骨格を構想し、基盤から形成し直す

ときが経てば周辺に新駅ができたり、新たな道路の開通など、団地の当初計画と周辺の発展形態にそごが生じることがあります。そんな場合は団地の玄関や街路骨格、センターゾーンの移設や新施設の導入などを提案します。武庫川団地では前述のそごを解消するために団地のサブ玄関や歩行者用街路骨格を快適にわかりやすくする再整備が行われています。

■時代に合わせた施設を設け、活性化させる

現代の社会動向である高齢者の増加や女性の社会進出に伴う支援施設を積極的に配置することは社会の要求です。鶴山台団地では子育て支援施設（写真1）を、新多聞団地やリバーサイドしろきた団地（写真2）ではデイケアセンターを施設の入れ替え時に設置していますし、下新庄鉄筋住宅では

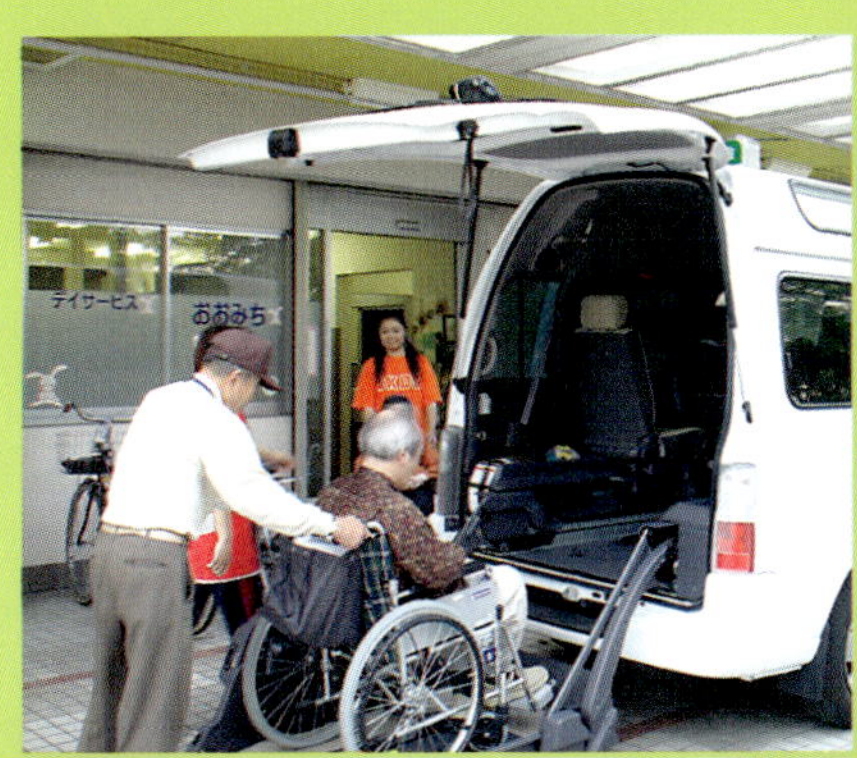

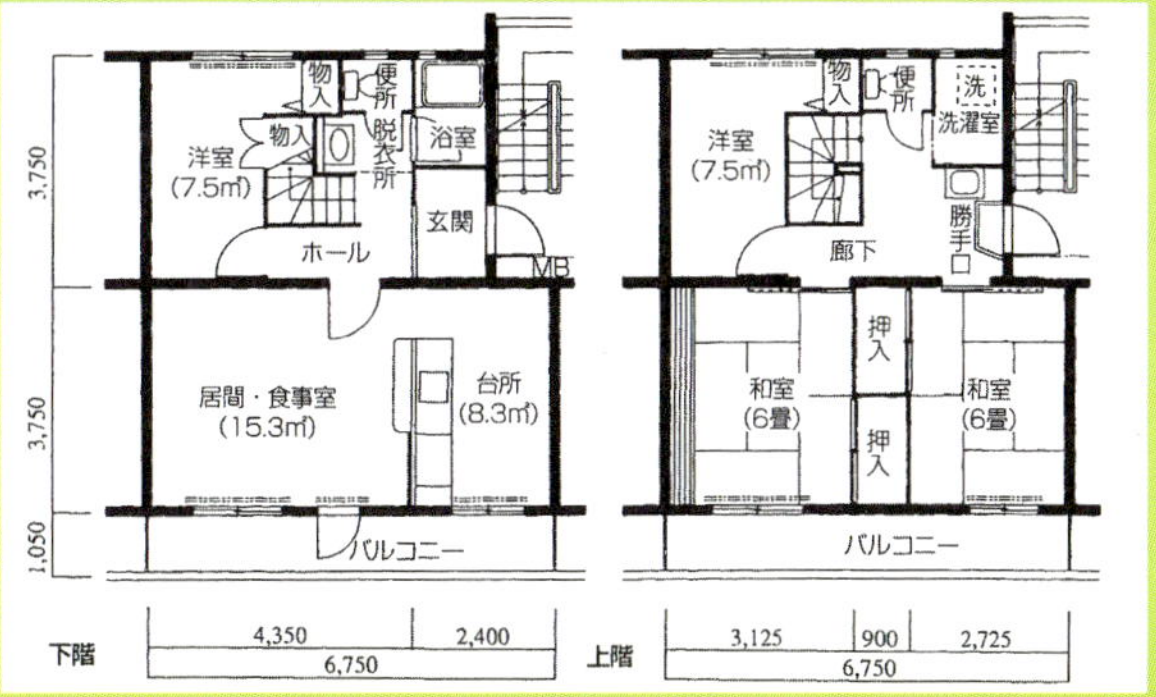

2	1
4	3
	5
	6

1. 鶴山台団地の子育て支援施設
2. リバーサイドしろきた団地のデイケアセンター
3. アートを絡めた耐震改修を行った伝法団地
4. ５階建て片廊下型住棟の階段室脇にエレベーターを設置したリバーサイドさぎす
5. 図1：住棟のエントランスを建具で囲い、オートロックでセキュリティーを高めた、近々実施予定の提案
6. 図2：上下住戸をつなぎメゾネットにした新多聞団地の住戸

ふれあい喫茶が増築されています。いずれも、団地の活性化につながっています。

■駐車場を制する

駐車台数が少ない古い団地の多くは、小手先の増設を繰り返すために、屋外環境が悪化しています。地下駐車場がベストですが、武庫川団地では環境悪化を最小限に止める処方としてすでにレンタカーの導入が、また千鳥団地では立体駐車場の設置が進んでいます。

スケルトン（住棟のパブリック空間）の視点

■パブリック空間を豊かに保つ

住棟のパブリック空間を快適に保つことは重要です。住戸部分がスモールオフィスに用途転換されている大正時代に建てられた船場ビルディングはパブリックスペースを快適に改修することで、部屋の空き待ちが出るほどになっています。

また富雄団地では画一的な外観を色彩で分節化することで、また伝法団地などでは耐震改修の際にアートを絡めた耐震補強（写真3）をすることで、景観に変化と潤いを与えています。

■バリアフリー化を図る

エレベーターのない5階建て住棟の階数別空き家戸数は統計的にも4、5階が多くなること、また人口動態でも高齢化が進んでいることから、エレベーターの設置は必須で、片廊下型住棟（写真4）、階段室型住棟、いずれも設置されはじめています。

■安全性を高める

近年の社会現象である犯罪件数の増加に伴い、団地内でも盗難やいたずらが増加していることから、安全性の向上が求められています。立地によって異なるでしょうが、住棟の共用部にオートロックつきの扉を設けてセキュリティ性能を高める処方（図1）も講じています。

■スケルトンを改造する

面積の小さい住戸を大きくする方法として、千里津雲台団地では増築という処方を、また住戸面積を住棟内で増す処方としては住戸の床や壁を抜き上下や隣戸を一体的に利用する処方が採用されています。新多聞団地のメゾネットに改造した住戸（図2）は人気で空き家がありません。

インフィル（プライベート空間）の視点

■住宅はニーズに対応できるよう努める

住宅に関するニーズは多様化しており、賃貸でも分譲でも居住者個々のニーズに対応した好みの間取りやインテリアが得られるようにすることが望まれます。とくに賃貸住宅においてはセルフリノベーションなどの導入も必要になっています。武庫川団地などではインテリアを大胆に改修することで、需要が増しています。

■従来の住宅の概念を払拭する

都心部における単身居住の増加や居住形態の変化は著しく従来の家族が住むという概念を払拭しなければならない時代に入っており、長期的にはコレクティブハウスやシェアーハウス、SOHO住宅などの新しい形態の住宅への転換も必要になります。

暮らしを支えるソフトの視点

■先導する集住の仕掛けを創出する

住民参加の維持管理や修復業務を行うため、またお年寄りの活動能力に応じたタウンワークをつくるための仕掛けとしてタウンマネージメントセンターのような組織をつくるのも処方の一つです。

■将来を見据えた暮らしのソフトを培う

高齢単身者の増加や飼育実態などから管理上禁止していたペット飼育の緩和も必然です。また、地球環境を考えた場合、団地でも分別収集、省エネなどの環境に優しい暮らしが求められ、将来は暮らし方も変えざるを得ません。これからはハード対応はもちろんですが、同好クラブの創設やルールの制定など、ソフト面のバックアップを行うことにより、動物との共生や環境との共生が可能になります。

■暮らし方のルールを定め付加価値を高める

前述のルールの制定に加えて、身近な集住体での暮らしにかかわる事項である自転車置き場や郵便受け置き場の整理の仕方、共用部の使い方、騒音問題、自ら清掃する範囲などもルールとして定め、それを守ることで快適さの確保や付加価値を高めることも処方の一つと考えています。

■サービス・管理・自治会活動などから改善をはじめる

団地のホームページ開設、フロントサービス、コミュニティ形成に役立つ園芸や子ども、老人などのクラブの創設、自治会活動の支援、とくに高齢者や働く女性、若者に対する支援など、改善できるところから積極的に取り組むことをお勧めします。

これら暮らしを支えるソフトの実行はまだまだですが、千葉の高洲・高浜団地では、NPO法人ちば地域再生リサーチと団地住民がコミュニティビジネスとして地域活動やリフォーム・高齢者支援などをすでにはじめています。

住み続けたくなる処方の実行が大切

紹介した処方は従来の機能保全のためでなく、団地の潜在力を活かしながら、ステップアップしていくような処方ですから、実行さえしていけば、たとえエレベーターがなく、古くなっているだけで嫌われる中層住宅団地でも、どこよりも魅力のあるまちに蘇生するはずです。

まずは、投資を要しない処方については早期に、投資を要するものや前述の事例にない減築、大幅な用途変更、断熱性能向上のような性能UPなどについては投資対効果や資金回収などの経営的側面、それに法規や技術面の検討が必要ですから、リノベーションにたけた専門家のアドバイスを得ながら順次、着工してはいかがでしょう。

望むらくは、新築時が最高でだんだん朽ちていくのでなく、時が経つにつれて味が出るような処方、気持ちがよくなる処方、住み続けたくなる処方を履行してほしいものです。

第2章

〈水・緑・風〉を活かした再生のデザイン

快適な住まいの条件とはいったいなんだろうか。例えば居住スペースの広さや機能性がよく挙げられるが、それだけではない。住まいを彩る周囲の環境にも大きく左右されるのだ。したがって、団地を再生するにあたっては、景観や庭といったオープンスペースを含めて、「五感の心地よさ」をもっと重要視すべきではないか。水辺と緑、そして風を活かした団地のリ・デザインについて考えてみたい。

明るい団地の条件とは

ドイツ・ライネフェルデから考える

日本の団地は、子どもたちが安心して遊べる環境ではなくなっている。老朽化も進み、建物の補修も急務だ。ドイツ・ライネフェルデを例に、親しみやすく、明るい団地づくりに大切なものとは何かを探る。

明治大学 澤田研究室 OB
竹中工務店 東京本店 設計部
齋藤亮太郎

さいとう・りょうたろう
1981年生まれ。明治大学卒業。澤田研究室在籍中に、建築構法から建築デザインまで幅広く習得。3年前、ドイツ・ライネフェルデを訪問

遊び場としての団地（私が小学生の頃の記憶をたどって……）

■身近に感じた団地

私の住まいは、40棟近くある団地のそばにあります。私が小学生の頃は毎日のように団地に遊びに行ったものでした。というのも、団地にはたくさんの家族が集まって住んでいるため、必然的に学校の同級生や友達が多く住んでいたのです。団地に住む友達は、ちょっと外に出れば棟と棟の間には芝生の遊び場（住棟間のオープンスペース）があり、隣の棟まで行けば仲間にすぐ会えるわけですから、当時、とてもうらやましかったことを覚えています。

■団地のオープンスペース

というわけで、私は小学生の頃、団地内の公園や棟と棟の間にあるオープンスペースをよく遊び場として利用しました。遊び方は、遊具を使ったり、鬼ごっこ、高鬼、色鬼、ドロ警、カラーバット野球、さらにはミニサッカーなどです。

今になって、当時の遊び場を訪れてみると、よくこんな小さなスペースで遊んでいたなと感じますが、体も小さく、非力な小学生にとっては、十分な遊び場でした。なかには、暗がりのオープンスペースもありましたが、どんな場所でも走り回れる広さと障害物があれば、自分たちで遊びを考えるの

が子どもの特性であり、むしろ、それらのオープンスペースは均一的なものではなく、変化に富んだものであることが大切だったように思えます。

さらに、それらのオープンスペースがアスファルトやコンクリートの地面とは違い、土や芝生でできていたからこそ、私たちは安心して遊ぶことができたのです。

■遊びの脅威＝車

このような、団地内オープンスペースを使った子どもの遊びにとって脅威だったのは、やはり車でした。ボールを追いかける途中や追いかけっこをしているときなど、車はとても危険な存在になります。逆に車に遭遇する危険のないオープンスペースでは思い切り遊べました。

道路とオープンスペースが近接しているだけでも危険ですが、最近では、かつて遊んでいたオープンスペースが駐車場に変わっているのをよく目にします。

このようなオープンスペースの駐車場化は団地内だけにとどまらず、近くの林を伐採して駐車場や家をつくるケースまで出てきました。

遊びからたくさんのことを学んだ私にとって、このような光景を目にすると、今の子どもたちの遊び場が限りなく減ってきていることを再認識します。

■住人の目

棟と棟の間にできたオープンスペース、そこは居住者側から見るとテラスや窓の一歩先の空間にあたります。

遊び盛りの私たちは、大声をあげたり、テラスにボールが入り込んだりと、ずいぶん住人の方に怒られた記憶があります。このため、私たちは多少なりとも団地の住人たちの目を気にしながら遊んでいましたし、それは逆に見守られていたとも考えられます。

人と人の対話が希薄な現代社会を考えると、当時の子どもと住人の対話はとても健全であった気がします。

人々が集まって住むからこその団地であり、人々が集まり協力することで生まれる恩恵のようなものを、みんなで分かち合えるということも団地ならではのことでしょう。

ライネフェルデ団地訪問の感想

■ドイツ・ライネフェルデの団地再生

さて、3年前の10月に私はドイツ・ライネフェルデの団地を訪問しました。というのも、ライネフェルデ団地は急速な人口減少に対応し、老朽化していく団地の再生を成功させた事例として、注目されていたからです。

ここでは、老朽化した部分を補修しながら部分的に増築や

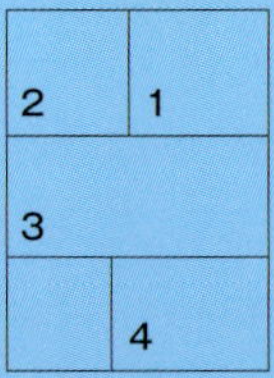

1. 住棟間のオープンスペース（近所の団地・東京郊外）
2. 駐車場化された団地内公園（近所の団地・東京郊外）
3.「減築」後、再生された住棟
4. 最上階が部分的に切り取られ、テラスが設けられた住棟

6	5
8	7
9	

5. 住棟間のオープンスペース
6. 住棟の一室がベーカリーに
7. 再生を待つ住棟
8. 住棟と住棟の間に架けられた屋根（団地の一体感を育む）
9. 住人が植栽やデコレーションを行ったテラス

改築を行い、さらに、空き家に応じて、住棟の一部を解体して小規模化する「減築」と呼ばれる方法も実践されていました。

■明るい団地風景

まず、ライネフェルデ団地を訪れたとき、私は団地全体の雰囲気が明るいことに、びっくりしました。これは私が今まで見てきた団地とは大きく異なる点です。

住棟は威圧的に立つのではなく、階数が抑えられ、十分な間隔をおいて建てられていました。さらに、各住棟は画一的でなく、色彩に富んだ親しみやすいものでした。つまり、従来のような殺風景な住棟の繰り返しではなく、それぞれの住棟が異なったデザインや異なった大きさに改修されていたわけです。

また、住棟間のオープンスペースにはきれいに芝生が敷かれ、団地内の中庭のような役割を担っていました。この住棟間のオープンスペースに立つと、空が開け、色とりどりの住戸テラスが見え、さらにきれいに敷かれた芝生が目に飛び込んできます。個性がありカラフルな住棟のデザインに加え、整備が行き届いた住棟間のオープンスペースによって、このような明るく開放的な団地の雰囲気が生まれているのではないでしょうか。

■にじみ出す生活風景

さらに私が驚いたのは、手の行き届いた各住戸のテラスや窓です。

テラスには住民が思い思いの植栽や飾り付けを行い、窓にはレース状のカーテンが掛けられていました。各住戸によって、それらのアレンジの仕方は少しずつ違うものの、全体として、調和がとれているように見えました。

このように、ライネフェルデ団地では住人の生活がテラスや窓を介してにじみ出ているようであり、それは豊かな外部空間、さらには親しみやすい団地の風景をつくることにつながっているように感じられました。

まとめ――明るい団地を目指して

ここまで、前半は「遊び場としての団地」について、後半は「ライネフェルデ訪問」について述べてきましたが、今後の団地再生を考えていくと、「明るい団地づくり」という一つのキーワードが上がってくるのではないかと思います。

そして、従来のような殺風景な団地を親しみやすい「明るい団地」に再生していくためには以下のようなことが大切であると考えられます。

①子どもが安心して、のびのび遊べる場所をつくる。②建

物の階数を抑え、棟と棟の間を広々と取り、緑豊かなオープンスペースをつくる。③テラスや出窓など、住人が愛着を持てる場所をつくる。④建物内部だけでなく、建物外部の環境づくりにも十分配慮する、ということであります。

さらに、ライネフェルデのような効果的な団地再生を日本で行うためには、先に述べた四つの事柄に加えて、各住人が住戸などの私的スペースだけでなく、公共スペースに対しても配慮し、みんなで協力してよい団地をつくっていこうという気持ちが求められるのではないかと思います。

〈みどり〉の力で活気を取り戻す

快適な生活を楽しみつつ、資産価値も高める

ガーデンデザイナー／ホーティカルチャリスト　ポール・スミザー

団地居住者にとって身近な緑地である敷地内の庭。遊び場や菜園として活用すれば、住民の社交の場となるだろう。しかし、日本ではこの庭が有効利用されているとはいえない。庭と人との付き合い方を考えてみたい。

Paul Smither
1970年英国生まれ。宝塚市ガーデンフィールズ内シーズンズ、そのほか、各地の庭園を手がける。TV出演・著作多数

イギリスの緑地やガーデンへの意識の高さ

私の生まれ育った英国では家を買うと、自分の好みに合うように壁を直したり、窓を二重ガラスに替えたり、内装や水まわりを直したり、ガーデンに手を入れて、ダイニングルームから庭で緑と光のなかに腰掛けてゆっくりと家族でお茶を飲むような場所をつくるのが一般的です。そのように生活を楽しみ、また、自分たちの手で修繕やリフォーム、リデザインをすることさえ楽しみながら、家族の人数やライフスタイルの変化に応じて住み替えていく。そして住宅を売却するときは買ったときの価格より高値で売ることが普通でした。

最近では、広い敷地を小さく区分けして家を新築するケースも多々あり、狭くとも自分のガーデンを所有する人の割合が増えています。ガーデンを所有することは家自体の資産価値を高めるだけでなく、その地域のエコ、動植物の多様性を高めることに貢献することになると考えています。その重要性を政府が認識し、新しい法律が施行されました。この法律は新築の家を一つ星から六つ星で格付けし、建設業者がより環境に優しい家を建てることを促しているものです。六つ星は環境負荷がゼロの家につけられます。これは、たんに住宅の建材や設備だけでなく、ガーデンに生ゴミ堆肥をつくる場

所があるか、リサイクル可能なゴミをいったん保管できる場所があるか、雨水を利用する設備があるか、植栽や水場など地域の生態系を維持、増進するものがあるかどうかなども評価の重要な要素となっています。

イギリスでは過去の苦い経験から、自然は人の手で保護しなければ維持できないという前提で法律が定められ、自然が少しずつ増えていますが、残念なことに日本ではもともと豊かな自然があったためか、身近な植物に人々はあまり関心を持たないように思われますし、法律も自然環境に対して十分ではないと感じます。実際、毎年緑が減少し、生態系が崩されているのです。

団地内の緑地を今の生活スタイルから見直す

私は日本のいくつかの団地を見ていますが、団地が古いほど敷地にゆとりがあり、かつて植えられた樹木が大きく枝を広げ、すばらしい木陰をつくっています。

それなのに外に出て、敷地のなかで楽しく時間を過ごしている人の姿がほとんど見られず寂しい感じがしました。広場や児童公園には当時植えられた植物しか見られません。その後何十年も刈り込むものは刈り込み続けられ、児童公園は地面が固まり、ツツジの植え込みがあるだけです。

なにも四季を感じるために植物園や名所旧跡に行かなくても自分のところに緑があるのに使っていない。その理由はたぶん、緑地が今住んでいる人のニーズに合っておらず、使い勝手が悪いからなのではないかと思われます。それも当然で、多くの場合何十年も昔に、誰が住むかわからないで設計し、つくられたそのままの植栽になっているからです。これだけライフスタイルが変わり、もっと外を楽しめる時間が増え、住む人も変わったのに、それをそのままの形で維持管理しなければいけないわけはありません。

新しい視点で全体を見直し、活かせるものは最大限活かして再デザインすれば、とても魅力的な場所をつくることが可能です。管理に同じ労力をかけるならば、もっと便利で楽しめるものであればよいでしょう。

使いやすく、きれいにして住みたくなる緑地をデザインし直す

住んでいる人の意見をきちんと聞いて、使い方を見て、住みたくなる環境を提案することができます。実際に使っている人が使いやすい、きれいにしたくなる、楽しみたくなる緑地をデザインし直すことは難しいことではないのです。りっぱな建物や設備に驚く人はいまやいません。人に優しいまちをつくろう。植栽、緑で勝負しよう。いっそ人が見にきたく

なるくらいのものにしよう。下の枝がなくなってしまっている生垣はそれごと取ってしまおう。小さい子どもが多ければ安全に遊べる公園をつくることができるし、高齢者が多ければゆっくり散策できる小道のところどころにベンチを置いて、季節を感じる草花をたっぷり植え込むことができます。ハーブガーデンや果樹園、菜園をつくって、家族で新鮮な野菜やハーブ、果物を育て、収穫して楽しむこともできます。バス停や人の集まる場所には木陰をつくる樹木とベンチを配置すれば、人と人のつながりが生まれます。今、オールドローズやイングリッシュローズが人気ですが、空き地をローズガーデンにすれば、住む人たちだけでなく、地域の名所になるかもしれません。手入れの仕方は最初のうちは専門家を呼んでレクチャーしてもらってもいいですし、覚えたら近くの子どもに教えるのもいい。人が集まる場所になります。バーベキューやオーブンを置いて、みんなで楽しむこともできるのです。

　戦後のまだ緑が多い時代につくっているので、団地内には昔の野草が残っていることがよくあります。それを増やして植栽に使い、その遺伝子を残すことができます。重いぐらいの緑のかたまりになっているところは、枝を剪定し、木を間引いて光をなかに入れる。樹木が年を取っているので若い木を混ぜて健康な状態にしてあげるのです。

コミュニティフォレストの考え方

　緑の豊かな環境に人々は住みたがっています。いわゆる高級住宅地とは、緑が豊かで便利で快適な場所です。新しいマンションの広告のうたい文句は周囲に緑が豊か、四季を感じる、など環境のよさをアピールしたものが多くあります。ただ、これ以上人口が増えると、今度はそこに住みたくなくなる人も出てくるでしょう。

　私の住む調布市や、事務所のある三鷹市では、野川沿いの緑地や雑木林を残した公園や井の頭公園などがありますが、団地内の緑地は地域にも大きな役割を果たしています。私はそれらの緑地を別々のものと思わずに、つなげてコミュニティフォレストと認識するといいと思います。自分たちのコミュニティフォレストを、例えば１００年後どういう姿にしたいのかという考えを持ち、樹木など具体的に何％残すかを先に決めておき、新しく植える木も、その地域らしい樹種をあらかじめ決めておく。木1本1本ではなく、全体の森を意識して、どうすべきか、切るのか、残すのか、どう剪定するのかを判断します。樹木は定期的に下まで切り戻して健康な森を維持します。切った木でキノコや遊歩道に敷くチップ、グ

1. 流れにはレッドデータブックにも載っている野草が元気に育っている（長久手町）
2. 愛知県長久手町の新しいマンション内にデザインした水の流れと野草。さまざまな昆虫や野鳥が訪れる。子どもが安全に遊べる芝生広場や自然を見ながら散策できる遊歩道もつくった
3. 調布市内に残る雑木林
4. もともとあった暗い森の木を間引き、さまざまな樹種の木を混植し、光が入るようにした。今では健康な森になり、春には原種系の球根が可憐な花を一面に咲かせる

ッズをつくります。その地域らしさを残すことでもっとよい場所になっていくでしょう。

住む人のためになる緑地であるとともに、地域の人が喜んで集える場所をつくるとよいでしょう。鳥や虫が訪れ、地域に自然が戻ってきます。人々が移り住んでくるようになります。人が集まると、お金が自然に集まってきます。若い人たちは新しいアイディアを持ってきます。活気が出ると、治安もよくなります。人が集まれば周囲の店にも人が入ります。一日中、人がいると近くでお弁当を買ったり、お茶を飲んだりして過ごします。そうすることで、だんだん地域の価値、団地の資産価値も高まっていくのです。

2年前、私は2冊の本を出版しました。1冊は限られたスペースでも住む人の希望を最大限取り入れ、その場所の弱点を逆に活かし、最低限の手入れで維持できるガーデンづくりの実例と四季の魅力的な植物の紹介をしています。日当たりがよすぎる、日当たりが悪い、狭い、風が強いなどといったことは決して悪いことではなく、その場所に応じたガーデンができるし、もっと快適に楽しく暮らすことができます。(『ポール・スミザーの自然流庭づくり』講談社刊)

もう1冊の本は、一つの庭を10年かけてつくってきた記録ですが、植物のために人が少し手助けをしてあげることで、自然の生態系は戻ってくるし、環境が健全になると、人も健康で活力に満ちてくることが経験を通して実感できます。(『ポール・スミザーのナチュラル・ガーデン』宝島社刊)

ぜひ、団地内の貴重な緑地を見直し、今のライフスタイルにあった環境を楽しみながら、地域の資産価値を高めていただきたいです。

〈ガーデンルームス〉http://www.gardenrooms.co.jp

文化財的価値のある農家に住む

土地や緑の「共有」と「私用」

取り壊しが一転、自治体と市民の手で集合住宅として再生された、三百数十年の歴史を重ねた農家の建物。ここでは中央にある庭を、住民たちが独特の方法でシェアして利用している。共有スペースを有効に使った集合住宅の生活を紹介しよう。

建築家／マインツ工科大学 建築学科 教授
河村和久

かわむら・かずひさ
1949年福岡県生まれ。東京藝術大学建築科卒業後渡独。アーヘン工科大学工学部建築学科卒業。ケルンにて自営。ライネフェルデ日本庭園など日独交流プロジェクトに参加

住民の手で守られる集合住宅

ケルン郊外、大都市近郊のどこにでもある住宅地に、少々場違いな古い建物群があります。ケルン大聖堂から4㎞と離れていないここも、第二次大戦後までは農地で、建物は80年近く続いた農場の管理人住居と小作人住居、家畜小屋、納屋などの農舎でした。戦後、州の建築文化財となり、今は住民16世帯の維持管理する「集合住宅」です。

その所有者、住人としてこの建物のたどった歴史と現在について報告します。

『農家』としての歴史

ケルンの古い修道院に、この農場が12世紀半ばに寄進されたという記録があります。1760年ごろまでには、現在見られる形の建物群ができていたようです。1910年に市の所有となり、63haの農地が賃貸で経営されることとなりました。農舎には豚や牛が飼われ、中庭には堆肥が積まれ、たまった糞尿とともに馬車で農地へ運ばれる。夕方、教会の鐘とともに小作人たちはここに戻り家族との団らんを楽しむ。20世紀初頭、ここのむらがケルン市に合併され、工業化の波が迫ってきたときも、ここでの生活は、おそらく200～30

0年前と大して変わらなかったはずです。

変化は第二次大戦後に来ました。中庭を囲んだ管理人棟や農舎群は幸い大きな戦災を免れましたが、地主のケルン市が農地を次々と工場労働者用住宅に転用していったのです。その結果1960年に、時の借地人が最後の農民としてこの地を去り、建物群はその本来の使命を終えました。

『集合住宅』になるまでのいきさつ

市当局は取り壊しを推進しましたが、建築文化財局は保存を主張。教会や地区の市民団体は改修して利用する計画を申請します。市が経済性を理由に、倉庫や作業場として使いはじめたころから子どもらの投石の的となり、屋根瓦やガラス窓が破壊されていきました。市民団体は再度、住宅開発で増えつつある青少年のための施設案を提出しますが、市は予算の欠如を理由に申請を却下し、取り壊しの方針を決定。業を煮やした市民団体は1976年、ほとんど廃墟と化したこの建物群を占拠し、自力でクラブハウスへの改修を始めたのです。市当局は、入り口や窓をレンガでふさぎ「立ち入り禁止」としました。その後1年ほど、市と建築文化財局と市民団体の間で堂々巡りの議論が繰り返されましたが、ある建設業者が、「分譲住宅として改修したい」と申し出て、これが解決の糸口となりました。市は「私有化」には反対で、地元も最後に残った自分たちのアイデンティティのよりどころを失うことを恐れ、しばらくくすぶっていましたが「近郊のまちで、同じようなプロジェクトを成功させた」建築家のチームが建築文化財局の後押しで現れ、市も市民団体も手を打つべきだと考えたようです。

1978年、市議会は、前記の建築家を代表者とする所有者組合に、永代借地権のもとで建物群を払い下げることを決議、地主は今まで通りケルン市、建物所有者は年々借地料を払うこととなりました。プロジェクトは順調に進み、80年代初めにこの農家は集合住宅に再生されたのです。

再生された建物と、そこでの生活

建物は外壁を残してすべてリニューアルされました。屋根も、勾配や屋根窓など、すべて前と同じ形でつくり直され、床はRC造、壁はコンクリートブロックで積まれました。仮に、投石による被害がなかったとしても、かつてとはまったく違う用途に対応し、現在の設備やエネルギーシステムに対応するには、これは当然だったのです。納屋への入り口だった大きな開口部を、吹き抜けの居間の窓にしたり、以前倉庫部分で窓のなかった壁には、なるべく窓をつけなくていい間

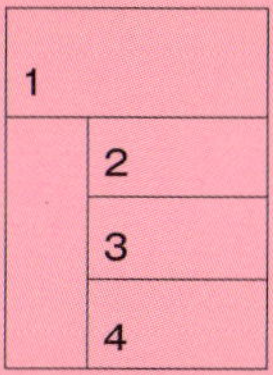

1. 入り口の門。車を入れるときは全体を開き、普段は、小さなドアを利用する。右が「管理人棟」でその前のレンガ壁の向こうが「子どもの遊び場」、左の建物が「小作人の住居」部分でわが家の区画がある。さらに左の緑地に駐車場が見える
2. 去年の鯉のぼりパーティー。門のすぐ右がわが家で、「テラス」は鉢植えの草木に隠れた部分
3. 「管理人棟」への入り口から見た中庭。井戸の右向こうに散水用の施設、壁際に各世帯の「テラス」ゾーンが見て取れる
4. 「トンネル」で中庭につながる芝生の庭。左側「管理人棟」の裏が「子どもの遊び場」になっている。偏西風で雨水の当たりが強い西壁は漆喰の仕上げ

取りにするなど、苦心の跡が残っています。

共同利用の中庭を囲む16世帯の生活は一種独特なものです。所有形態としては、借地料を払う以外は「分譲マンション」ですが、外部空間――アプローチ、前庭、テラス、スポーツやレクレーションのための庭――をすべての住人が共同利用するからです。入り口の大きな門をくぐり、奥行き37m、幅約22mの中庭に入ります。「管理人棟」に住む5世帯は共同の入り口ホールから中庭にアプローチしますが、ほかの11戸へはこの中庭から直接出入りします。12の入り口が石畳の中庭に面していますが、各住居の入り口付近は暗黙の了解で、それぞれのテリトリーとみなされ、テーブルと椅子を置いてリビングやダイニングの延長、つまりプライベートテラスとして使っています。各自の「テラス」付近の「前庭」は各自が手入れし、バラなどの栽培を競い合う光景も。しかし、土があるのは壁の前1m半ほどなので、各戸は、鉢植えなどをいくつか置いて「私のテラス」の領域がわかるようにしています。隣り合うテラス同士のプライバシーや「私のテラス」の前を、他人が通っていくという問題はエチケットで解決されています。例えば、私たちの住居はゲートを入ってすぐで、「テラス」は門を出入りする人々の視線にさらされます。出入りする住人や訪問者は、私たち家族が食事をしていると、こちらと顔を合わせて「グーテン・アペティート！（おいしく食べてください）」といって前を通り過ぎます。こちらから声をかけ、立ち止まって話しても、食事にはあからさまな視線を注いだりしません。隣の「テラス」とは話が聞ける距離ですし、間に置いた鉢植えの草木も、何を食べているか見える頼りないスクリーンですが、それでいいのです。お互い「無視」の信号を送り、それぞれの世界を閉じることもできるし、たまには目を合わせて「乾杯！」「こっちで一緒に飲まないか？」ということにもなります。

小さな子どもたちにとってこの中庭は、大家族に囲まれた安全で楽しい遊び場です。大人のガーデニングを手伝ったり、ほかのテラスの子どもを訪ねて一緒に遊んだり、自転車に乗る練習をしたり、食事を待ちながらバドミントンや縄跳びをしたり……。時には、周りの「観客」も引き込まれてしまいます。12月には中央に大きなクリスマスツリーを飾り、私たちの入居以来、毎年5月5日前後には鯉のぼりがはためいています。

緑に囲まれた外部空間の維持管理

この中庭にある8mを越える2本の木は、専門の業者が手入れをしていますが、そのほかすべての草木は、どれかの世帯への所属がはっきりしており、持ち主がバケーションなどで2、3週間留守にするときは、必ず誰かに水やりを頼んで出かけます。中庭の下には、農家時代からの地下水槽があり、溜まった雨水をホースでまけるようになっています。

西側の棟の1階にトンネルが開いていて、中庭は約1000㎡の、農家時代の果樹園につながっています。そこは芝生で、古いリンゴとプラムの木が数本残り、隣地との境界あたりの結構大きな木とともに、夏の暑い日でもひんやりとした木陰をつくっています。この庭では、サッカーなど、中庭では禁止されているスポーツをしたり、暑い日には子どもたちがテントを張って寝たりしています。この一角に、バーベキューをやる場所があり、ガーデンパーティなどに使いたいときは、門の近くにある掲示板に、日時を書いて予約しておきます。ただ、子どもの誕生パーティを週末にやりたいときなど、早めに押さえておかないと、誰かに先を越されてしまうことがあるので要注意です。しかし、予約さえすれば「私だけの庭」になるのです。06年のサッカーワールドカップのとき、日本語補習校の子どもたちや父兄約50人と日本対クロアチア戦をここで観戦し、子どもたちは歓声を上げつつ勝手に遊び、親どもはバーベキューとビールで盛り上がりました。このときは例の掲示板に「うるさくなるが、8時には終了する」の一文を加えました。この庭からさらに「管理人棟」の裏手にまわると、ブランコなどの遊具のある「子どもの遊び場」へと続きます。ここの大きな木や道路沿いにある駐車場の生垣の手入れは専門業者に頼み、芝刈りや掃除は管理人に任せています。

もちろんお金を払うのですが、これだけ広いオープンスペースを「自分のモノ」と感じつつ使え、好きなときに土いじりのできる土地もあるという環境は、私たち共稼ぎの子育て夫婦には理想的でした。今はその子どもも大きくなり、ここにも高齢化社会が近づいています。しかし、この住居形態にはそれにもうまく対応できそうなポテンシャルを感じるのです。この特殊な住居形態は偶然できました。しかし、土地や緑を「共有」し、しかも同時に「私用」できるこの形態は、都市内の限られた空間を有効に使い、いろいろな意味で豊かな生活の基盤となる一つの具体的な可能性であるように感じます。

ほとんどが公有地の上に建つ日本での団地再生の際にも、一考に値するのではないでしょうか。

スローライフと二地域居住

西湘の生活から団地再生のヒントを探る

Co．Lab 代表取締役　原　大祐

はら・だいすけ
1978年3月生まれ。青山学院大学経済学部経済学科卒業。団地再生産業協議会事務局に従事。Co．Lab 代表取締役、西湘をあそぶ会代表

通勤用に都市部に団地を持ちながら、
スローライフを楽しむために田舎にも団地を持つ。
私の育った西湘での田舎暮らしの魅力を伝えながら、
この団地の新しい活用法を考える。

西湘とは

「湘南」は皆さんご存じだと思います。相模川より東の茅ヶ崎、藤沢の地域のことで、サザンオールスターズや江ノ島で有名なところです。相模川より西、つまり平塚～小田原あたりには「西湘」という名称があります。西湘バイパスというとちょっとは知っている人がいるのではないでしょうか。

僕が育った西湘は、湘南から派手さを抜いて東京から遠くしたところと揶揄されるけど、それだけではありません。確かに地味でいわゆる田舎だけれども、そこには西湘ならではの生活があります。ここでは、西湘流スローライフを紹介しながら団地再生の可能性について考えたいと思います。

西湘の生活

大磯はかつて別荘地として有名だったところです。東海道の宿場町であった大磯に、軍医総監の松本順が日本で最初の海水浴場を開いたことで、がらっとまちが変わりました。海と山に囲まれたこの小さなまちに岩崎、安田、三井といった財界人や、伊藤博文、山縣有朋、陸奥宗光、大隈重信、西園寺公望、寺内正毅、原敬など政界人の自邸、別邸が立ち並びました。何より有名なのは吉田茂です。大磯が気に入った吉

田茂はここに移り住み、亡くなるまで大磯で過ごしています。大磯は、そんなかつての別荘地のたたずまいを残したまちなのです。

もともとそんなまちなので、せかせかとしてはいけません。散歩をしながらたたずまいを楽しんだり、海を見ながらぼ～っとするのがふさわしいのです。

旧三井邸であった城山公園の東屋からは、相模湾、伊豆半島、富士山を見渡すことができます。僕は友達と大磯銘菓の「西行饅頭」とお茶を買ってはここで海を見ながら過ごします。遠くの双子山に陽が沈んでいく。海が金色に光る。空が赤みを帯びて、紫に変わりやがて真っ暗になる。沈んじゃったなぁとつぶやくと、もう満天の星空です。喫茶店が少ないということもあるかもしれませんが、ファミリーレストランでだらだらするよりもよっぽど気持ちがよく感じられます。

西湘はもちろん海の幸がおいしい。小田原の居酒屋「大学酒蔵」に行けば、生シラスやジンダ（マメアジ）のから揚げを味わうことができますが、定期的に開かれている朝市に行けば自ら新鮮な魚を手に入れることもできます。アジ、イワシ、サバなどの青魚を中心にタチウオやカマス、イカなどが並んでいて、スミヤキやシロメダイなどの地元でしか見られない魚も売っています。

僕は毎年、朝市で仕入れたシコイワシでアンチョビをつくっています。シコイワシはビニール袋いっぱいに入って200円くらいです。朝のうちにさばいて塩をふり、重石をする。それだけです。数カ月後にはとてもおいしいアンチョビになっています。今年も7～8kgを漬けました。瓶詰めにし、知人や友人に配るのはもう毎年の行事となっています。

もちろん朝市に行かずとも、魚屋で地物の魚を買うことができます。買った魚は刺身にしたり干物にしたり。地物のカンパチの刺身もうまいけど、やっぱりアジがうまい。つくりたてのさつま揚げと豆腐を買ってくれば、とれたてつくりたてを味わえる西湘の朝ご飯です。

一昨年には、そば畑のオーナーになりました。オーナーといっても種まきから草むしり、収穫に至るまで、全部の作業をしなければいけません。8月の終わりにまいた種が、11月には収穫をむかえました。そばの白い花もきれいに咲きました。収穫したそば粉を引き、友達とそば打ちを楽しみ、残ったそばはそば茶に――。また、その年の5月にはお茶摘みに参加しました。朝早く伸びた新芽を摘む。もちっと手にすいつくほどやわらかい。摘んだお茶はすぐに製茶し、飲むたびに新芽のさわやかな香りが漂います。自分で摘んだせいもあっておいしさもひとしおです。

畑仕事で汗を流したら、温泉へ。なんといっても箱根が近くにあります。箱根には平塚や大磯からでもすぐに行くことができます。小田原ならなおさらです。僕はよく平賀敬美術館のお風呂に入ります。井上馨や近衛文麿、犬養毅も利用していたお風呂でゆったりするのです。箱根のひんやりとした空気が風呂上りの体に実に気持ちがよく、疲れも吹っ飛ぶ至福のひとときです。

スローライフの観点から地域のよさを保存・活用する

しかし、西湘も日本のほかの地域と変わらず同じ問題を抱えています。理由は都内への通勤が不便だからでしょう。住民は高齢化し労働人口は減っています。もちろん税収も落ちています。高齢化により休耕田が増え、商店街はシャッター通りです。

しかし逆の見方をすれば、東京から〈たかだか〉1時間ちょっとのところにこんなに豊かなスローライフを送ることができる場所があるのです。そして一方でそれを求める人は多くいます。

もしかしたら、地域の問題を解決するのはよその人たちかもしれません。彼らの求める生活は、この地域の問題の解決と接点があるかもしれないと思います。

重要なのは、田舎暮らしやスローライフを求める人たちを上手に取り込むまちづくりです。休耕田を活用し、趣きあるまちなみを保存し、地域の特徴ある商店を守っていく。地域のよさを見つめ、積極的に保存・活用することが必要です。

二地域居住という提案――団地の活用

もう一つ重要なのは、スローライフを実現する具体的な提案です。僕はスローライフのために頑張って郊外から通勤しましょう、なんて生活を提案しようとは思っていません。それでは平日の通勤に疲れてしまってスローライフを楽しめないからです。僕は都市部に安いセカンドハウスを借りて、週末田舎でスローライフを楽しめるような生活を提案したいのです。都市部の不動産価格は高いので、この方がローン負担も少なくてすみます。

もしくはすでに定年退職されていて、都市部に住宅を持っているかたは、体が動く間は賃料の取れる都市部の住宅を貸して安い賃料の田舎でスローライフを満喫し、後に都市部に戻るといったスタイルも考えられます。

最近は別荘の利用権付きのマンションが都内で販売されていると聞きます。これからは、都市部と田舎の二地域居住だったり、田舎への一定期間の移住といった今までとは違っ

1. 手摘み・無農薬のお茶を飲める幸せ
2. 大磯旧安田邸の公開。大磯にはお屋敷がいっぱい
3. 小田原の御幸の浜の夕暮れ。海を見ると癒される
4. 小田原の朝市。相模湾は魚の種類が豊富
5. 平賀敬美術館のお風呂。源泉かけ流しのお風呂が気持ちがいい

た形でスローライフを楽しむ人たちが多くなるのではないかと思います。

そこで団地の活用には二通りの受け皿を期待したいのです。市街地団地は安いセカンドハウスへ、郊外団地はスローライフ用の住まいへの活用です。活用へは、どちらも都市部と田舎の異なるライフスタイルをセットで提案できるかが鍵となります。

生活を楽しむという観点で団地再生を

人間、ライフスタイルをいきなり変えることは難しいことです。地縁のない所へ住まいを構えることはなおさら難しいでしょう。僕は「西湘の生活」というブログとウェブサイトを立ち上げ、西湘の生活をレポートしながら、どんな地域でどんな暮らしが送れるのかを伝えています。

同時に地域の人たちと「西湘をあそぶ会」を設立しました。

これは遊びをとおして具体的に西湘に来てもらうこと、そして何よりよその人と地域のよさを認知してもらうこと、よその人が地域に「知り合い」を多くつくる機会になればと思い立ち上げました。例えば、週末農業をしようと思ったときにたんに畑を借りるのではつまらない。知り合いがいれば機具を借りたりアドバイスをもらえます。その方が楽しくないでしょうか。つまりこの会は西湘で楽しむための人・物・情報をトータルで提供することを目的としているのです。

団地再生に今後求められることは、団地の再生によって建物の改修といったハードの解決だけでなく、生活を楽しむ提案がいかにできるかということと、そのために必要な人や情報の提供といったソフト面の充実が非常に重要になるのではないでしょうか。

〈西湘の生活〉http://www.seishonoseikatsu.jp

エコ社会づくり実践へ

環境そして人とつながる暮らしとは

都市化による環境破壊や、エネルギーの枯渇問題が迫るなか、これまでどおりの都市生活はやがて維持できなくなるだろう。変わりゆく居住環境に対応するための、エコ村づくりの動きを紹介しよう。

滋賀県立大学 副学長
NPO法人 エコ村ネットワーキング 理事長
仁連孝昭

にれん・たかあき
1948年大阪府生まれ。京都大学大学院経済学研究科博士課程修了。1995年より滋賀県立大学環境科学部教授。特定営利活動法人エコ村ネットワーキング理事長

これでよいのか？ 今の暮らし

人口の都市集中、都市の人口増加を追いかけるように、日本ではこれまで都市とその周辺の宅地化、住宅開発が進められてきました。その結果、都市に居住する人口割合が一貫して増加してきています。これは、同時に都市居住に必要な住宅資産が、それに応じて建設されてきたことを意味します。また、これからも都市に居住する人口割合が高いままで持続することが想定されます。なぜなら、農村がこれから人々を引きつける雇用の場を生みだすことができるとはとうてい考えられないからです。

しかし、現在の都市の居住環境が持続可能であるとはいえません。環境の側面から見ると、都市は生命にとって生存の基盤であるエコロジーを徹底的に壊し、その代わりに人工的なインフラストラクチャを整備してきました。都市に流れる、また降った水は水害をもたらす水として排除し、きたないもので汚すにまかせたのです。逆に遠くから上水を引き込んで利用し、地域の水循環によって媒介されてきたエコロジーを捨ててしまいました。人間以外の生命は生活する場を奪われました。道路は舗装され、わずかに残された植物の死骸を分解する土壌生物はいなくなり、水面が埋め立てられ、水路も

コンクリートで覆われ、捕食、排泄、分解、吸収という生物による物質循環が壊され、都市のあらゆる活動から出されたものがすべて廃棄物になってしまったのです。このような都市環境で、人間だけが生き延びるために清浄な水、食料、そのほかの必要な物質を都市に供給し、廃棄物、下水を除去し、処理するために莫大なエネルギーを使っています。

社会的な側面から見ると、都市の人口集中を受け入れるために急いで開発された住宅地には、多世代が居住できる条件に欠けています。都市住宅では親と子の世帯が暮らせても、子が成長し結婚するようになると同居できず、子の世代は生まれ育った住宅から出て、新たな住宅を求めてまちを出ていくことが多くあります。その結果、同じ世代だけが暮らすまちになってしまい、生存にとって必要な世代間の支え合いができず、公的な保育、育児、介護サービスによって暮らしを支えることが不可欠になってきました。また、核家族の生活者は育児や介護に関する知識を共有できる機会が少なくなり、精神的なストレスが強くなります。大きな家族で、地域で生活上の悩みや喜びを共有できない社会にしているのが、現在の都市生活であり、この状態をそのままにしていることによる社会的損失は大きいのです。

いやがおうでも続くトレンド

日本は今、人口減少が問題となっています。1億2700万人の人口（2005年国勢調査）が、50年後には国立社会保障・人口問題研究所の中位の推計で、8900万人ほどになると見込まれています。また、人口減少の過程で、人口の高齢化が急速に進むことにもなります。生産年齢人口が多く、人口が増加していた社会から、生産年齢が少なく、人口の減少する社会へ転換することになり、膨張する社会から、縮減する社会へ転換しなければならないのです。都市の環境整備はインフラ整備の面的拡大ではなく、社会的な負担の少ない既存インフラの選択的な維持と整備に転換することが求められています。

もう一つの長期的傾向は、化石燃料の価格上昇と生産量の減少、枯渇です。現在の都市生活は安価なエネルギー供給を前提にしています。しかし、これから石油をはじめとする石炭、天然ガスなどの化石燃料は生産量が減少し、今世紀中には石油と天然ガスが枯渇すると推定されます。そのようななかで価格上昇は避けられませんし、すでに価格上昇が始まっています。都市とインフラストラクチャを、化石燃料に依存しない体質に転換することが求められているのです。

千里ニュータウンの住宅団地
千里ニュータウン内につくられた公団住宅。現在は居住人口の高齢化が進み、狭小な居室は増築され、改善されている

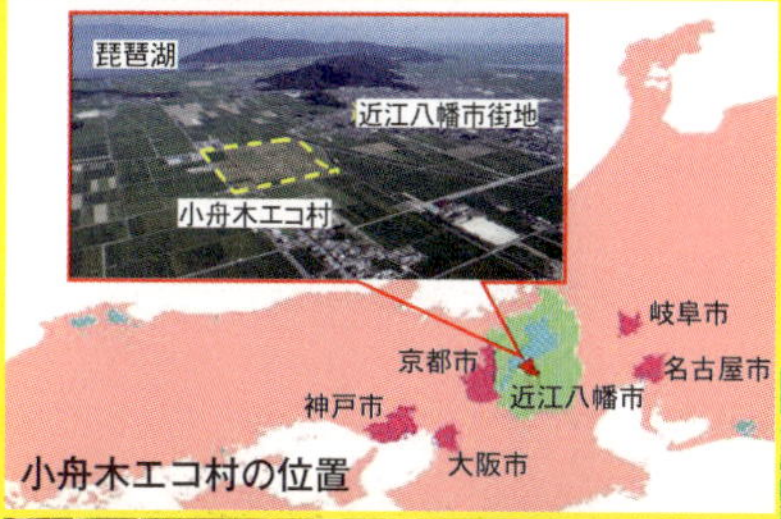

小舟木エコ村の位置

小舟木エコ村鳥瞰図
小舟木エコ村事業は滋賀県近江八幡市に位置する。事業規模は面積約15ha、開発戸数371戸。事業主体はこのために設立された（株）地球の芽であり、NPO エコ村ネットワーキングと協力してエコ村づくりを進めている

小舟木エコ村の暮らし
小舟木エコ村では、人と人のつきあいが暮らしを支える要素となっている

小舟木エコ村で取り組む課題

	水循環	エネルギー利用	物質循環	社会の健全性
コミュニティの行動	ビオトープづくり	ランドスケープによる微機構管理	環境効率の高い生活	参加型のコミュニティ開発
	雨水と雑排水の浄化と利用	バイオマス利用	地域の農産物と有機廃棄物の循環	共有価値の参加型管理
	糞尿の肥料化	歩けるまちづくり	コミュニティ農業	環境倫理教育
ビジネスの取組	エコ住宅づくり			個性に適合する能力開発
		電気自動車	地域農工複合システム	コミュニティ・ビジネスの支援
		持続可能なエネルギー利用		日常的健康管理
未来への取組	持続可能な社旗に向けての研究			
	環境ビジネス開発のためのコンソーシアム			
	環境のモニタリングと評価			

フローのストック化

私たちの生活は、資産（ストック）と収入に支えられた支出（フロー）によって営まれています。住宅やインフラストラクチャは暮らしを支えるストックであり、購入する食料品や衣料品などはフローです。ストックとフローの両方が私たちの生活を支えているのですが、両者の間には代替関係が存在します。ストックが小さくなればフローは今まで以上に必要となり、逆は逆です。例えば、地域の人間関係が希薄で近所づきあいがないとすれば、地域の安全を守るために、子どもの登下校時に送り迎えのサービスを父兄が交替ですることが必要になってきたりします。これは、地域の信頼できる人間関係が存在しないという社会関係資本（ストック）が弱いことにより、送り迎えのサービス（フロー）が必要になることを示しています。あるいは、都市の地表面を舗装や建物でカバーしてしまうことによって、土壌や樹木などの緑を地表面から排除してしまうと、すなわち地域の自然資本（ストック）を壊してしまうと、水を吸収したり蒸発散させたりする地表の熱環境を快適に保つ機能が損なわれてしまい、人為的に室内環境を調整するためのエネルギー消費（フロー）が必要となるのです。

とくに、社会関係資本と自然資本を適切に維持することは、経済的な負担を招かず、自然への負荷を高めず、生活の質を向上させる方法です。フローに頼ることなく、負担の発生しないストックにより依存する方向への転換が求められている方向です。これからますます進んでいくことが想定される人口減少社会、高齢社会では経済的な負担をかけないで生活質を向上させる社会発展の方向が求められています。また、地球環境と、地域環境への負荷をこれ以上大きくすることが許されないがゆえに、自然資本を壊さず生活質を高める方向も求められています。

さらに、経済的、物質的フローの地域化がもう一つの重要な課題です。これは言い換えれば地産地消を進めることでもあります。地域で生産されたものを地域で消費することは、地域の経済を活性化するし、より信頼できるモノやサービスを消費することにつながり、環境に対する負荷も小さくなる。遠距離の、大量に同じものを生産する産地からモノを輸入することによって、安価にモノを手に入れることができると考えてしまいますが、それは物質のバランスを壊してしまい、生命圏の持続性を損なうことになり、また長距離輸送による石油消費量を増やし、地球環境に余計な負荷を与えてしまう。それだけでなく、消費地の自給能力を奪い、安全性を犠牲にすることになるのです。

社会を経済的、社会的そして環境的に持続可能なものにするために、生活を支える経済的なフローの役割を小さくし、社会関係資本と自然資本をそれにとって替わらせること、そして経済的なフローをできるだけ地域のなかで循環するフローに変えていくことが重要となっています。

小舟木エコ村での取り組み

このような変化をどのように実現していくか、この一つの実現方策がエコ村です。エコロジーとは生命とそれを取り巻く環境との相互関係を表す言葉ですが、エコ村とはまさに人と人、人と環境との結びつきを大事にする暮らしを築いていくことを意味しています。持続可能な社会は特定の人の生活のためにほかの人を犠牲にする、あるいは環境を犠牲にすることによっては築けません。なぜなら、人の生活も環境も一つの有限な共有する地球の上で成り立っているからです。したがって、まず直接触れ合え、感じ合えるむらの範囲で人と人、人と環境の結びつきを大事にする、言い換えれば、社会関係資本と自然資本を大事にする暮らしぶりを築けなければ、地球の持続可能性はあり得ない。エコ村づくりの運動は、持続可能な社会への入り口をつくる試みなのです。

00年にエコ村づくりを具体化するために「NPOエコ村ネットワーキング」を設立し、02年に「小舟木エコ村づくり」を宣言し、03年に内閣官房都市再生本部から「環境共生まちづくり事業」に選定され、ようやく06年末に小舟木エコ村の建設着工事業認可がなされ、07年から事業会社・㈱地球の芽による造成工事がはじまり、08年春からむらづくりが本格化する段階になりました。小舟木エコ村では、地域の水循環を回復する課題、賢明なエネルギー利用を実現する課題、地域の物質循環を創出する課題、社会の健全性を取り戻す課題をエコ村づくりの目標に掲げ、エコ村住民、関心のある市民、NPO、行政、関連する企業・事業者と協働して取り組んでいこうとしています。

小舟木エコ村づくりは開発手法としては現在の法の枠内で進めているため、農地転用申請、大規模開発認可申請、地区計画の策定という手続きを経ているので、その手続きで許される範囲を超えるものとはなっていませんが、問題は行政手続きで規定できない、人と人、人と環境の結びつきを具体化するしくみをいかに創出するかです。その意味で、小舟木エコ村づくりはようやくスタート地点に立ったところ。何ができて何ができないか、格闘がはじまるのです。

〈エコ村ネットワーキング〉http://www.eco-mura.net/
〈地球の芽〉http://www.chikyunome.co.jp/

いごこち（居心地）と住環境

「生きるよりどころ」の重要性

住まいを語るうえで切っても切り離せないのが「いごこち」。果たしてこの現代社会において、人は自分の住環境をどのように感じているのだろうか。「いごこち」について考えてみよう。

居心地研究所　安原喜秀

やすはら・よしひで　東京生まれ。1992年に居心地を研究する初の「居心地研究所」を設立。東海大学大学院客員教授

「住まいへの思い」から「いごこち（居心地）」へ

「いごこち（居心地）」に目覚めたのは二十数年前になります。今ほど「いごこち」がこのように普通に見られない頃でした。

今では、「いごこち」と同類のような言葉、例えば「快適」「いやし（癒し）」「ヒーリング」などとともに「いごこち」は氾濫しているといっても過言ではありません。現在の生活状況を表しているにちがいないのです。

当時、「いごこち」がこれほどまでになるとは予想もしませんでした。

この言葉にひかれたのは、ある本を著したときです。もう故人となった武者公路規子氏との8年にわたる共同作業によって、「住の思想へ」むけた共著『大都会の小さな家』（筑摩書房）を出した、1988年の秋でした。内容は、優れた文筆家にして「住まい観察」の達人たちの文章、それらの深い森に踏み込んで「住まいへの思い」がどのようにあるのか探り、その奥に潜む、できれば誰にでもあてはめられる構造をつかんでみたい、というもの。

そこから出てきたのが三つのキーワードです。

当時、それぞれに悩みを抱えていた二人の目が拾った、先人に学ぶ視点でした。「場所」「手づくり」「いごこち」がそれで、「住まいへの思い」はこれら三つの思いが、さながら三原色のようになって、微妙に調合され複雑な色合いをもって、語られていました。

「場所」への思いとは、住まいの存在する場所であり空間であり環境でもあるものへの思い。そこには過去の記憶が秘められているのです。

「手づくり」への思いとは、住まいの実現にどれほどであっても自分が参加していく、自らつくったという感覚、それへのこだわりです。

そして「いごこち」への思い。住まいの歴史を見るならば、人間はいつも「いごこち」を求めてきているといえるのだから当然といえば当然でしょう。定義するのは難しかったですが、「いごこち」としか表現し得ない確としたものがあります。

なかでも「いごこち」がおもしろく難しい。これを解かないことには「住まいへの思い」も十分にはなりません。そうして「いごこち」の研究が始まったのです。

「いごこち（居心地）」の研究所へ

「居心地」という言葉は明治40年前後に使い出されたようで、比較的新しい言葉です。仮名の「いごこち」の方はさらに新しいようです。

「いごこち」をもっともシンプルに定義するなら、「居るところの心地」となります。

ところがそこから先が大変です。「居るところ」というのは物理的な空間のみを指すわけではありません。人との関係や精神的な「心の置きどころ」のようなものまであるのです。物理的な空間に限っても無数、そこで得られる心地がまた人それぞれですから無数なのです。

しかしこのシンプルな定義にしたがえば、「いごこち」はどこにでもあるはずです。「居るところ」があるなら「いごこち」はあるのです。けれども、例えばビジネスの世界では「いごこち」は意識されないのが普通でしょう。あるいは無意識のうちに「いごこちよさ」を求めて行動しているといってもかまいません。あるいは「いごこち」そのものを考えないようにして、意識の奥にしまい込んでいる場合も多いのかもしれません。

「いごこち」は意識されるとたんに「いごこちよさ」か「いごこち悪さ」かのどちらかに針が振れます。当面意識されなかったことがあとになって「いごこち」が思われて「よさ」「悪さ」を思うことなどは典型です。

「いごこち」は個人的なもの、とよくいわれます。だからといって、孤立ばらばらなものが絶えず衝突しているのでしょうか。もしそうなら、それでよいのでしょうか。現在の個人の「いごこち」が決して満足の水準にないことはさまざまな言動から明らかです。束の間の（短時間の）「いごこちよさ」を求めるなら、自然にも趣味にも沈潜してもかまいません。しかし「みんなのいごこち」、例えば、公共の場、みんなとやっていく場所での共有する「いごこち」はどうなのでしょうか。

次々と湧いてくる「いごこち」への疑問。やすやすとほどけない絡まった無数の糸のようでもあります。しかしこれには、今切実な、家庭・学校・職場・あるいは国家の抱えている問題を解いていく新たな方向を秘めていると思えるようなところまできました。研究はさまざまな分野にまたがり、壮大な研究所の構想へとつながっています。

生きるよりどころとしての「いごこち」

07年秋から大学院でも『いごこち研究』という授業を認めてもらい、開始しました。日本で、いや世界で初めてでしょう。授業は暗中模索ですが、若者から「いごこち」への関心を引き出すこと、新分野なのだからともに学ぼうというものです。

学生たちは真剣勝負に予想以上に反応してくれました。終了後、数人の学生が、いきなり私の「居心地研究所」の所員になりたいと言い出しました。勧誘も宣伝もしていない、研究所の実態についてろくな説明などしていないのに、若者たちはただこの言葉に引かれて、これからずっと「いごこち」にこだわり続け、私とも付き合っていきたいと言い出したのです。

一人の学生は「自分探し」をしたいため、というし、さらに別の学生は「いずれ、生まれ故郷の親元に帰らなければならない。そこで斜めに傾いた親の家業も継いでいくだろう。家族ともうまくやっていかなければならない、地域ともうまくやっていかなければならない。なにもかも「いごこち」の問題が待っているんですよ。一生「いごこち」を考えていかなければならない」といいます。「いごこち」は彼らの生きるよりどころにもなりつつあるのです。

硬直した枠組みを脱け出す「いごこち」

私が幼児から育ったところは多摩丘陵のはずれで、そばにある「多摩ニュータウン」ができる以前でした。越してきた頃は、東京都というのに下水道はもちろん、電気もガスも水道もありませんでした。

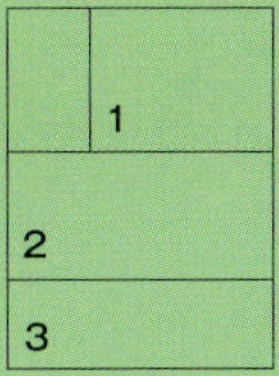

1. 建物の外観に居心地はあるのだろうか？
2. 人は居心地のいいところを求めて集う
3. チェコのノーベル賞詩人ヤロスラフ・サイフェルトがこよなく好んだプラハ・ペッシーンの丘

そこは丘と谷が交互に続くところです。丘の上に立つと、丘はひとしなみ変わらぬ高さであり、丘々の畝が波状になって遠く海原のように木々の間から見えます。先のほうは青く霞んでいて、何もなくても、そこの空気に包まれながら、農道やけもの径をたどって歩く楽しさはいうにいわれぬ幸福感を味わわせてくれました。

行き掛かり上、ずっと見てきたつもりでしたが、この丘に建つ団地の計画には「場所への思い」もありません。そのような丘のたたずまいにつながる丘の魅力を引き出しはしませんでした。私の丘の風景は奪われました。けれども今、この計画のスタートについて問うのではありません。

今ここの住み手は高齢化が進み、空き家も増えつつあります。それでも多くの課題に取り組もうとする住民の努力もみられます。住民が中心になったまちづくり研究も盛んに行われています。

そこでは若者をいかに引き寄せるかが大きな課題だといい、同様に日本各地でも若者を招く方策に心をくだいているようです。

先に見た「いごこち」に関心を寄せる学生たちや、私の「いごこち」への取り組みに興味を寄せるたくさんの婦人方に接すると（私の「いごこち論」からすれば女性が関心を持つのは当然なのであるが）、団地の計画を「住み手」と「つくり手」という枠組みから発想することはなんと硬直しているものだ、と感じざるを得ません。

彼らから学ぶのは、もう違う文脈上に彼らがいるということです。総じてみんな今「いごこちが悪い」と感じています。自分のよりどころとしての「いごこち」と、「団地のいごこち」（もしあるならば）がどのような平面でつながるのかはっきりしなければいけません。

例えば、その団地は喜んで死にいけるところであるか、平安な心持ちで老いるところとしてあるか、「いごこち」はそんな問いもつきつけるのです。ひと頃あった団地への夢はもうとうに終わっているのです。

〈居心地研究所〉http://www.igokochilab.com

よみがえる中古団地の住戸

学生による自主改修実験について

武庫川女子大学 生活環境学部 生活環境学科 助手 鈴木優里

すずき・ゆり
武庫川女子大学大学院修士課程2年時、兵庫県尼崎市の西武庫団地で住戸自主改修実験を実施

老朽化した団地を取り壊さずに、居住者のライフスタイルに合わせてよみがえらせる……。女子大生の手で行われたこの実験を通して考えた、自分の手による団地改修の可能性とは。

専門家に頼らない改修

現在、日本各地で老朽化した団地の建て替え事業が進められています。

ここでいう「老朽化」とは、まずは建物自体の「老朽化」です。そして、当然のことながら台所や浴室といった水まわり、それに電気容量などの設備も「老朽化」してきます。それから、間取りなど内部空間と居住者との間に生じるライフスタイルとのギャップ、これも一つの「老朽化」です。これら「老朽化」を改善するために現在、新しい建物への建て替えが進められているのです。

しかし、この「老朽化」への対応策は、「建て替え」だけなのでしょうか。

私たちが2年前に取り組んだ実験は、「集合住宅の住戸を、住者自らの手で変容させていくことで、より快適な生活環境を入手することが可能になる」という考えから始まりました。そして専門家の手に頼らず、自らの手で住戸改修を行うことにより、現在のライフスタイルに合った形へと変容させることができることを示し、「老朽化」した団地を取り壊さずともよみがえらせる手法の一つを提示したものです。

自主改修実験の概要

この自主改修実験は、「建て替え」のための取り壊しが決まっている、兵庫県尼崎市の西武庫団地で行いました。改修住戸は28㎡の1DK。参加したのは、本学を含む五つの教育機関で、それぞれ学生の手によって住戸改修を実施しました。

現地見学を行った後、学生同士で話し合い、それぞれの改修対象住戸を決定しました。その後、各自で実測を行い、現況図面を作成し、間取りの検討を行っていきました。既存住戸は、南側にはフローリングのダイニング&キッチンスペース、北側には和室と押入れという間取りですが、私たちはこれを南北ともにフローリングとし、中央には玄関から続く「土間」を通した間取りを計画しました。この「土間」は、通路としての機能だけでなく、双方の空間をつなぐものであり、「土間」を介して人が向かい合う、憩いの空間としての役割も担っています。その点も考慮したうえで「土間」は、女性でも無理をせずにまたげる程度、かつ人が向かい合って座り、会話をするのに適した幅を現地で実際に体感しながら設定しました。また、既存住戸は南北の空間を壁と襖で仕切っていましたが、間に「土間」を挟むことで、空間としては一つとしながらも緩やかに空間を仕切ることができました。

実際の作業

私たちは、3階の西端の住戸を改修対象住戸としました。見晴らしはよいのですが、西日の影響でしょうか、他の住戸とは比べ物にならないほど、大量のカビが発生していました。そこで、まずは掃除から始めました。これが6月下旬のことです。

そして、7月には住戸内部の解体作業を始めました。畳をはがし、押入れや壁、柱や敷居も自らの手で取り外しました。さらに、和室のフローリングへの張り替えには、他の住戸のフローリングを再利用することにしました。

私たちは「女子大」ということで、男手がなく、力の必要な解体作業は非常に苦労しましたが、8月に入る頃には解体も無事完了しました。

解体が完了したら、施工を開始しました。まず、既存住戸の和室部分にフローリングを張るために、根太を張りました。南側の既存フローリングと高さを合わせようとするのですが、土台がガタガタで非常に苦労しました。また、壁はすべて珪藻土仕上げにすることにし、そのための下準備として、壁や押入れを取り外してできた壁や天井の凹凸を平坦にするために、モルタルで補修しました。この作業では思いのほか、大量のモルタルを必要としました。今回使用した砂・セメン

2	1
4	3
6	5

1. 既存住戸。南側から撮影。柱やフローリングがペンキで塗られている。いかにも古めかしい印象
2. 押し入れと和室、壁の解体が終わったところ。押し入れの解体ではグラスウールが現れ、袋にまとめるのに苦労した。西側の壁には断熱材が張り付けてあるのが見える
3. 苦労したフローリングのヤスリがけ。サンダーを利用し、大まかにはがした後は、手動でのヤスリがけ。気の遠くなるような作業を毎日みんなで繰り返した
4. 天井のセメント補修。これも毎日少しずつ行った。セメントはアルカリ性なので、手荒れ防止のためのビニール手袋が必需品だった
5. 壁仕上げ。施工時間が短いのでみんなで並んで珪藻土を塗った。コテで塗るとサビが出てしまうので注意が必要
6. 竣工写真。照明により塗りムラのある壁に陰が現れる。見学者のかたには「居酒屋みたいないい雰囲気」との言葉をいただいた

トの総重量は、約６００kgにもなります。また、天井には思うようにモルタルが付かず、何度も落ちてきて、この作業も非常に苦労しました。

それから、今回の改修実験でもっとも時間を要したのが、フローリングの塗料を落とすためのヤスリがけです。

既存のフローリングにはペンキが塗られていましたが、木肌を活かした仕上げにしたかったので、私たちはそれらすべて、ヤスリをかけて落とすことにしました。しかし、これが非常に労力のかかる作業で、明けても暮れてもヤスリがけの日々でした。ヤスリがけが終わったものは、ステイン塗料を塗り、古材らしい色合いに仕上げました。この塗料を建具にも塗布し、空間の統一感を演出しました。

さらに、水まわりですが、既存住戸は、浴室トイレが一室になっていたので、浴槽が非常に狭く、洗い場はほとんどありませんでした。そこで、浴槽を取り外し、シャワールームとしました。具体的な作業としては、浴槽を取り外し、セメント補修をした後、スノコを敷きました。当初、壁は既存の水色のタイルのままでよいと考えていましたが、居室との統一感を考慮し、既存タイルの上からベージュのモザイクタイルを張り付けました。

また、既存住戸の柱を框《かまち》として再利用したので、カンナがけも行いました。しかし、経年により柱が反り返っており、新材を扱うようにはいかず、大変でした。これは、フローリングを扱う際も同様でした。これにより、木材の再利用は、予想以上に労力が必要なことが実感できました。そのほか、収納兼ベッドスペースや間仕切り壁、浴室の扉も自分たちで作成しました。これらは、男性の助っ人に協力してもらいながら行った作業です。

続いて、壁の仕上げです。壁の仕上げは珪藻土《けいそうど》を使用しました。珪藻土を塗っていく作業は非常に楽しい作業でした。室内が真っ白になると、今までの空間とはまったく異なる印象になりました。その変化は、空間がよみがえる瞬間を目の当たりにしたように感じました。

そして、「土間」を平坦にするため、モルタルを流しましたが、素人では思うように平坦にならず、玉砂利を埋め込む仕上げにしました。ランダムに玉砂利を配置するのは案外、難しいものであり、また、楽しい作業でもありました。それから、バルコニーは、住戸の床と高さをそろえました。これは、屋外と屋内の空間をつなげることで、バルコニーを生活の一部として利用できると考えたからです。手法としては、市販のコンクリートブロックを重ねて底上げし、スノコを敷きました。

最後に、ペンキを塗り直したキッチンと吊り戸棚を設置し、手洗い器をコンパクトなものに取り替え、照明を取り付けました。これで完成です。

シンポジウムとオープンハウス

そして、この改修に関して、シンポジウムにて建築関係者のかたへの公開を行った一方、オープンハウスにて近隣住民の方々へも公開しました。

シンポジウムでは、参加者に各住戸を見学していただいた後、それぞれの改修案について学生がプレゼンテーションし、総合的に検討し投票してもらい、それぞれ評価していただきました。また、オープンハウスでは、アンケートに「各住戸の印象」や「もっとも気に入った住戸」といった回答欄を設け、それぞれについての評価をいただきました。

私たちの提案について、「団地は、玄関が狭くて部屋に上がってもらうほどの仲ではないようなご近所づきあいの間柄でも、玄関から土間になっていると、靴を脱がずになかに入ってもらえるから、ご近所づきあいが広がりそう」など、団地住まいの主婦の視点から、今後の参考になる意見をたくさんいただきました。

今後に向けて

今回の実験では、解体が前提となっている団地を利用しており、最初から居住実験ができないことになっていました。そのため、実際の居住に必要な設備面の改善はほとんど行っていません。

しかしながら、この実験は大変貴重な経験であり、今後に活かさない手はありません。そこで、今後は居住実験を行い、実際に生活することも可能な住戸自主改修実験を行うことができれば、この実験がさらに有意義なものとなるのではないかと考えます。

そうしていくためには、今回はほとんど手付かずだった、設備面への提案も重要になります。今回の実験は、夏に行ったことと居住実験を前提としていなかったことで、ガスの供給がありませんでした。

しかし、実際に生活する場合を考えると、ガスを供給する、あるいはオール電化にするなどの検討も不可欠です。今後は、そういった点を踏まえてもう一歩踏み込んだ、実生活に近い形で実験を行っていく必要があると感じています。

市民の「手」でできること

多摩ニュータウンの片隅から

団地とともに住人も年を取っていくもの。
必然的に一人暮らしのお年寄りも増えていく。
高齢者の居場所づくりを考えながら、
「笑顔の飛びかう団地再生」への取り組みを紹介する。

NPO法人 福祉亭 理事 寺田美恵子

てらだ・みえこ
2001年多摩市高齢福祉課（当時）の呼びかけで集まった市民が「高齢者社会参加拡大事業運営協議会」を発足。福祉部会メンバーとして福祉亭設立に参加

住み続けたいまち？

入居開始から40年が経過しようとしている多摩ニュータウンは、緑豊かな大変落ち着いたまちです。時間とともに成熟していったこのまちを快適と思い、愛着を持って住まう住民も多くいます。

幾度もの組織変更をしながらもURが開発から姿を消し、残った未利用地は民間の手で開発が進められています。新しい建物の外観は美しく、まちに流れる風まで違うような感じにうたれます。けれども、敷地いっぱいに使う高層の建物群にこれから同じように過ぎる時間のあることも感じるのです。何度もの外壁塗装、給排水管の後付工事のステンレスの管。人が医師の手を借りながら人生を過ごすように、団地も大規模修繕を繰り返す。変わらないのは、号棟間の十分にとられた距離と、各号棟が40〜60世帯ほどの手ごろさです。外部からみれば「オールドタウン」と揶揄されるこのまち。「限界集落」という言葉もあるこの時代に、「再生」への歩みを怠れば「限界団地」に転落しかねない危うさを抱えます。それを端的に回避する道筋として「建て替え」と「コミュニティの再生」に焦点があたっているのが現在の多摩ニュータウンではないでしょうか。

多摩ニュータウンの第一次入居地区・多摩市諏訪二丁目で「建て替え」が模索されています。諏訪二丁目は以前から建て替えが浮上しては消えている地区です。今回建て替え決議に失敗したらさらに高齢化が進み、建て替えはさらに先に延び、「生きているうちには無理かもしれない」と心配する友人もいれば、建て替えた団地に「自分は位牌で帰ってくるのかもしれない」と心を痛める友人もいます。

コミュニティの再生「地域の支え合い」は無力に思えることもあります。「必要とされていないんじゃないの?」と何度も口にしました。が、「それは違う」と高齢者の「笑顔」が語りかけたのです。そうであるならば、あるべき姿を追い続けるしかありません。

２００１年1月、多摩市高齢福祉課の呼びかけで集まった市民が「福祉亭」という高齢者の居場所づくりを構想し、当時シャッター商店街といわれた近隣センターの一角に店舗を構え、市民の手で運営をする機会を得ました。高齢者の居場所づくりはまちづくり、と、現在も持続しています。その過程で学んだもの、喜びとしたことのまとめです。

福祉亭の試み

日本で最大規模といわれる「ニュータウン」としての多摩ニュータウン。その第一次入居地区・多摩市永山団地に福祉亭はあります。大都市東京に寄り添うベッドタウンとして多摩ニュータウンは生まれました。世界のどの都市もいつも成長と進化と発展が求められ、都市を形成する人口の流出入も当然とされているように感じます。多摩ニュータウンも人工都市の宿命で、今後、世界最速といわれる高齢化に立ち向かうまちなのです。

市民の手でできるまちづくりは何かと、模索しながら歩み、組み立てては崩し、失敗の連続が現在の福祉亭です。

広がれ広がれ笑顔の輪

これをキーワードに福祉亭が目指してきた「地域の居場所づくり〜人と人をつなぐ」は現在、季節感が感じられる野菜中心の日替わりの定食提供、お友だちとの語らいが弾む喫茶的な飲み物の提供をしています。友人づくりが進むよう健康麻雀、囲碁、将棋、唱歌、健康体操、算数サロン、文字サロン、笑いが大事と寝床寄席、大きな声でのカラオケ、季節折々の誕生会、クリスマス会などを開催しています。孤独死をなんとかしたいと絵手紙づくりも。どれもこれも地域のボランティアの手で行われているのです。有償の在宅支援のグループ「生活サポート隊」(利用には会員登録が必要)もあります。

求めに応じ高齢世帯や子育て世帯の生活サポートに入っています。

相談業務も格段に進み、民生委員、牧師、行政書士、地域包括支援センタースタッフが毎月福祉亭を訪れています。

この居場所の運営のほかに、保育園と連携する「虹の会」は保育園前の公園の花壇アダプトを試みており、四季折々の花壇の移ろいは、散歩中の住民の楽しみともなって、保育園児の水やりのお手伝いの場ともなっているのです。「地域のお役づくり」としての花壇づくり。花壇の草とりの手も増えてきました。

響き合うまちづくり

「広がれ広がれ笑顔の輪」とともに「響き合うまちづくり」も目指す姿として描いています。一世代で形成せざるを得ないまち、転出入の激しい匿名性の強いまち。それをいやおうなく受け入れざるを得ない地域コミュニティ。そんなコミュニティに「孤独死」という衝撃的な事例が発生しはじめています。高齢化とともに少子化の現実もあります。息苦しい子育て期を過ごす若い家族も存在します。かつての地域社会がなんとかやり過ごしてきた諸々が、一人ひとりに現在と将来の不安としてのしかかっているのです。国のさまざまな制度の見直しも加速しています。そんな地域社会に「支え合い、喜びをともにし、悲しみをわかって」と。数字や目に見える成果が問われる風潮に、これらは意味を持つものなのでしょうか。福祉亭のチャレンジとして「響き合い」それを目指しています。

人生の時間を語ろう

流れる時間は人もまちも団地もどこか同じような気配を漂わせています。その一つひとつの時間をすべて自分に引き寄せて思い描くことはできませんが、まちと一体の「人生の時間」を思います。まちをつくった人々と、そのまちに住んだ人々、そして、そのまちに40年という長い時間が経過し、多くの人々がこのまちで人生の時間を過ごし、老いを迎えているのです。それを若い世代が記録していこうという試み。ヒューマンマッププロジェクトとして多摩大学のゼミが取り組み、少し形を変えて首都大学東京大学院生が2年間の取り組みとして福祉亭を訪れ、利用高齢者の地域での過ごし方の調査を行っています。日本映画学校の学生も卒業制作の映画づくりとして現在取り組んでいます。さまざまな切り口、さまざまな媒体でニュータウンの人々の姿を残そうと試みているのです。

978-4-88065-213-9 C3036

アーツ・マーケティング入門

芸術市場の戦略をデザインする

山田真一 著

A5判並製／288頁／3150円

芸術市場は本当に1%なのか。

戦略的なマーケティングが、集客力だけでなく顧客満足度をアップさせる。理論と実践方法をわかりやすく解いた芸術市場関係者必読の書。

水曜社
お近くの書店でお買い求めください。表示価格はすべて税込み（5%）です
URL www.bookdom.net/suiyosha
〒160-0022 東京都新宿区新宿1-14-12 TEL 03-3351-8768 FAX 03-5362-72
※2007年1月以降発刊の書籍よりISBN13桁表記。

「文化とまちづくり叢書」の話題書

指定管理者は今どうなっているのか

「公の施設」の管理運営が、民間企業やNPOなどに委ねられるようになってはや3年。本書は指定獲得までのノウハウや管理者になってからの新たな業務などを実践の現場から詳細にレポート。

中川幾郎・松本茂章 編

中川幾郎　松本茂章 編著
指定管理者は
今どうなっているのか
全国6万1565の管理者が直面する問題とは——!?
多くの指定管理者が再選定されるであろう07～08年に向け、制度の「いま」と「これから」をさまざまな立場から検証・提言する
実務者・研究者必携書!

978-4-88065-193-4 C0036

2100円

指定管理者制度で何が変わるのか

ロングセラー

文化施設への制度導入をめぐる背景、現状と課題、さらに「新しい公共」への展望を明らかにする初めての書。

文化政策提言ネットワーク 編

文化政策提言ネットワーク編
指定管理者制度で
何が変わるのか
治体文化ホール
美術館運営の
あり方を考える
06年完全施行!

4-88065-133-8 C0036

1680円

2	1
4	3

1. 福祉亭全景
2. 将棋を楽しむ
3、4. 虹の会花壇

支え合いリボン活動

「支え合い」のシンボルとしてリボン活動があります。公民館の「地域ふれあい」講座から生まれているこの活動は、リボンをつけることによって福祉亭利用者や地域にメッセージを送っています。「手を差し伸べることは求めていませんよ。あいさつ、声かけだけでもいい、支え合って」と。

お一人暮らしのかたのための便利帳～おそばに置いて

高齢世帯の一人暮らしが増えています。昼間一人となる世帯もあります。地域情報を提供することによって「地域とかかわりを持って暮らして、緊急時に備えて。かかりつけ医、連絡先などの整理に使って」とつくられています。公民館の高齢者セミナーⅡから生まれました。

ひやりハット地図づくり

高齢者優良住宅の室内のバリヤフリー化は進んでも、高齢者が外出先でつまづいたり、骨折したりの情報が入ってきます。元気でいようと散歩に出て、つまづいてしまってはなにもなりません。「団地のどの箇所でつまずきやすいのか、どんなときにヒヤッとしたか、ハッとしたか、お互いの気づきにしましょう」とマップづくりに取りかかっています。まちづくり専門家会議との連携作業です。

ルームシェア

現在一例、タウンハウスで実現しています。お子さんたちが独立し、一人暮らしになられたかたと恵泉女学園大学大学院生のシェアです。偶然のように生まれたシェアですが、将来のモデルとして大変好例となりそうな予感があります。

仕事と交流の関係づくり

これからの取り組みとして思い描いていることに、学生たちの「仕事と交流の関係づくり」を進めたいということがあります。高層階には周辺大学の学生。登録学生には低家賃を保証し、そして、低層階に住む高齢者へのサポートとかかわってもらいます。お話し相手、買い物サポート、車いすでの外出補助、中層階に住む子育て家庭へのファミリーサポートなどです。自らの存在や行為に対し、社会から感謝されるという経験を若いときから積んでいければ、まちも救われるのではないでしょうか。学生たちの「仕事と交流の関係づくり」が進む団地を思い描くと、血縁のない異世代がさまざまな場面で時間を共有する意味合いの大きさを思います。支え合いはともに過ごす時間から生まれ、課題は時間の「長さ」だけなのでしょうか。

これらすべてが望ましい姿で機能し、非常に有効に活用されているというわけではありません。運営を担う側からみれば、よくボランティアで持続できたものだとの感慨は大きいです。人の集まりにつきもののいさかいもあれば、離反もあります。それでも成り立っていることの意味を思います。担う側、利用する側それぞれの努力の大きさに打たれもします。ニュータウンの高齢化とともに福祉亭の高齢化にも立ち向かうことになるまちづくり。そんななかで「ニュータウン物語」をまとめる気配もあります。その幸福感が福祉亭を支えているのです。

5. 異世代交流

第3章

団地をよみがえらせる「しくみ」

少子化が進み、高齢化も止まらない日本。人口減が現実となった今、これを的確にとらえたうえで団地を再生することは至上命題といえる。一人暮らしの高齢者を孤立させないケアシステムや、居住者のライフスタイルに対応した住み替え支援、さらに細かなニーズに対応するためのコミュニティビジネスの導入など、団地とその周辺地域をよみがえらせるためのマネジメントシステムが求められている。

元気なまちであり続けるために

成熟期のニュータウン再生まちづくり

高度経済成長期から時を経て、新たな問題が噴出する大規模ニュータウン。
かつての日本繁栄の象徴は、新たな局面を迎えている。
その現状と、再生に向けた動きとは……。

市浦ハウジング&プランニング　牧野純子

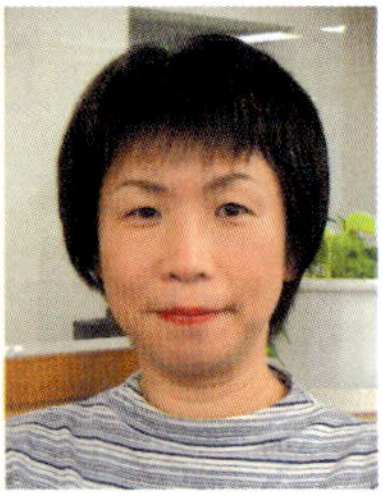

まきの・じゅんこ
市浦ハウジング&プランニング大阪事務所計画室勤務。技術士、マンション管理士、森林インストラクター

成熟期を迎えたニュータウンで起こっていること

関西圏には、高度経済成長期に開発された大規模ニュータウンがあります。これらは、道路、公園など高水準の都市基盤施設や、豊かな緑とゆったりした住環境を備えた理想の住宅地として、高い評価を受けてきました（写真1、写真2）。

一方で、まちびらきから40年以上が経過し、急激な少子・高齢化の進展やライフスタイル（生活様式）の変化、住宅の老朽化の進行、既存の生活サービス施設の居住者ニーズとの不一致など、さまざまな課題が顕在化しています。日本で最初に開発された千里ニュータウン（１１６０ha、人口約9万人）の例を見ながら、主な事項を紹介します。

■人口の減少と少子・高齢化の進展

千里ニュータウンの人口は、１９７５年の12・9人から減少を続け、２００８年には約9万人となっています。これは、一世帯当たりの人数が少なくなっているからで、１９７０年に約3・6人だった世帯人数が、２００８年には2・2人まで減少しています。ニュータウン内の住宅や生活サービス施設が世帯人数の多い若年ファミリー世帯のニーズに合わず、ニュータウンへの転入が進まないことが一因であると考えられます（図1、図2）。

千里ニュータウンの高齢化率（65歳以上の人口の割合）の推移を見ますと、ある時期から急激に上昇し、2008年には29・2％と大阪府平均を大きく上回っています。一方で、0～14才の人口は、1970年に34％だったのが、2008年には12・1％まで減少しています。少子・高齢化は、日本全国で起こっていることですが、ニュータウンの場合、そのスピードが非常に速いというところが特徴です（図3）。

■生活サービス施設の不足・ミスマッチ

ニュータウン開発時に比べると、現在は、ライフスタイルがより多様化・個性化しているとともに、高齢者や共働き世帯、単身世帯が増加するなど、開発当初に想定していた居住者像が大きく変化し、生活サービス施設に対する新たなニーズが発生しています。にもかかわらず、ニュータウンでは、スペースが限られているなどの理由で、必要な新しい生活サービス施設が立地しにくい状況にあります。

一方で、児童数の減少による小学校の空き教室の発生や、住宅地内の商業センターで空き店舗が発生するなど、当初からある施設のミスマッチが起こっています。

■大規模団地の建て替えによる環境の変化への不安

千里ニュータウンでは、公共賃貸住宅や公的供給主体による分譲マンションなど、集合住宅が大量に供給されています。これらの集合住宅地では、建築年度の古いものから、建て替え・リニューアルなどの更新事業が順次進められています。

とくに、数百戸規模の大規模団地の建て替え事業では、従前の容積率が低かったこともあり、大幅な戸数増・建物の高層化や高容積化などが予想され、周辺を含めた住宅地の環境が激変する可能性が指摘されています。そのため、近隣住民は事業による環境の変化を不安に感じ、事業が具体化していく際には建設反対運動が起こるケースもあります。

住民、住宅事業者、行政などの関係者が、ニュータウンの将来像を共有しないまま、敷地ごとにバラバラに建て替え事業が進められていることがこの混乱の一因です。これを解決するためには、関係者がニュータウンの将来像について話し合い、共通認識化していくことが必要でしょう（写真3）。

ニュータウン建設の背景

ニュータウンにおけるこれらの問題はなぜ起こったのでしょうか。一般市街地とは異なる「ニュータウン」建設の背景とその特徴を考えてみましょう。

終戦後の疎開先や海外からの引き揚げ者の増加、および、高度経済成長を背景とした都市への人口集中により、1950年以降の大阪都市圏の住宅不足は大変深刻なものでした。

これに対応するため、公営住宅や公団住宅などの建設が進められましたが、画一的な住棟住宅による初歩的な団地づくりにとどまっていました。一方、民間企業による無計画な開発は、住宅と工場、農地などを混在させた無秩序な市街地を形成し、スプロール化（乱開発）が進行していました。

このような状況のなか、将来の大阪都市圏の再構築の足がかりとなるよう、各種公共施設の整備も含めた総合的な大規模開発を行い、居住環境の整った計画的なまちづくり、つまりニュータウン建設を進めることが模索されました。そして、意欲的な提案にあふれた「実験都市」の第1号として千里ニュータウンが誕生したのです。たった11年間で建設事業が完了した千里ニュータウンは、一般の市街地とは異なる、次のような特徴を持つことになりました。

・短期間に大量の住宅を供給し、地域環境を大きく改変した
・同一世代、同一階層の住民が一時に大量に流入した
・「ゾーニング」の考え方により、住宅地には住宅のみが配置され、施設は地区センターと近隣センターに集められた
・同じ形の住棟、同じ広さ・間取りの住宅など、画一的な住宅地と住宅が形成された
・開発者（行政）主導の開発で、住民が主体的にまちづくりにかかわる機会が少なかった
・完成形を目指したため、必要に応じてまちを変えていく余地（スペース・システム）がなかった
・当時の整備水準が未成熟だったため、バリアフリー、耐震性、環境対策などに対応できていない

以上のいくつかの点は、ニュータウンに限らず、同時期に開発された大規模な集合住宅団地、郊外の戸建て住宅地などにも当てはまる内容です。本来であれば、このような点を踏まえ、改善しながら団地再生やニュータウン再生を進めるべきですが、残念なことに、現在進められつつある大規模団地の建て替え事業では、ニュータウン建設時に行われたことがもう一度繰り返されているように思えてなりません。

再生に向けたさまざまな取り組み

これまで見てきたように、成熟期を迎えたニュータウンはいくつかの課題を抱えています。老朽化した住宅や建物の更新が所有者・事業者主導により進められる一方で、地域の課題に対応し、まちが元気を取り戻すように、住民と行政、住宅管理者、地域の大学・企業などが手を取り合い、さまざまな取り組みを展開しはじめています。

千里ニュータウンでは、地元行政である吹田市が、２００１年度に「千里ニュータウンの再生を考える市民１００人委

図1：千里ニュータウンの人口推移

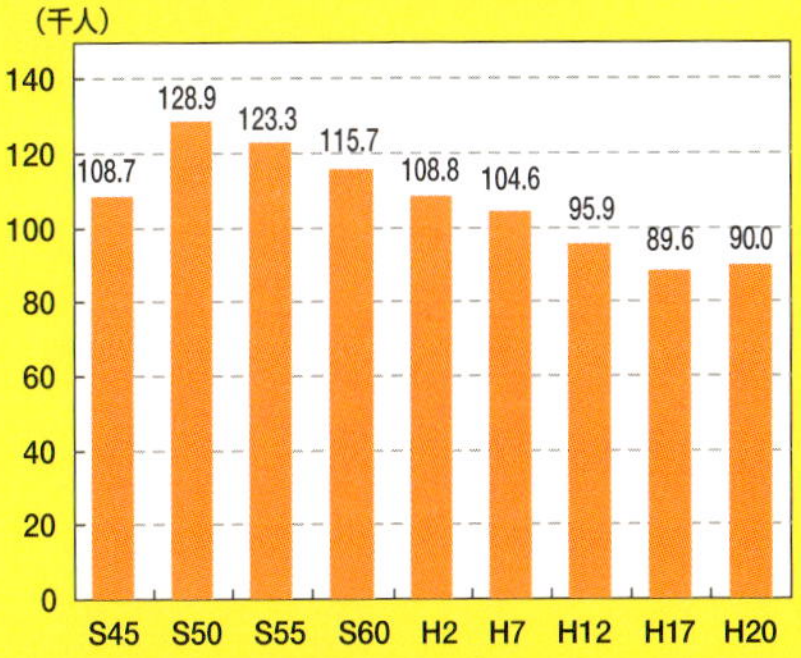

資料：S45 ～ H7は国勢調査。H20は住民基本台帳（豊中市は10月1日、吹田市は9月30日時点）

図2：世帯人数の推移

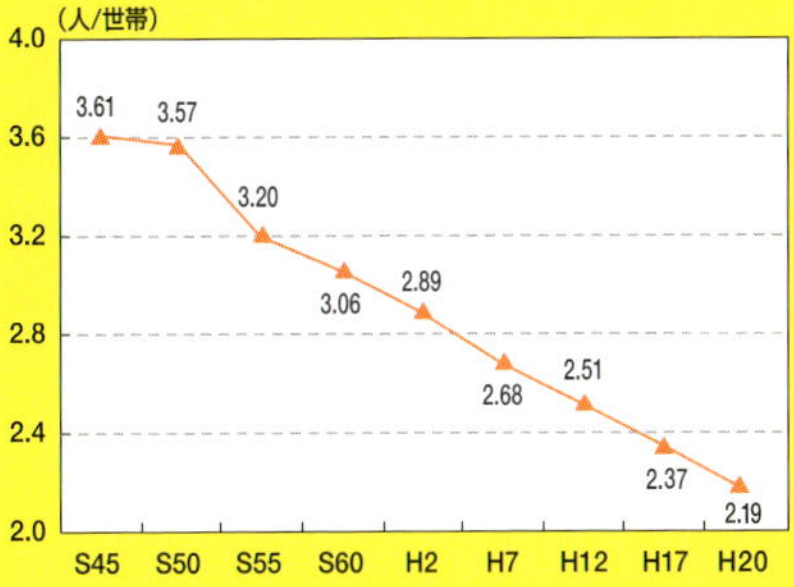

図3：高齢化率の変化

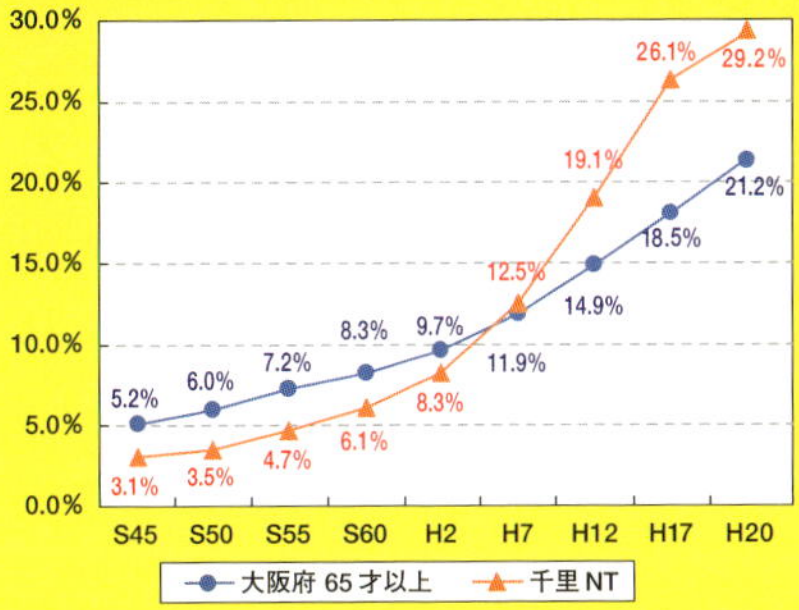

資料：S45 ～ H7は国勢調査。千里NTのH20は住民基本台帳（豊中市は10月1日、吹田市は9月30日時点）、大阪府のH20は総務省統計局による推計値（10月1日時点）

	1
	2
	3
	4

1. 季節感のある街路樹
2. ゆったりとした住環境
3. 建て替えが進み、景色が変わりつつある千里東町
4. 近隣センターの空き店舗を利用した市民交流サロン

員会」を発足させ、住民・市民がニュータウン再生に関する意見交換・意見集約を行い、その成果を踏まえ「千里ニュータウン再生ビジョン」をまとめています。同委員会解散後も、委員会のメンバーが主体となり、新たにまちづくりNPOを設立し、この「ビジョン」の実現化に向けた活動を展開しています。これ以外にも、行政とNPOの協同によるコミュニティビジネス育成、NPOによる公共緑地の管理、近隣センターの空き店舗を利用した市民の交流サロンの運営、地区センターの商店会などによる定期的な地域交流会の開催など、さまざまな関係者が連携し、多様な活動を展開しています。また、06年の春には、吹田市立博物館の春季特別展として、市民が企画・運営をする「千里ニュータウン展」を開催、2万人を超える来館者が訪れ、大成功を収めました。

07年10月には、大阪府、豊中市、吹田市、UR都市機構などからなる「千里ニュータウン再生連絡協議会」が、学識経験者、住民代表、NPO代表などからの提言を取り入れた「千里ニュータウン再生指針」を策定し、再生に向けた関係者の協力体制がより強化されました。

兵庫県の神戸市と明石市にまたがる明石舞子団地（197ha、人口約2・6万人）では、兵庫県の主導で04年3月に「明舞団地再生計画」が策定され、この再生計画に基づき、地域住民やNPO、行政や住宅事業者を巻き込んださまざまなまちづくりの取り組みが進められています。

いずれの取り組みもまだ始まったばかりですが、このような住民と関係者の連携による居住地のマネジメントが継続的・発展的に広がっていけば、「実験都市・ニュータウン」らしく、これからの居住地再生のモデルを示していけるのではないでしょうか（写真4）。

結びに

ニュータウンの再生は、古かった建物や道路・公園などの基盤を新しくする、あるいは新しい住宅を建設して新しい住民が移り住み、一時の活気が生まれることで達成されるものではありません。まちやそこに住む人の暮らしや意識は、時間の流れとともに常に変化していきます。その変化を受け止め、問題があれば関係者で話し合い、妥協点や対応策・解決策を見つけ出し、実践する。このようなまちづくり活動が継続して行われ、結果として、ゆっくりと確実に変化を続けるまちになれば、〈再生〉という言葉は自然消滅し、ニュータウンはいつまでも元気なまちであり続けることができるのではないでしょうか。

歩いて暮らせる郊外拠点を

棟別再生、高齢者施設、サービス導入が鍵

千葉大学大学院 工学研究科 建築・都市科学専攻 教授
小林秀樹

こばやし・ひでき
1977年東京大学建築学科卒業。工学博士。建設省建築研究所を経て、千葉大学（建築・都市科学専攻）。住宅問題、建築計画を専門とする

郊外団地には、大きな可能性が秘められている。皆が納得できる理想の団地再生法、そして団地の将来像について、「棟別再生」をキーワードとして探る。

郊外団地の可能性

都心マンションと郊外団地がもっとも異なる点はなんでしょうか。私が注目するのは、郊外団地は、数多くの住棟から構成されている点です。実は、この特徴は、団地再生を進めるうえでは好都合なのです。というのは、同じ団地のなかで、建て替えをする棟や修繕のみとする棟を混在できるからです。これにより、住民の選択の幅を広げることができます。このように住棟ごとに再生方針を選択する方法を「棟別再生」といいます。さらに、団地内にはオープンスペースが多く、それを利用することで、時代変化に対応しやすいという利点もあります。

ともすると、郊外団地の将来は暗いという悲観論が多いが、少し発想を転換すれば、これほど将来に向けて可能性がある住宅地はありません。欠けているのは、その可能性を引き出すためのしくみやアイディアなのです。以下、詳しく見ていきましょう。

棟別再生とは何か？

棟別再生とは、主に分譲団地を想定して、住棟ごとに建て替え、改修、修繕などを選択して進める団地再生の方法です

（図1）。もちろん、隣り合う2棟がうまく一致すれば2棟合わせて建て替えてもよいのです。また、あまりに建て替え棟や修繕棟がバラバラに混ざると団地景観に悪影響がありま す。その場合は区域ごとにまとめるとよい。これをブロック別再生と呼んでいます。

もちろん、棟別再生といっても、各棟の住民の意見が一致することはまれで、その場合は、団地内で住み替えることで同じ再生方針を持つ者が集まることになります。これを住戸交換と呼びます。住戸交換も容易ではありませんが、好都合なことに、団地は同じ間取りの住戸が多いので、少し工夫すれば、住戸交換を進めることは可能です。例えば、エレベーターなしの5階に住む高齢者が、1階に住み替えられるとすれば、喜んで住戸交換に応じるでしょう。団地は画一的だと悪口をいわれますが、それも住戸交換には好都合なのです。

団地には、さまざまな要望を持つ住民がいます。このように多様な要望を同時に満たす方法が、棟別再生です。

都心と郊外で異なるマンション建て替え

先日、あるテレビ番組が、建て替えの合意形成に難航している郊外団地の悩みを紹介していました。それを解決する知恵として取材したのが、建て替えに成功した団地でした。「広さは少し狭くなりましたけれど、費用の負担なしで、高齢者に快適な住まいになりました。満足です」とのこと。よい話です。しかし、その団地の立地は都心でした。「おいおい、それはないだろう。視聴者が誤解するぞ」と、私は思わずテレビの前でつぶやいてしまいました。

都心部では、建物を高層化して（容積率を高めて）住宅数を増やし、余った住宅を分譲すれば、元の区分所有者の費用負担を軽くできます。しかし、郊外では、マンション価格が安いため、負担を軽くすることはできません。さらに、一度に多くの戸数を分譲すれば売れ残りの危険が高まります。そのような状況にある郊外団地の住民が、このテレビを見て誤解しなければよいが、と心配になりました。

では、どうするか。その答えが、棟別再生です。建て替えは、一戸建てと同じく費用負担が必要と割り切り、それが可能な区分所有者だけが参加します。しかも、あまり知られていないことですが、低層の建物に建て替えることで、エレベーターなし、杭なしになり建築費が安くなることがあります。その結果、高層化して戸数を増やすのではなく、逆に戸数を減らして低層化するほうが、一人当たりの負担額が減ることもあるのです。これを、減戸数型の棟別建て替えと呼びます。

さらに、団地内のオープンスペースを利用して新築し、その

1. 筆者らが協力した棟別再生勉強会の様子

2. ルームシェア。若者と団地とのつなぎ役（家守さん）と一緒に

図1：棟別再生のイメージ

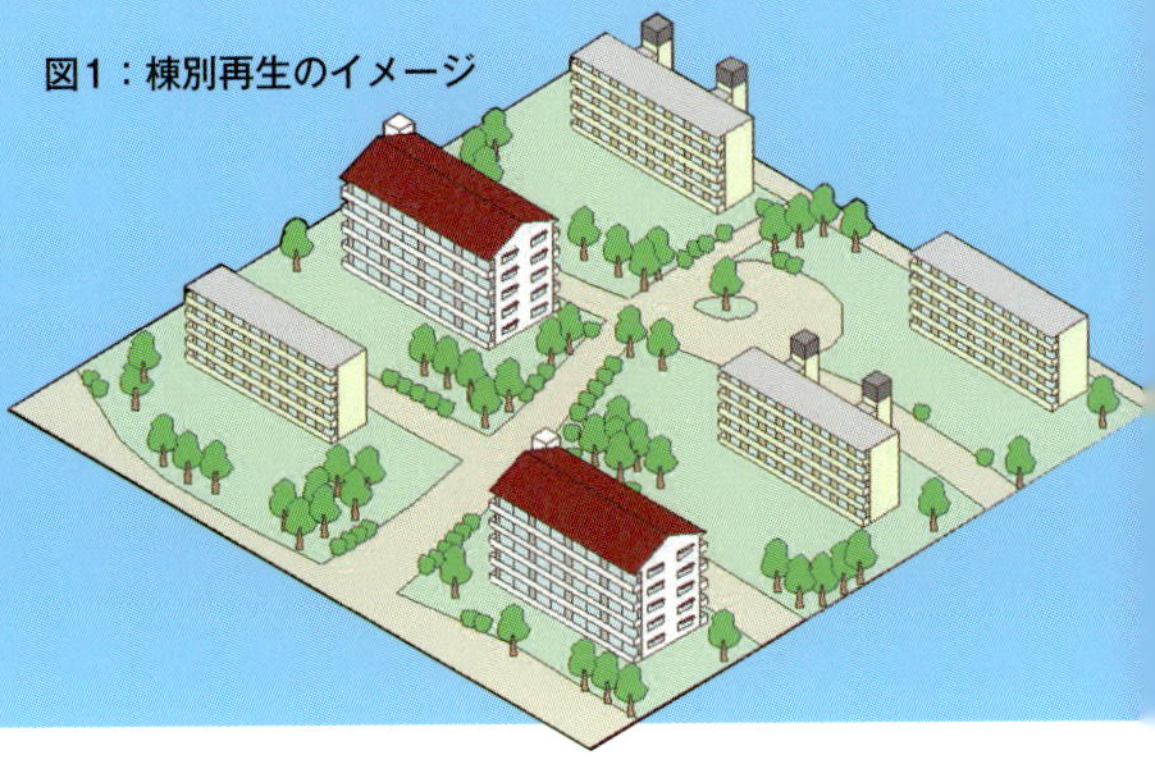

図2：高齢社会に持続可能な居住像

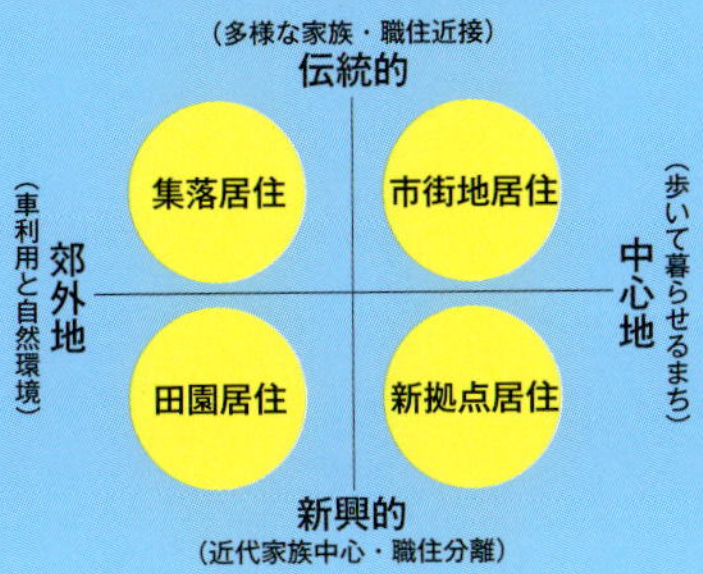

後、旧住棟を滅失させれば、仮住居が不要で引っ越しも1回で済みます。これを、ころがし型建て替えと呼びます。これらを柔軟に駆使することが、郊外団地に必要な知恵です（写真1）。

郊外団地の建て替えは、都心マンションの建て替えとは、条件が異なるのです。

建て替え反対者も賛成する総合的再生

棟別再生の鍵は、建て替え非参加者にとっても安心して住み続けられる展望を描くことです。それがないと、棟別再生は、団地内に格差を生むことにつながります。

事実、ある団地の理事会で棟別再生を説明したところ、二つの疑問が出されました。一つは、棟別再生後の管理はどうなるかという疑問です。その背景にあるのは、団地管理に意欲的な者は建て替え参加者（または改修参加者）に多いため、それらの者が新棟の管理組合に移ると、残った住民だけでは管理ができなくなるという懸念です。この懸念を解決するために、「棟別予算方式」を勧めました。棟別予算方式とは、管理組合は、従来通り団地で一つとし、建て替え棟や改修棟の修繕積立金・管理費だけを別会計とする方式です。これならば、管理組合を担う人材が分散することはありません。

もう一つの疑問は、建て替えや改修に参加しない住民に「取り残され感」が生じるという懸念でした。これは、住民感情から見て重要な指摘です。そこで、高齢者施設を兼ねた共用施設の建設、および生活サービスを新たに導入する計画を立案しました。つまり、住棟は現状維持の区分所有者（高齢者が多い）も、その施設ができることで安心して住み続けられるという展望を描いたのです。住戸数が多い団地のため、戸当たりの負担も少なくて済むことがわかり、これは好評でした。

すなわち、棟別再生と共用施設の更新（サービスの導入を含む）の組み合わせが、皆が納得する団地再生の方法になり得るのです。また、空き家に若者がルームシェアで住む実践も活性化の方法として支持されました（写真2）。私は、これらの経験から、住棟と共用施設、建物とサービスの各領域にわたる再生方法を組み合わせることの重要さを認識し、これを「総合的再生方法」と呼ぶことにしました。

団地の将来像はどうなる?

冒頭に「これほど将来に向けて可能性がある住宅地はない」と述べ、団地の将来性を高く評価しました。しかし、人口減少時代を迎えて疑問を感じた読者もおられたと思います。

そこで、最後に、私が描く四つの持続可能な居住タイプを紹介します（図2）。団地は、このなかの新拠点（郊外拠点とも呼ぶ）になると考えています。新拠点とは、「歩いて暮らせるまち」を郊外に新しく形成するものです。そこでは、親子同居は期待できないため、生活サービスの充実により、働く女性の子育てや老後生活などを支援します。そのためには、相当の住戸数が集積していることが必要で、団地は、その候補地として最適なのです。

一方、田園居住とは、緑豊かな郊外に核家族で暮らす形態です。老後に車を運転できなくなれば、気軽に新拠点または市街地に引っ越す。しかも、田園居住地の敷地は広いため、人口が減っても、住宅敷地の広さを倍にすれば釣り合うはずです。

そして、田園居住にも新拠点居住にも適応できない郊外住宅地は、どうなるのでしょうか。残念ながら、人口減少時代には淘汰されることもやむを得ないでしょう。その意味では、生き残りをかけた郊外住宅地の競争が始まっています。そのなかで、団地は大きな可能性を持ちますが、競争を生き残るのは、やはり自助努力を惜しまない団地ではないでしょうか。そのような意欲のある団地を支えるためにも、団地再生研究に取り組んでいきたいと思います。

戸建て住宅団地の再生

社会実験「まち博覧会」を提案

高齢化問題の余波は、
戸建て住宅団地にも深刻な問題となって現れた。
どうすれば、次代へと引き継いでいくことができるのか。
新規居住者確保を含めた再生案を考える。

関西学院大学 総合政策学部 教授
角野幸博

かどの・ゆきひろ
専門は都市計画、住環境計画。工学博士、一級建築士。主な著書は『郊外の20世紀』、『近代日本の郊外住宅地』ほか

戸建て住宅団地の高齢化

団地再生というと、多くの人は公団住宅（今は機構住宅）や公営住宅などの公的集合住宅団地の、補修や住み替え、建て替えなどを思い浮かべるのではないでしょうか。実際、再生事業や建て替え事業が話題になるのは、そうした団地に限られています。

民間分譲住宅の場合は、分譲が終わると事業者は撤退してしまい、後の維持管理は購入者に任せられます。とりわけ戸建て住宅団地の場合は、「住み替え双六」の上がりにたどり着いた成功者のイメージがあるからか、あまり再生対象として話題にはなってきませんでした。

ところが今、郊外の戸建て住宅地では、高齢化と空き家化が進み、多くの問題が起きています。開発者が早く売りさばこうとし、同じような世代が同じ時期に入居してきた結果、高齢化も一気に進み、高齢化率が30％を超える住宅団地も現れました。これらの団地が世代交代の時期を迎えているのですが、多くの団地ではなかなか新しい人が入ってきません。

まちが引き継がれる条件

ある時代のニーズによって開発された住宅団地が次の時

代に引き継がれるためには、ニーズの変化に合わせながらスムーズに世代交代しなければいけません。世代交代といっても、子ども家族がそのまま住み続けるとは限りません。相続をしてもそこに住み続ける世帯数は限りがあり、新しい住民をいかに受け入れるかが大きな課題となります。

郊外戸建て住宅団地は、どうすれば再生し得るのか、筆者らが行った兵庫県川西地域での調査を踏まえて、思うところを述べてみたいと思います。

団地内資源の活用

一般的にいってニュータウンは、普通の市街地に比べて緑が豊かで、公共公益施設も充実しています。ただしこれらは、団地内の計画人口に合わせて決められており、人口構成の変化や団地外の開発によって、さまざまな不適合が生じます。こうしたニュータウン内の空きストックや空き地・空家を、再生のための種地あるいは住民の交流活動の場として活用することはできないのでしょうか。

例えば川西市D団地では、団地内の公園で花づくりの組織を立ち上げました。確立されれば、行政からの管理委託業務を受注する可能性もあります。花壇だけでなく、ビオトープとして再生させる方法もあります。自然とふれあう場づくりを通じて、子どもたちに環境学習の機会を与えられます。

空き地、空き家の庭などを、ガーデニングや農業の場として活用し、魅力ある住宅地景観を生み出すこともできます。花緑に関するNPOによる園芸教室や、ガーデニング愛好者が参加するオープンガーデンイベントも有効だと思います。オープンガーデンとは、個人の庭を一般に公開するイベントであり、国内でも一部の住宅地で実験的に実施されています。

地域福祉の視点からはさまざまなニーズがあります。活用されていない公共施設や空き家を使って、多世代の交流サロンや地域交流拠点とします。D団地では、空き家をNPOが買い上げ、小規模多機能型ホームとして活用しており、また空き店舗を使ったオープンカフェの計画もありました。

実現するためには、受け皿となる信頼できる組織づくりが不可欠です。また建物や土地を提供する側の理解も求められ、これを仲介する組織や活用の細かいルールづくりを始めなければなりません。

団地外の資源活用と交流

団地の周囲には自然環境や旧集落があり、自然景観や生態系、生活文化が維持されていることが多くあります。これらは、団地の魅力向上と再生のための重要な資源となり、例え

2	1
4	3
6	5
	7

1. D団地のまちなみ。昭和40年代初期にまちびらきした、閑静な住宅街である
2. 建物が取り壊され、空き地化した宅地。駐車場に転用されている宅地もある
3. 閉鎖された幼稚園の記憶を残す記念碑。幼稚園の敷地は分割され、新しい住宅が建っている
4. 住民手づくりのイベント開催を知らせる看板
5. 既存の住宅を使って開設された保育所
6. 自治会主催の夏の盆踊り。団地で育った子どもたちが孫を連れて帰ってくる
7. 花づくりの市民団体が世話をする花壇

ば周辺の川や里山などの自然環境は、レクリエーションや環境教育の場となるのです。農地なども環境資源として評価すべきです。都市的な生活を送りつつ農村集落との交流を行うことが、固有のライフスタイルとなる可能性があるのです。

退職者が増え生活行動が地元志向になると、これらへの関心が高まるに違いありません。具体的には、食育プログラムの開発、地産地消の実践、伝統行事への参加、伝統文化の体験などが考えられます。もちろん旧集落側にとってもメリットは大きいでしょう。

コミュニティ活動の活性化

元気な団地は、コミュニティ活動が活発です。地域福祉と地域防犯は、高齢化が進む多くの郊外住宅地では、大多数の住民が関心を持つテーマです。これに子育て世帯への支援体制を加えて、小学校区程度の規模ごとに、地域福祉・まちづくりの拠点をつくります。そこにはさまざまな活動団体が互いに意見交換し、行政との接点ともなる場を設けるのです。防犯についても、住民による日常的見守り活動に加え、犯罪発生などの際の連絡通報体制ができればよいでしょう。

活動主体となるのは、自治会をベースとする活動と、特定の趣味や活動を目的に形成される地域型ＮＰＯでしょうか。さらにこれらの活動を支援する自治体の施策や、中間支援組織のサポートが重要な役割を果たします。

コミュニティビジネス導入へ

住民のさまざまなニーズへの対応策として、コミュニティビジネスの導入を提案する専門家は多くいます。高齢者の増加と専業主婦の減少は、生活支援サービスの需要を高めます。高齢者や障害者の移送・外出介助サービス、住宅・庭園の管理サービス、子育て支援サービスなどは、新しい居住者を集める牽引力ともなるのです。

コミュニティビジネスの導入のためにも、中間支援組織による支援が望まれています。

住み替えの支援体制

新しい世代の入居を促すためには、分譲、賃貸の両方を含めた中古住宅市場のなかで、団地の魅力を正確に伝える必要があります。しかし、コミュニティ活動や団地周辺の歴史・文化的魅力などは、仲介業者にはあまり理解されていません。

そこで住み替え促進のための一つの提案をしてみましょう。地元自治体、コミュニティ団体、ＮＰＯ、仲介業者、住宅情報メディアなどが協働して、再生を視野に入れた新規居住者の確保のためのしくみづくりです。

まず住み替え支援の中核となるセンターをつくり、地域に根ざした住宅情報の収集、分析、提供とともに、仲介業者やリフォーム業者、現地案内人などを紹介します。物件情報だけでなく、地域活動団体の紹介、団地およびその周辺情報の収集と提供、沿線イメージ増進のための連携事業の企画・運営なども行うのです。

地元のコミュニティや活動団体は、直接中古住宅の売買にかかわることはありませんが、市民活動の実績など、地域のきめ細かな情報を提供します。また転入希望者の依頼に応じて、生活者の視点からのアドバイスを行うとともに、団地内外の魅力や地域への思いを伝えます。

仲介業者は、センターから住宅地情報を得ることにより、地域密着型のきめ細かな業務が可能になるのです。また可能な範囲でセンターへ売主・買主の情報提供を行い、同時にセンターを訪れた転入希望者の紹介を受けます。

社会実験としての「まち博覧会」

こうした住み替え支援システムが有効か判断する社会実験として、「まち博覧会」を開催してはどうでしょうか。

実施主体は、ニュータウン内各自治会が中心となり、可能であれば同じ鉄道沿線など隣接団地自治会も含んだ共同開催とするのです。住宅メーカー、デベロッパー、不動産仲介業者、住宅設備・情報関連業界、造園業などの協賛を得て、デベロッパーおよび不動産仲介業者には、実務レベルでの事務局機能をお願いします。後援団体として、住宅情報誌、交通事業者、地元自治体、国土交通省などの協力を求めます。住宅情報誌には広報面での協力を、交通事業者には広報活動および移動手段確保の協力を依頼します。

時期は、夏祭りや春秋の運動会など、コミュニティイベントが実施される時期に合わせます。約1か月間週末のみの開催とし、まちなみコンクール、コミュニティ活動団体の発表会、周辺ハイキング、団地内空地での農産物、特産品販売、中古住宅フェアなどのイベントを組み合わせるのです。

一見大がかりに感じられるかもしれませんが、自治会や行政、仲介業者、電鉄などがすでに個別に行っているイベントを協調開催すればよいのではないでしょうか。

こうした提案内容は、もちろん集合住宅団地の再生にも使えると思います。団地のなかにはまちびらき後30~40年を経過する例も増えてきます。こうした団地の記念イベントとしても可能性があるのではないかと考えるのですが、いかがでしょうか。

子育ての家から終《つい》の棲家へ

ハードの課題をソフトで克服

社会情勢の変化とともに、その役割が変化してきている戸建て住宅団地。ある住宅団地の現状と課題から、国および地方自治体が目指すべき再生のための方向性を検証する。

多治見市34区ホワイトタウン自治会 元区長　中道育夫

なかみち・いくお
1972年北海道大学卒。建設コンサルタント会社勤務。技術士（応用理学部門）。元多治見市議会議員（1995年4月～2007年4月）

求められる理念の変化

岐阜県多治見市のホワイトタウンと称する団地は、19町内会、2360世帯、約8300人が居住する戸建ての新興住宅団地です。住民の約9割は名古屋圏に通勤するサラリーマンで、経済の高度成長期に子育てに適した住宅を求めて移り住んできました。しかし、宅地分譲開始後21年目の団地開発業者が解散したことを契機に、「子育てに適した」という開発理念を変更し、地方分権と少子高齢化社会の到来に備えた「終の棲家」という機能を持つ団地に再生する必要が生じてきました。本稿では団地の特性と課題を紹介し、団地再生の取り組みと今後の問題について述べてみたいと思います。

団地の特性

ホワイトタウンは、民間業者が多治見駅から約5km離れた丘陵地を造成して、1981年から戸建て住宅の分譲を開始し、その後逐次入居者が増加してきました。しかし地形的な制約条件により、今後は宅地造成の見込みがなく将来的に団地人口の社会的増加が期待できません。

団地の設計では、公共スペースは開発面積の50%を確保し、区画整理は不審者が入りにくく、車の速度が遅くなるように袋小路、T字路、曲線道路を多用しています。また子どもを安全に育てるため、団地内に幼稚園や小学校と中学校を建設し、児童遊園と都市公園を設置しました。さらに生活施設として6か所の集会所、公民館、給排水施設、汚水処理施設、およびガス供給施設を設置しました。これら開発に伴う樹木の伐採を可能な限り修復するため、団地造成後に約3万本を植樹して自然を積極的に取り入れています。

団地の課題

団地は核家族の働き手である夫が名古屋圏で就労し、妻が安全に子育てを行えるよう快適な住環境を提供するとの理念で設計され、これまで機能を十分に発揮してきました。しかし分譲開始から25年が経過した現在、さまざまな問題が浮上してきています。その要因は住民の平均年齢が上昇して定年退職後の初老夫婦や独居老人が増加し、終の棲家として暮らすにはハードとソフトの両面で社会資本の不備不足が顕著になってきたからです。ハード面では団地は坂道や階段が多く、他地区への移動も車がないと大変不自由です。また住宅もバリアーの多い構造となっています。ソフト面では、成長し独立した子どもが市内の雇用不足や住宅事情から同居できず、団地内若年層の増加が見込めません。このため、世代交代の循環が不全となって人口減少が始まっています。

こうした社会情勢の変化は、医療機関の撤退や団地商店街の衰退を招き、将来はバス交通機関にも影響を及ぼすと懸念され、住民が将来も団地に住み続けることへの大変大きな不安材料となっています。

団地再生の契機

開発業者が「宅地と住宅の販売事業が終了したので2003年6月に会社を解散する。そこで団地内に所有する不動産を売却したいが、自治会の了承を得たい」と通告してきました。そこで自治会は住民アンケート調査を実施し、不動産購入の可否と利用方法などの検討を行い、最終的に業者が保有する建物（住宅販売所）と、月極め駐車場の土地を購入することを提案し、臨時総会で承認を得ました。

不動産購入の理由は、①団地の第一種低層住宅地という住環境を保全するため、②団地内の車が予測以上に増加し、不法駐車が多くなって駐車場を確保する必要が生じたため、③自治会預金のペイオフ対策の一環として駐車場経営が有効であるため、④地方分権と行政の財政難による行政サービスの後退を見越して、新たな住民の需要を供給するための活動拠点施設が必要となる、などです。

団地再生の構想

不動産購入理由④の団地再生構想について述べてみます。自治会の外的条件に次のものがありました。

（a）国と自治体の財政難により行政サービスの供給は今後確実に後退する、（b）地方分権により行政サービス提供機関を巡って、自治体と地域コミュニティのあり方が変化する。また内的条件には（c）自治会が管理してきた汚水処理場を市に移管するため、管理費3000円のうち汚水処理場維持管理費分の約2000円が住民から徴収できなくなり、自治会管理部の会則を改正する必要が生じた、（d）行政サービスの後退や少子高齢化により、住民からは新たな要望が生まれ、自治会はそれらの需要に対処する準備が必要になった。

新たな需要とは、福祉分野では在宅介護サービス、デイサービス、移送サービス、給食サービス、宅老所、地域見守り安心ネットサービスなど。戸建て住宅の管理分野では庭木の剪定、花壇の手入れ、不在地主宅地の草刈り、住宅のバリアフリー化など。また教育分野では学童保育、現代の寺子屋（地域住民による子育て教育など）など。さらにスポーツなど各種団体への指導者・講師の派遣、カルチャーセンターなどの開設、医療・福祉・介護・教育・法律などの相談や研修会の開催、住民情報交換センターの設置などが想定されました。

自治会はこれらの需要を定年退職した前期高齢者や子育てを終了した女性が供給すると仮定し、需要と供給のマッチングをパソコン上で行う事業（いわゆるコミュニティビジネス）を構想しました。サービスの供給はボランティア、または有償ボランティア（最低賃金未満の謝礼金）が行い、利用料金はパソコンなどの事務所経費と人件費により決定します。また、専門的な知識や技術が必要なサービスの料金は㈳シルバー人材センターの価格表を参考に決定しました。

構想の基本的な考え方は、マニアックな有償ボランティアが自治会員にさまざまな住民サービスを供給し、自治会はその住民サービスを安価かつ継続的に住民に供給することを担保し信用保証する、というものです。

「ふれあいセンターわきのしま」の設立

自治会はコミュニティビジネスを実現するために「ふれあいセンター（以下、センターという）」を設置し、有志の運営委員会を設立しました。運営委員会は住民の需要と供給の状況をアンケート調査によって把握し、実現可能な事業から着手しました。この事業に対し㈳多治見市社会福祉協議会（以下、社協という）が興味を示し、センターのなかに地域社会福祉協議会の機能を持たせたいと提案し、資金的な支援

1. 団地進入路
2. 自治会事務所
3. 公園と小学校
4. ホワイトタウン住宅街

を申し出たのです。

現在センターは、「住民同士がさりげなく支え合うシステム」を標語に、自治会の補助機関として事務所の一隅を借用し、サービス供給の備品と人件費などの金銭的支援を自治会から受け、社協からは事務員の人件費補助を受けながら、次の事業を展開しています。ふれあいサロンなどの高齢者支援事業、絵本の読み聞かせや子育て情報提供などの子育て支援事業、福祉・民生・法律・税金などの相談事業、予防医学講座開催事業、市道ごみ拾いなどのロードサポーター事業、樹木剪定事業などです。

今後の問題

■センターの組織的位置付け

自治会は住民から会費を徴収しており、公平にサービスを供給する必要がありますが、センターは需要と供給の関係でサービスが提供されるため、全住民に対し必ずしも公平にサービスを供給しているとはいえません。このため、センターを組織的にも会計的にも自治会から早急に独立させる必要が生じています。

■センターの法的な位置付け

センターは事業を展開するため法人資格を取得する必要があります。地縁団体の自治会から独立し自由な活動を行おうとすればNPO法人が望ましいのです。

しかし、NPO法人はサービスの受益者を限定できないため、自治会からの金銭的人的支援を受けながらも、供給するサービスの受益者を団地内の住民に限定できないという問題が生じてしまいます。

■提供サービスの性格付け

センターの性格はボランティアの活動拠点であるため、事業を拡充展開して継続することが困難です。理由はマンパワーが特定の個人に限定され、新しい人材によるサービス内容が拡充せず、さまざまな要望にこたえられないことや、活動家の士気が低下することが予想されるからです。一方、センターの事業をコミュニティビジネスと割り切ることは、住民にボランティア精神の後退と受け止められ、善意の活動家がセンターから離れてしまうという危惧があります。

■受益者側の意識

サービスの提供を受ける住民の側には、家庭の事情や個人情報を知られたくない、とくに近所の住民に知られることがつらいという意識があります。また、人間関係の相性なども考慮すると、団地内で個人情報にかかるサービスの需要と供給の関係は成立し難い状況もあります。

結びに

客観的に見て、当団地が自発的に自治会活動やＮＰＯ活動が発生するような人口規模や条件にあるとは思えません。また年齢構成が団塊の世代に偏っているため、自然発生的に住民の世代交代が起こるような状況にもありません。このまま放置すれば、団地は高齢者ばかりとなり、車が運転できなくなれば住み続けることも困難となるでしょう。このような傾向は当団地に限らず、全国の至るところで発生していると思います。

国および地方自治体は早急に地域コミュニティの使命と将来像を示して政策・施策を立案し、自治会に対する支援策を講じる必要があると考えています。

（上）盆踊りの舞台
（下）ソフトボール大会

日本とドイツの団地再生を考える

明舞団地再生コンペとライネフェルデ

ドイツにおける社会情勢の変化と、
それに対応したライネフェルデの団地再生。
この事例から、私たちが学ぶべきものとは何か。
大阪ガスの取り組みを通じて考えてみよう

大阪ガス株式会社 近畿圏部 部長
水野成容

みずの・しげかた
１９８４年大阪ガス㈱近畿圏部入社。京都リサーチパークの開発やサステナブル建築世界会議東京大会事務局などを担当後、２００６年４月より現職

日独を比べて見えてきたもの

２００６年、兵庫県の明石舞子団地（以下「明舞団地」という）の再生コンペに大阪ガスとＰＰＩ計画・設計研究所で応募しましたところ、最優秀賞をいただきました。また、その年の10月に団地再生ドイツツアーに参加し、団地再生の先進事例として世界的に高く評価されているライネフェルデ団地を視察する機会がありました。今回は、明舞団地の応募案とドイツでの視察を通じて、日本とドイツの団地再生について考えてみたいと思います。

ライネフェルデ団地

ライネフェルデ団地は、ベルリンとフランクフルトの中間付近に位置する人口１万６０００人くらいの団地です。１９６２年に建設が開始された社会主義の理想都市でしたが、89年のベルリンの壁崩壊後、地域産業が崩壊、団地を取り巻く環境が急速に悪化した結果、４０００人もの住民が失業し、毎年５００人が団地から退去する状態が続きました。

94年に就任したラインハルト市長は団地再生を市の総合計画の最重点課題とし、住宅と産業のバランスが崩れた状況を未来の工業都市として再生することとしました。すべての住宅を再生するのではなく、センターエリアを重点的に整備することとし、住民や住宅会社が計画の初期段階から参画できるようにしました。また、繰り返し建築デザイン・コンペティションを行い、ブロックごとに異なる建築家に再生計画を作成させたため、あたかも団地再生の見本市のように「減築」などの多様な再生手法が見られます（写真1・2）。

明舞団地について

一方、明舞団地は高度成長期の住宅需要に対応するために開発された兵庫県の神戸市と明石市にまたがる約200haの団地です（図1・写真3）。千里ニュータウンと同時期の1964年に入居が始まり、約40年経過した現在、約1万世帯、2万6000人が暮らしています（人口はライネフェルデの約2倍）。全住宅の3分の2が公共の賃貸住宅です。

明舞団地では高齢化が進行し、世帯数は横ばいながら、人口は75年の3万7000人をピークに減少を続けています。65歳以上の人口比率は、80年時点では4・6％と兵庫県全体の比率の半分でしたが、高齢化が進行し、2000年には22・2％と兵庫県全体の16・9％を大きく上回り、2020年には32・9％にもなる見通しです（表1、2）。

このような状況で、兵庫県は明舞団地をオールドニュータウン再生のモデルとして、03年度に、今後おおむね10年間の再生事業を盛り込んだ「明舞団地再生計画」を策定し、総合的な再生に向けて取り組んできました。

そして、団地全体のまちづくりの将来像と整合を図りつつ、民間活力を円滑に導入し、中央センターや県営住宅の再生に取り組むために、「明舞団地再生コンペ」を実施しました。

明舞団地再生コンペ

団地は、高度経済成長期の都市への人口流入を支え、新しい都市生活のライフスタイルを提案してきた社会のインフラであり、老朽化によって、この公器が機能を発揮できなくなるのは社会の損失です。

大阪ガスは地域のエネルギー会社として、明舞団地のみならず、千里・泉北のニュータウンをはじめとするほかの団地においても団地再生が非常に重要であると考え、これまで住宅設備や暮らしについて蓄積してきたノウハウを活かして団地再生へ提案するために、コンペに応募しました。

（参考）http://support.hyogo-jkc.or.jp/m/mmcp18.htm.htm

提案のコンセプト

日本の団地ではドイツのような急激な社会的減少ではな

く、「ゆでがえる」のように自然減少により徐々に高齢化と人口減少が進展しています。そのため、団地再生に住民の意識を向けるためには「きっかけ」が必要となります。そこでアピール事業をきっかけに、「人と自然の循環都市」として団地が再びよい循環を起こすことを目指します。

明舞団地では子育て世代を呼び込み、ここで安心して出産・子育てができるための環境を整えることが重要だと考えました。同時に、すでに多く居住している高齢者の方々が生きがいを持って生き生きと暮らすことを支援する施設やしくみを整えることも必要です。そこで、「子育てと健康・長寿のまちづくり」をコンセプトとし、安心して子どもを産み、育てることができる「合計特殊出生率2・08のまちづくり」と、経験ある人材が輝き、若者にも支持される「生涯現役のまちづくり」を共通の将来像としました。

このような視点から17の提案を行いました。

アピール事業

明舞団地の知名度やブランド力のアップを図り、まちづくりに交流、連携、創造の循環を起こすためのきっかけ的な事業です。低予算で高い効果を狙い、明舞団地を貫く中央軸の愛称募集や、建て替えに伴う解体住棟を芸術系の大学生に提供して住棟全体をアート化するイベントを開催します。

クラフト系の若手アーティストを空き住戸に住まわせ、コンテストを開催するアーティスト・イン・レジデンス事業や、近隣の大学生や若手企業家を対象にしたコミュニティビジネス起業コンテスト、高齢者（マイスターバンク）や主婦などの潜在的人材とコラボレーションしてコミュニティビジネスを実践する「起業家いらっしゃい事業」なども行います。

子育て支援機能

中央センターや公営住宅の建て替えの機会を活かして、保育所や託児所（とくに病後児保育や高学年児童の保育）、産科医院（不妊治療の専門医）、ユニークな教育機関、親子カフェや子育てレストランなどの施設や、中央公園内のプレイパークでの遊びの伝承や、安全で楽しい自転車道の形成、子育てに悩む親の交流サロンでの仲間づくりなど、安心して子どもを産み育てることができる社会基盤を整備します。

健康・長寿支援機能

居住者の健康増進に寄与する機能として、温浴交流施設やメディカル・フィットネス・クラブなどを導入し、中央センターをウェルネス・ライフスタイルセンターとして再生する

2. 減築による再生例（ライネフェルデ団地）

1. 再生前の団地（ライネフェルデ団地）

3. 明舞団地外観

図1：明舞団地位置図

図2：街路イメージ

表1：人口・世帯数の推移（人）（戸）

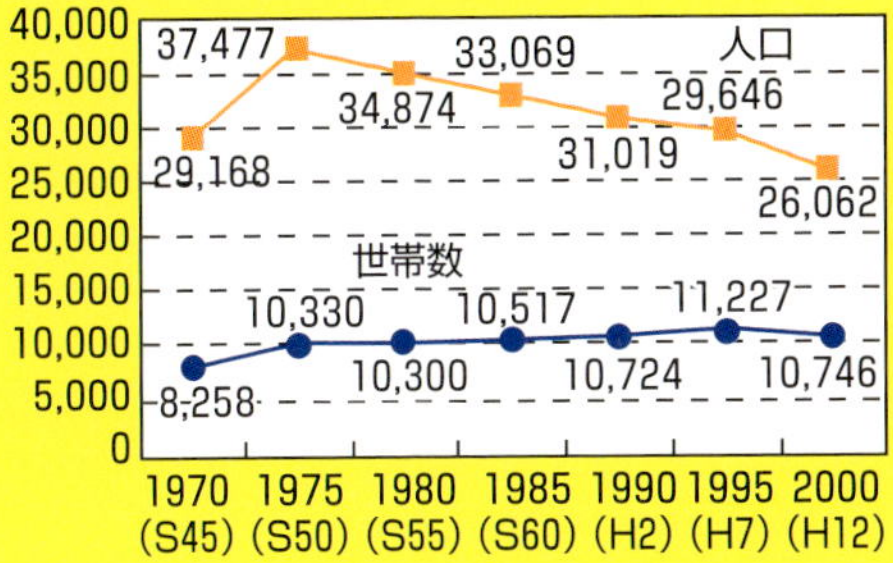

人口・世帯数の推移（明舞団地再生計画より）

表2：65才以上人口比率の推移（%）

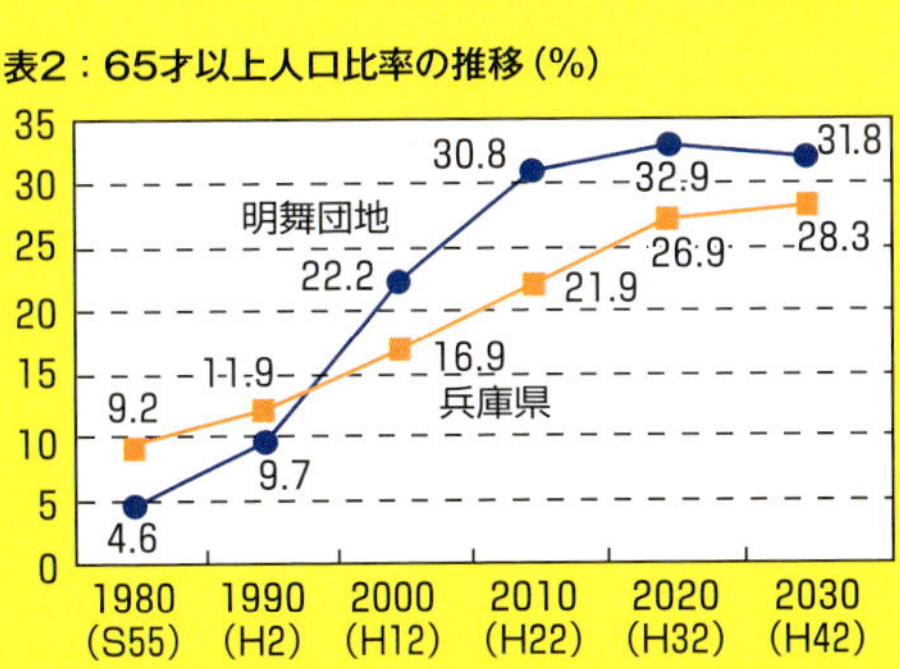

65才以上人口比率の推移（明舞団地再生計画より）

図3：中央センターの提案

とともに、既存の病院とタイアップして、ケア付きのシニアマンションなども計画します。また、リタイア層の生きがい支援を行う「マイスターバンク」などシニア層が誇りを持ちつつ暮らせる社会基盤を整備していきます。

土地利用の考え方

ＪＲ朝霧駅から明舞団地を南北に縦貫する中央軸を、「暮らしの舞台としての庭園街路」としてストリートスケープの形成を図るとともに、車線構成を変え、自転車道のスペースをつくり、カフェやショップを点在させることにより、大人や子どもにとって楽しい移動空間をつくります（図２）。

中央センターは隣接する松ヶ丘公園や病院と一体的に機能連携し、松ヶ丘公園には温泉を掘り、足湯眺望広場をつくって地域の名所にします（図３）。

再生ビジョンへの反映

われわれの提案やほかの応募案からアイディアを取り入れ、兵庫県は再生に向けた基本的な取り組み方針となる「再生ビジョン」を再編・強化しました。

またわれわれの提案をもとに、中央センターに商業機能に加え、交流・リラクゼーション機能を導入することや、交流のシンボルとなるコミュニティ広場を中心にして交流や連携を生み出す機能を整備することが検討され、２００６年度には中央センター再生に向けた事業コンペが行われました。

終わりに

日本では、急激な社会変革のあったドイツとは異なり、徐々に高齢化と人口減少が進んできているため、それに合わせた変革が必要となります。今回の明舞団地再生では、「子育て」と「健康・長寿」をキーワードとして、団地を内側から変革し、再生に向けて「循環」させるための仕掛けづくりに主眼を置いて提案しましたが、今後は、ライネフェルデのような先進事例を参考にして、団地単体だけでなく、地域における産業構造の変化や人口の再配分など、広域的、社会的な課題にも目を向けた団地再生の提案を行っていきたいと思います。

再生プロジェクトの企画と評価システム

持続可能な社会の実現へ

「持続可能な社会」の実現に向け、
再構築を迫られている日本。
住宅先進地域である欧米諸国の例を踏まえた、
日本の団地再生のしくみとは。

京都工芸繊維大学大学院 工芸科学研究科 教授
鈴木克彦

すずき・かつひこ
1953年静岡県生まれ。大阪大学工学部建築工学科卒業、同大学院修了。工学博士。一級建築士。日本建築学会賞、日本マンション学会論文賞、日本建築協会「建築と社会」賞ほか

危機的な地球環境

毎年のように、夏になると猛暑が話題になっています。とりわけ、緑地が少ないといわれている大阪の夏は暑く、温暖化問題は他都市よりも深刻化しています。この原因は、都心部の気温が郊外よりも高温化する「ヒートアイランド現象」といわれています。局地的な高濃度大気汚染や集中豪雨なども、ヒートアイランド現象が影響しているとの報告もあります。映画でも、アル・ゴア元米副大統領による講演の模様を紹介したドキュメンタリー「不都合な真実」がアカデミー賞2部門を受賞し話題になりました。

このため、大都市では、一定規模以上の建物には屋上緑化などを義務付ける施策が実施されていますが、最近ではマンションでも環境に配慮された事例が見られるようになっています。ロンドンでは、太陽熱などの自然エネルギーを最大限利用し、化石燃料を一切使わないというコンセプトで建設された集合住宅も誕生していますが、英国では自然環境が豊かな住宅が古くから見られます。写真1はロンドンの都心にある集合住宅です。1979年に建設されたものですが、ガーデニングが大好きな英国人が考えた建物緑化の先駆けともいえる住宅で、30年近く経過した今でも、繁華街にありながら

緑あふれる住環境が保持されています。

社会の崩壊も深刻化

一方で、現代社会を見つめてみると、格差社会化が進み、失業率の悪化も深刻で、ホームレスやニートは増加する一方です。社会の治安も悪化し、これまでの常識からは想像もできないような非行・犯罪も多発しています。これも都市環境の変化や教育環境、家族関係の変質などが一因として挙げられています。さらに、近い将来発生すると予測されている大地震による甚大な被害想定も、深刻な状況が報告されています。まだまだ、問題を取り上げたらきりがありませんが、都市環境に潜むこれらのさまざまな問題を一気に解決する方策はないものでしょうか。

持続可能な社会とは

こうした社会問題が深刻化するなか、最近「サステイナビリティ（持続可能性）」という新しい規範が注目されはじめました。サステイナビリティとは一言でいえば「現在そして来るべき世代の人々の生活水準をよりよくすること」ですが、EU諸国ではすでに、サステイナビリティを軸にした政策が積極的に展開され、さまざまな分野において生活環境の改善や再生が図られています。活力と雇用力のある経済、豊かな生活や公平さが満足される社会、歴史的環境や都市の生活文化を享受できる住環境、そして省エネルギーや循環的な資源を活用して自然環境と共生し得る社会。こうしたサステイナビリティを実現する社会を持続可能な社会といっています。これまでの消費と廃棄の産業構造が招いた環境破壊の結果を反省し、これからは持続可能な社会の実現に向けて、既存社会の再構築を考えていかなければなりません。

持続可能な社会を実現する団地再生

持続可能な社会の構築を目指した政策が推進されているなか、欧米諸国ではコミュニティと地球環境の健全性を促進するための団地再生が活発に展開されています。①エネルギー効率、廃棄物の最少化、資源問題、②コミュニティと社会福祉、③経済的繁栄という三つの重要な領域に並列的に取り組むことによって、現在だけでなく、将来の世代に至るまで、より質の高い生活を確保しようとしているのです。

とくに、住宅先進国といわれる英国においては、国家、自治体、企業、市民NPOなどのさまざまな組織がパートナーシップを組んで団地再生を推進しています。写真2はグラスゴーの団地で、1960年代に建設された住宅を改修したプ

1	
3	2
6	4
	5

1. ロンドンの都心にある建物緑化された集合住宅
2. 住民参加により改修された団地（グラスゴー）
3. 低層住宅に建て替えられている高層住宅団地（バーミンガム）
4. 住民を交えたワークショップの風景
5. 老朽化した住戸を改修している実験現場
6. 250年もの長い間住み続けられている集合住宅（バース）

ロジェクトです。改修の設計段階で居住者の積極的な参加があり、住宅の設備やデザインについて建築家とともに検討した結果、以前からある緑を活用したり、外断熱、サンルームなどを新たに設けた低エネルギー設計が実現し、経済効率に優れた集合住宅を生み出しています。

しかし、建物を大切にしている英国といっても、居住環境が悪く、犯罪が多発したりコミュニティが崩壊したと診断された地区では、比較的新しい建物でも建て替えが積極的に進められています。写真3は60年代に建てられた高層集合住宅を取り壊し、新たに低層集合住宅に建て替えているニュータウンです。高層住宅では持続可能なコミュニティが維持できないと判断されたためですが、コミュニティ再生では雇用促進にも配慮し、地元住民のために多くの職業訓練事業が再生計画のなかに含まれています。

団地再生にチャレンジ

わが国でも、高度成長期に大量に建設された住宅団地の老朽化は深刻な社会問題となっています。その老朽化した団地を再生するための取り組みは各方面で進められつつありますが、私どもの研究室でも住民を交えたワークショップを開催したり、再生提案コンペにチャレンジして団地再生に取り組んでいます。ワークショップは、専門家のアドバイスを受けながら住民同士が意見を出し合って住まいの将来を考える方法で、すばらしいアイデアが生まれることが多々あります。

また、老朽化した集合住宅を実際に再生する活動も行っています。住宅団地の再生には、循環型社会を見据えて建築資材のリデュース、リユース、リサイクルを促進することも求められています。それを実現するために、UR都市機構（旧住宅都市整備公団）が開発した高経年の団地住戸を学生の手で改修する実験を行っています。

この実験には五つの教育機関が参加し各々テーマを持って行っていますが、私どもの研究室では資材のリユースを前提とした改修を進めています。このような再生の発案は、同じように老朽化した団地に住む住民を対象にアンケート調査を行った結果、慣れ親しんだ古い材料を再利用することに対してニーズが多かったことが背景にあります。

持続可能な団地再生に向けて

老朽化した団地を再生する方法には建て替えだけでなく、いろいろな手段が考えられます。その際には、さまざまな状況を判断して最適な方法を選択していくことがポイントになりますが、大事なことは団地のよいところは継承し、悪いと

持続型社会の診断グラフ〈SEAM〉

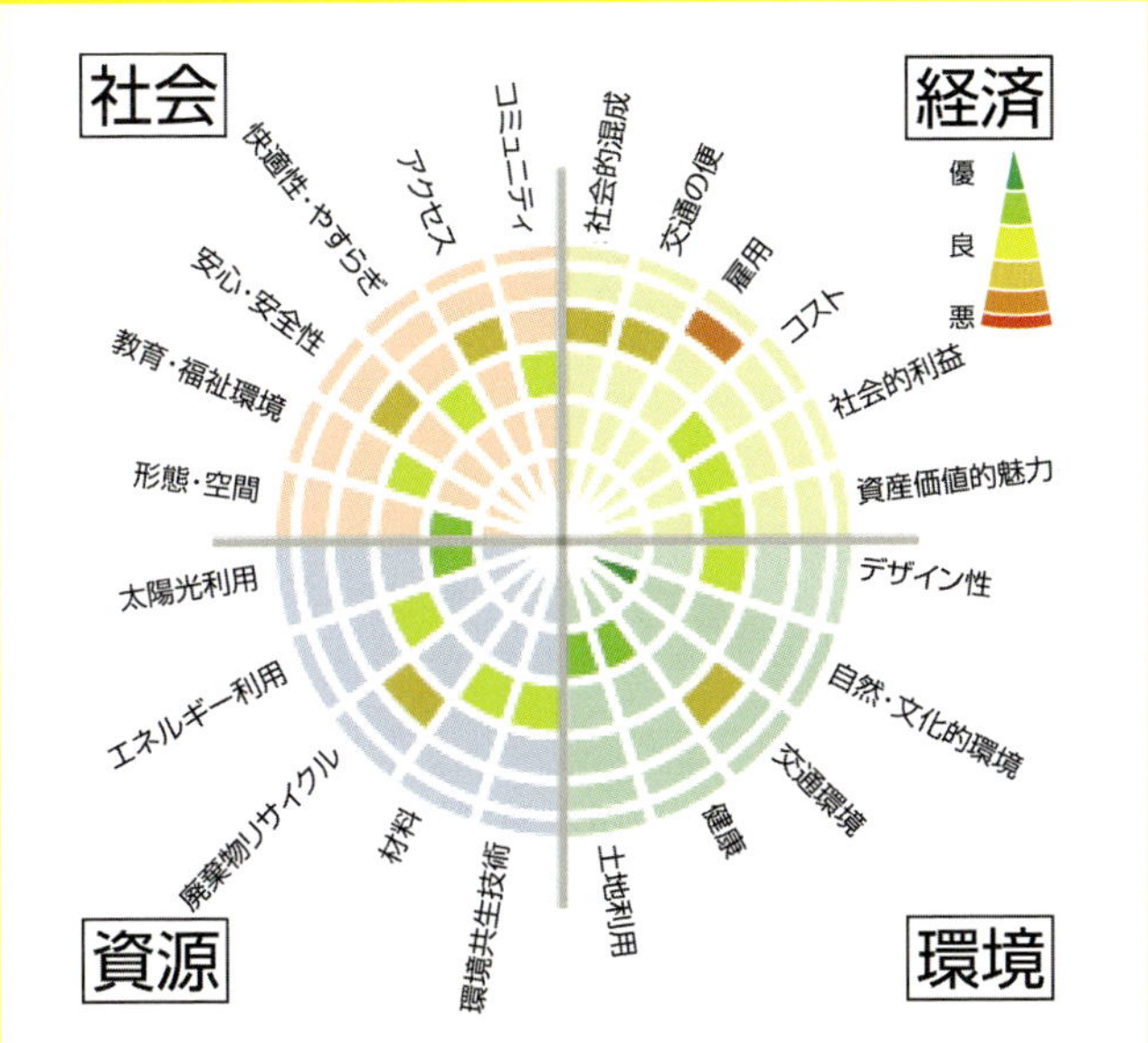

円の中心部の緑色の部分が多いほど、持続可能な社会と評価できます。

ころのみを改善するという姿勢です。こうしたことに配慮しない建て替えは、建物は新しくなっても今までの住まいのよい面を失いかねません。

そこで、自分たちの団地の現状をしっかり見極めることが大切になってきます。そのため、私どもの研究室ではお住まいの住環境を簡単に自己診断できるシステムを開発しています。お住まいの団地を、社会、経済、資源、環境の四つの評価領域ごとに持続型社会の達成度を診断するもので、それぞれの領域には具体的な評価項目を設けています。その結果をグラフィカルに表現することによって、当該環境を持続型社会として総合的に評価した場合、どのような点が優れ、どのような点を改善する必要があるか一目で理解することができます。

良好な住環境と豊かなコミュニティを保持し、子どもたちも高齢者も健康で安心して住み続けられ、楽しい社会生活と文化的な暮らしができる社会が持続可能な社会です。持続可能な社会に向けて、どのような点が課題としてあるのか、あなたのお住まいも診断してみませんか？

団地再生と地域あんしんシステム

一人暮らしの高齢者を見守る

日本の団地において、一人暮らしの
お年寄りに対する支援は重要な課題となっている。
ハード面、そしてソフト面でもお年寄りを
支える、そのしくみとは。

都市・建築研究者　小山展宏

こやま・のぶひろ
１９７６年神奈川県茅ケ崎市生まれ。日本とデンマークで建築設計、まちづくり、各種研究活動に従事している。社会システムデザインプロジェクトアーキビスト、早稲田大学理工学研究所嘱託研究員

団地が抱える問題

かつて高度成長を支えた団塊の世代が、都心へ通勤するベッドタウンとして明るい希望の基に入居したのが団地を含む都市近郊の住宅地域です。しかし現在では高齢化・老朽化の危機に直面し、同時にお年寄りの孤独死問題が取り上げられるようになり、その対策が全国で始まっています。

約77万戸の賃貸住宅の家主であるＵＲ都市機構は、従来の団地建て替え事業に加えて大規模改修や敷地の有効利用などの組み合わせ、地域に開かれた団地として福祉と一体化させ、空き室を小規模多機能や介護施設、診療所などに利用するといったことなどを検討しています。また１９７０年代以前に建設された団地や民間マンションが合計で３３４万戸もあり、現在抜本的な改善を必要としています。これらは国土交通省や地方自治体の管轄ではありますが、健康維持・医療・福祉などの領域を含め、どのように総合デザインを行うかが課題となっています。

一方で２００６年10月時点でのわが国の65才以上の高齢者人口は２６６０万人であり、高齢化率は20・８％となっています。そのなかでも一人暮らしのお年寄りは４０５万人と、高齢者全体の15・１％を占めています。２０１５年にはこの

高齢者世帯は約1700万世帯に増加し、そのうち一人暮らし世帯が約570万世帯（約33％）に達し、2025年には680万人に達すると予測されています。しかし昨今の未婚率や離婚率の増加、少子化や核家族化の進行で、実際にはこの予測よりもさらに増えるであろうともいわれています。

このような状況のなかで、一人暮らしのお年寄りをどのように支えていくかは、団地を含め現在の日本が抱えている大きな課題です。一人暮らしのお年寄りを取り巻く家族や地域のさまざまな人たちが彼らを見守っていくことが望ましいことではあるのですが、現実には人員不足や、家族が離れた場所に暮らしているという生活体系の制約、サービス従事者のオーバーワークなど多くの問題が生じています。

あんしん電話システムを開発

このような社会的背景から、2006年4月より工学院大学で田尾陽一客員教授を中心に社会システムデザインプロジェクトという研究会が立ち上がりました。現在の日本の高齢社会における都市近郊の団地やその周辺の生活者を対象に、建築・都市計画、IT技術、医療・介護・福祉、法律、政策科学、経済などのさまざまな分野の専門家が協力して、新しいデザイン方法論を構築しながら、IT技術・センサー技術などを利用した住まい手が安心して生活できる〈まち〉の環境を整備し、健康維持・医療・介護システムを含む新しい地域でのしくみを開発することを目的としています。

研究会で検討をしていくなかで、私たちは千葉県松戸市で開業している堂垂伸治医師と出会いました。堂垂医師が活動している松戸市には1960年に完成した常盤平団地や牧の原団地、小金原団地などの団地があり、現在はその老朽化と住民の高齢化が問題となってきています。

堂垂医師はご自身の現場での活動から、日常の診療などでも独居高齢者問題への対応に苦慮され、2006年に一人暮らしのお年寄りの抽出と患者への安心感を提供することを目的に、看護師による電話連絡での定期的な安否確認を行いました。しかし実際に行ってみると、電話での個々の対応では看護師やスタッフの負担が増えるといった問題や、電話を受ける側も平常時には反応も煩雑であり、必ずしも全員に歓迎されるといったことがありませんでした。このことから、堂垂医師は今の時代には密な関係よりもむしろ「淡いやりとり」の関係をつくる方がよいのではないかと考えました。

そこでこの現場の状況や、常盤平地域で活動している孤独死防止センターや地域住民からの意見や提案を聞いた私たちは、堂垂医師の活動をサポートできるような技術的支援の検討を開始しました。その一歩として、電話でのネットワークを利用した「一人暮らしあんしん電話」システムを開発し、実際に実験を行いました。

「一人暮らしあんしん電話」は、堂垂医師の提案を元に工学院大学情報学部の管村昇教授とその研究室が開発をしました。コンピュータと電話機能を利用し、一人暮らしのお年寄りの状況をかかりつけの医師や介護支援者が見守ります。

このシステムでは高齢者が電話をかけるのではなく、地域のかかりつけ医からの発信を基本としています。そして医師や看護師ではなく、コンピュータによる自動発信であるため、簡単な操作で事前に設定した日時でのタイマー発信が可能です。医師や看護師が診療所でほかの患者へ対応中でも運用が可能であり、医師や看護師の手を煩わせることがありません。受け手である一人暮らしのお年寄りが電話に出た場合、医師からのメッセージが再生され、彼らは自分の健康状態をプッシュホンの操作で入力します。

あんしん電話システム実験を行っている松戸市の常盤平団地

簡単にその流れを説明します。（a）発信者（以下、医師）のコンピュータに受け手側（以下、患者）の連絡先電話番号を登録する。(b)医師が問い合わせのメッセージを録音する。（c）設定した時間に患者に自動的に電話がかけられ、bの録音メッセージが流れる。（d）メッセージを聞いた患者は電話のボタンを押して返答をする。例：1・大丈夫、2・体調不良、3・要連絡。（e）医師はその結果の一覧をパソコン画面で見ることができ、反応があれば対応をする。

このシステムでかかる費用は医師側の初期の機器導入費と電話代だけで、お年寄り側の費用負担はありません。またお年寄り自身が発信することもありませんので、うっかり連絡を忘れたなどといったことも起こりません。さらに固定電話だけではなく携帯電話への発信も可能ですので、登録をすれば外出中でも受信することができ、電話を受信するために自宅に拘束されることもありません。

あんしん電話システム実験の結果

2007年より開始したこのシステムの開発は、まず堂垂医師が医院に通院している独居高齢者108人（男性25人、女性83人）にアンケートを行い、実験参加の承諾を得られた71人（男性11人、女性60人）を対象に7月から実験を開始し、

「一人暮らしあんしん電話」の概念図

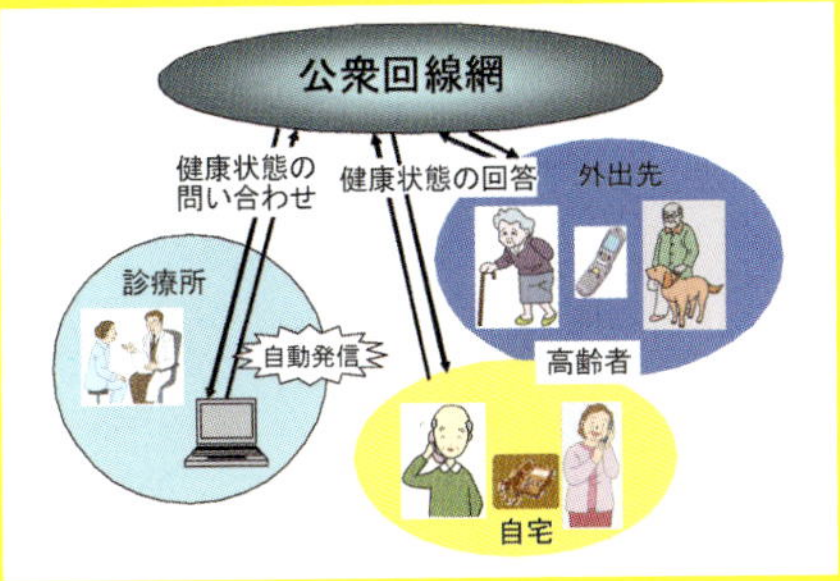

「一人暮らしあんしん電話」システムの処理フローの作成例

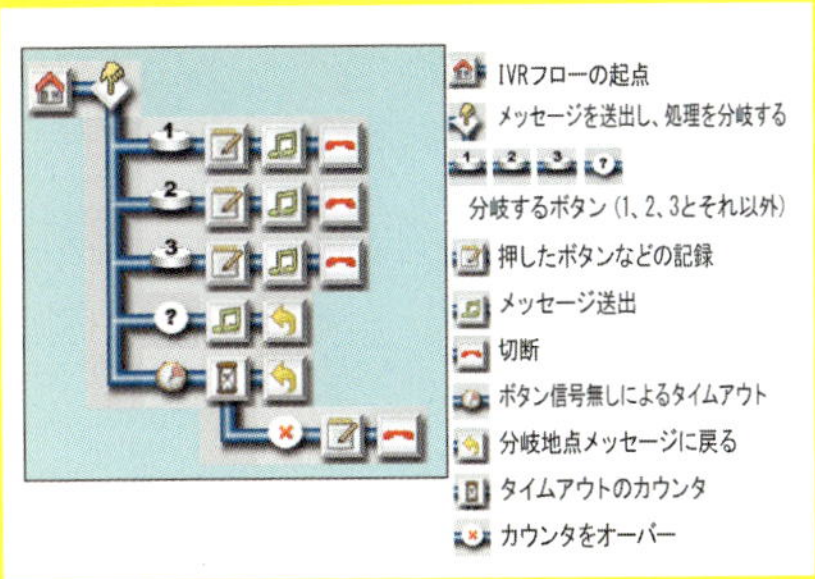

多摩市の在宅高齢者の健康度と生活シーン

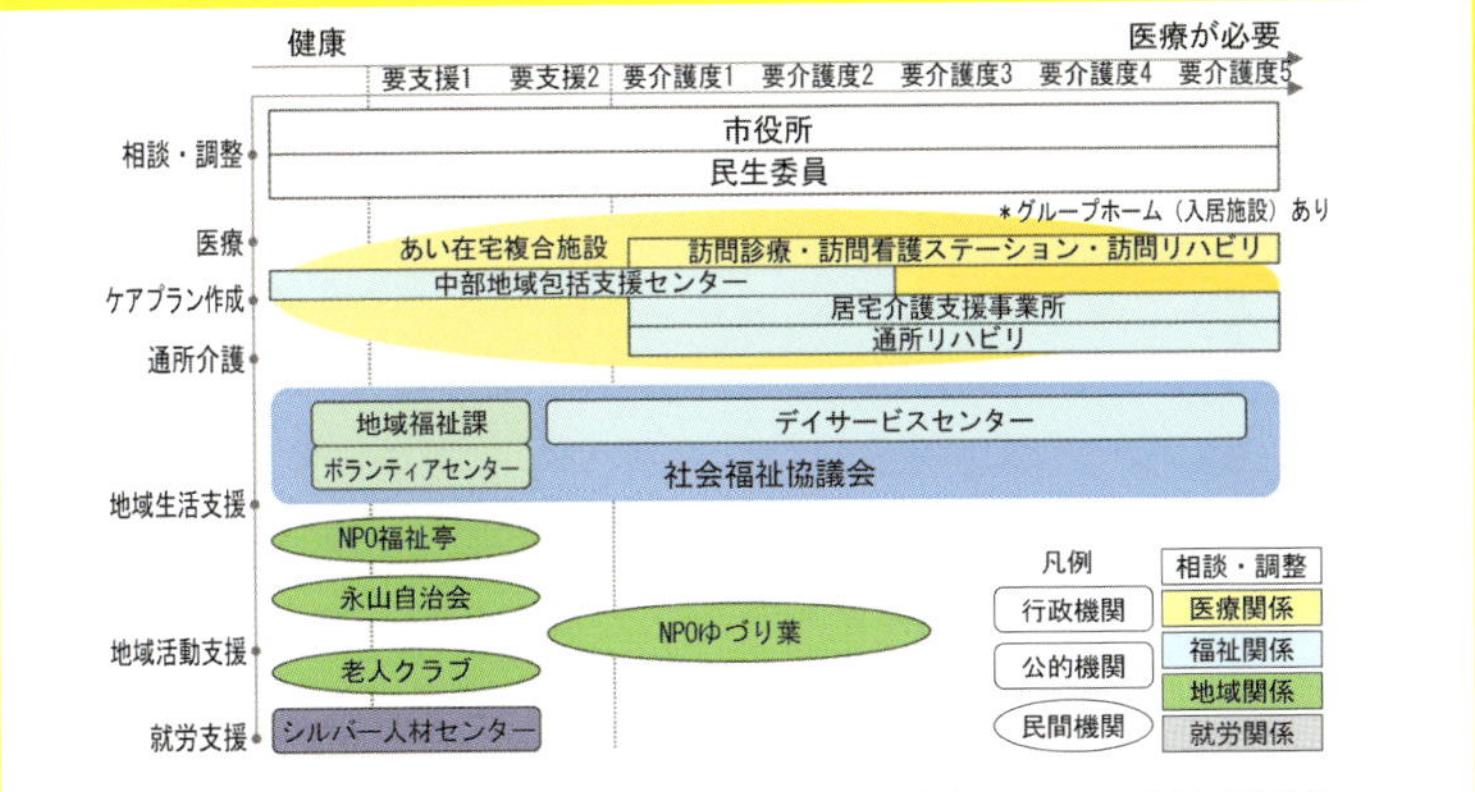

研究会では多摩ニュータウンでの実態を探るべくフィールド調査を行っている。図は在宅高齢者の健康度と生活シーンの見取り図

研究会が考える地域あんしんシステムの将来構想図

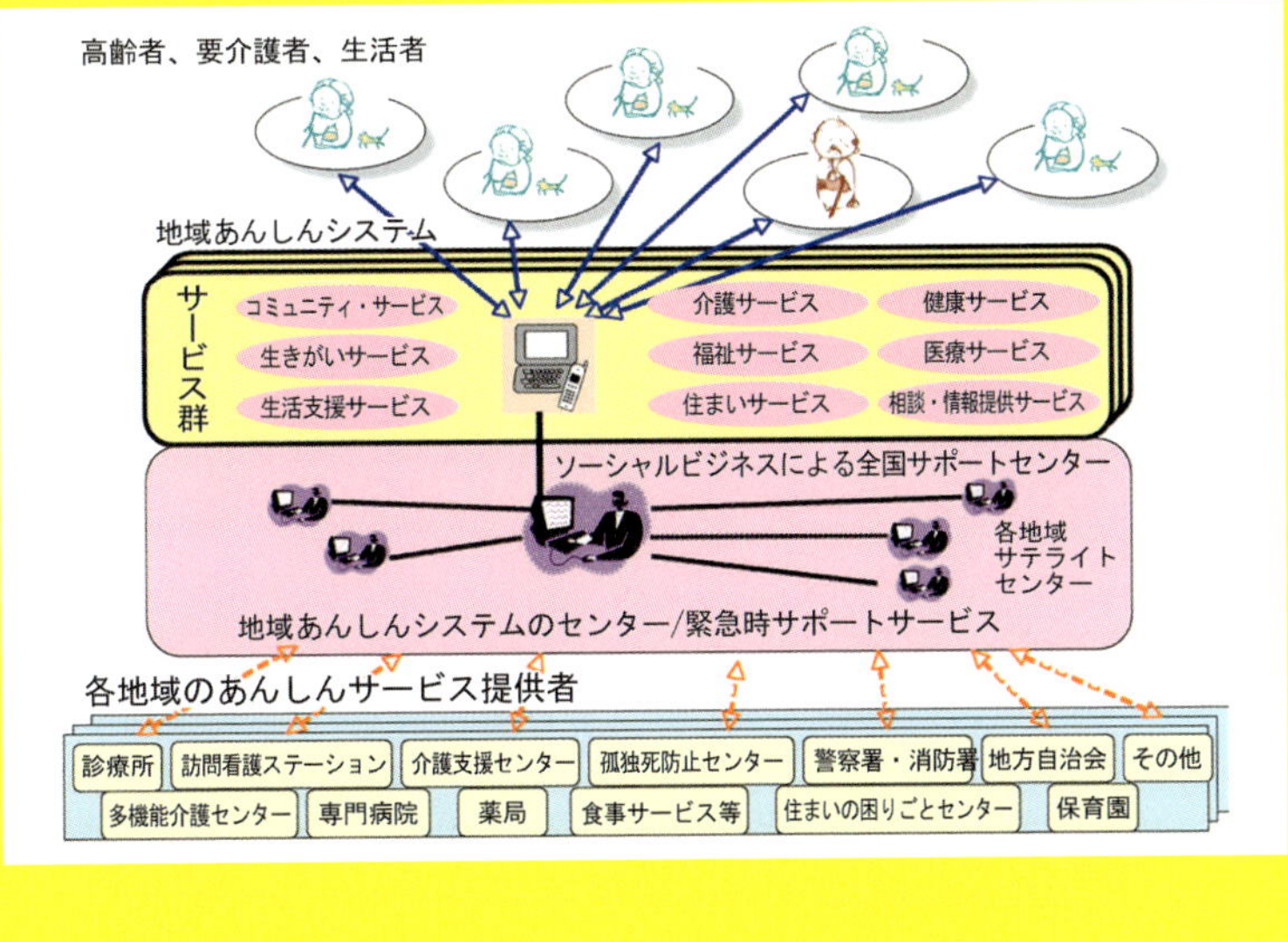

08年1月時点で運用中です。ちなみに参加者は65才から88才まで、平均年齢は67・8才です。

また電話の希望頻度は「月に1回」が55%、「週1回」が35%、「週2回」が10%で、「毎日」を希望するかたはなく、平均すると10・5日に1回を希望していることになります。

実験は08年の3月までを区切りとしているためにまだその最終的な成果は出ていませんが、導入3か月後に堂垂医師が行ったアンケート調査では「見守られている感じで安心できる」や「一人暮らしには心強い」といった高い評価を得られています。

またこれまでに「体調不良」を訴えてきたかたは7人で8件、「連絡がほしい」と連絡があったかたは2人で2件でした。これらに対してはその反応をパソコン画面で見た堂垂医師が速やかに連絡を行い、それぞれの相談に対応して患者の不安を取り除くことができました。

このシステムでは、実際のデータ以外に利用者が「連絡を取りやすい気持ちになる」「肉親以外に見守られている安心感がある」「医療機関が見守っているという安心感がある」といったソフト面での効果も得られており、一人暮らしのお年寄りの孤独感を癒し、「重層的な見守り」を行うための有効的な手段になると感じている、と実際に活用している堂垂医師はいっています。

団地再生への導入

この「一人暮らしあんしん電話」は医師を中心とした地域に住む一人暮らしのお年寄りへのサービスシステムですが、技術をさらに発展させ、例えば配食サービスや買い物代行サービスなどといった生活サービスに活用し、団地再生など社会の中のさまざまなしくみに役立てていけないだろうかということを研究会では模索しており、現在は多摩ニュータウン地域での実践に向けての取り組みを始めています。

団地再生・地域再生を考えるとき、建物などのハードな部分の提案だけでは再生はできません。エリアマネジメント、開発・運営・再生の一体化、コミュニティや社会の関係の充実などのソフト的な面も考えていかなければいけません。そして住まい手が健康維持・医療・介護においても安心のできる、地域でのあんしんシステムを考えてデザインをしていくことが何よりも重要なことであると私たちは考えています。

〈社会システムデザインプロジェクト〉http://www.shakaisystem.com

安全で安心な住まいづくり

犯罪の実態に即した的確な対策を

犯罪不安がもっとも高い空き巣被害。
日本と諸外国における傾向と対策を例に、
住宅の防犯対策という視点から、
団地再生につながる安全な住まいづくりを考える。

明治大学 理工学部 建築学科 准教授 山本俊哉

やまもと・としや
1959年生まれ。㈱マヌ都市建築研究所を経て、2004年より現職。専門は都市計画・安全学。博士（学術）。主な著書に「防犯まちづくり」

空き巣被害の不安

帰宅してドアを開けたら、何者かが侵入した形跡があった、家のなかが荒らされていたという経験のある読者は少なからずいらっしゃるはずです。侵入の被害に遭った恐怖は、経験のある人でないとわからないともいわれます。

こうしたことから、各種の調査で、「不安の高い犯罪」の第1位に、空き巣被害が挙げられています。しかし、最近は、空き巣に対するステレオタイプな不安感が先行している傾向が見られます。無用な不安は禁物です。

それでは、どうしたらよいのでしょうか。まず、被害実態に関する事実を正しく認識することです。そして、その実態を踏まえた的確な対策を講じることです。

ピッキング対策の効果

かつて中高層共同住宅の侵入盗の大半は、ピッキング用具を用いた住戸玄関ドアからの侵入でした。ピッキングによる侵入は、2000年には約3万件ありましたが、以降減少し、07年には約700件まで激減しています。ピッキングに代わって多発したドリルを使用したサムターン回しも、03年に約4000件ありましたが、これも07年には約170件まで減っています。

ピッキングやサムターン回しの激減は、自主防犯対策、すなわちピッキングやサムターン回しに強い錠に交換し、またワンドアツーロックにした効果の現れといってよいでしょう。それに加えて、03年9月に施行されたピッキング防止法の影響も大きいといえます。この法律により、従来、インターネットなどで野放しだったピッキングなどの開錠用具は、業務に携わる者以外に販売や転売、貸与することが原則禁止になりました。また、開錠用具やドライバー、バールなどを不用意に持って、不審な行動をとっていると検挙の対象になり、懲役1年以下または罰金50万円以下が科されることになりました。その摘発件数は、この法律が施行されて1年間で588件、摘発人数も667人にのぼりました。この種の犯罪は、一人がほかに数十件の空き巣狙いを行いますから、摘発の効果は大きいといえます。

ガラス破り比率の増加

玄関ドアからの侵入の減少に対し、共同住宅では、窓からの侵入、とくにバルコニー側の掃き出し窓（バルコニー窓。テラス窓ともいう）からの比率が高まっています。07年の認知件数の比率を見ると、3階建て以下の低層共同住宅は66％、

中高層共同住宅は43％が窓からの侵入でした。そのうち、ガラス破りは、低層共同住宅の66％、中高層共同住宅の63％を占めており、窓ガラスの破壊対策の重要性が増しています。

ガラス破りは、日本の場合、サッシの止め金具（クレセント）の付近のガラスをドライバーなどでこじ破り、クレセントを外す手口が多く見られます。近年は、バーナーを使ってガラスを焼き破る手口も多く見られますが、諸外国のようにバールなどを使って打ち破る手口、すなわち、大きな音を立ててガラスを大破する手口は、あまり見られません。

諸外国では、ピッキングに強い錠だけでなく、防犯ガラスも早くから普及してきました。日本では、冬場の断熱や結露防止の対策として、ペアガラス（複層ガラス）は普及しましたが、破りにくい中間膜を有した防犯ガラスは、まだあまり普及していません。

ガラスは、一住戸当たりの使用面積が大きいため、防犯性能の向上が設置にかかるコストアップにつながりますが、共同住宅の場合、破りにくくする必要のある窓は、バルコニーに面したテラス窓と1階の窓に限られているといっても過言ではないでしょう。また、どの階のバルコニー窓も、同じように狙われるわけではありません。ルーフバルコニーからの侵入もありますが、ほとんどが低層階の住戸の被害です。

住戸の向きの分類

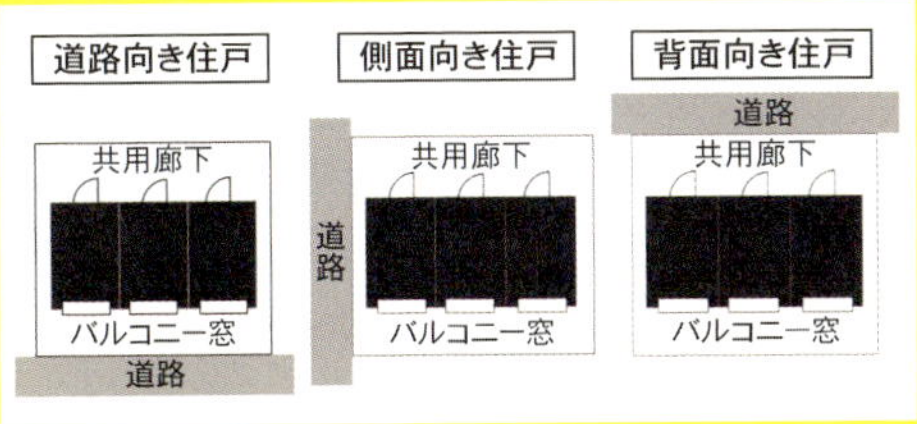

住戸の向きによる被害リスクの違い

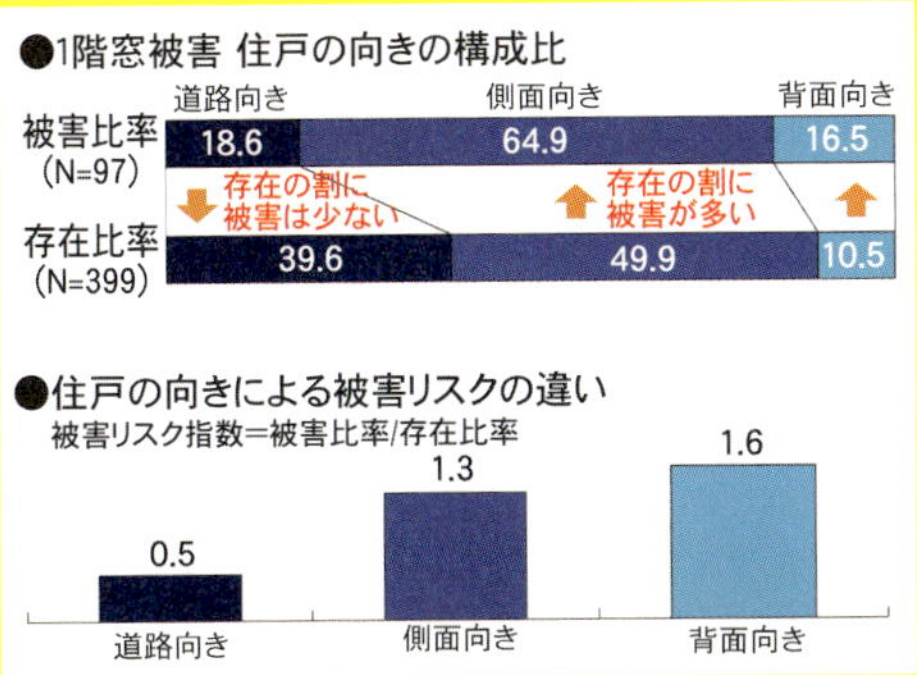

1階の被害窓の死角の要因

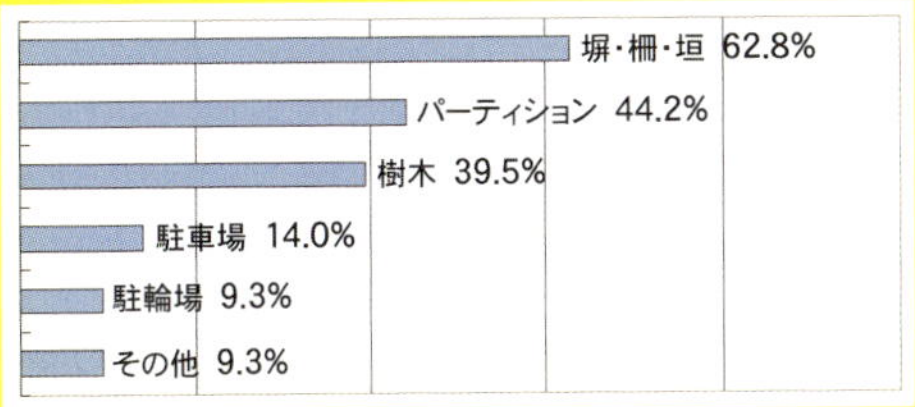

1. オートロックドアに改修した公営住宅の事例（オランダ、アムステルダム）

2. 裏庭に通じる通路に門扉を設置（オランダ、アムステルダム）

3. まちかどに店舗を配置（オランダ、ホールン）

住戸の向きの分類

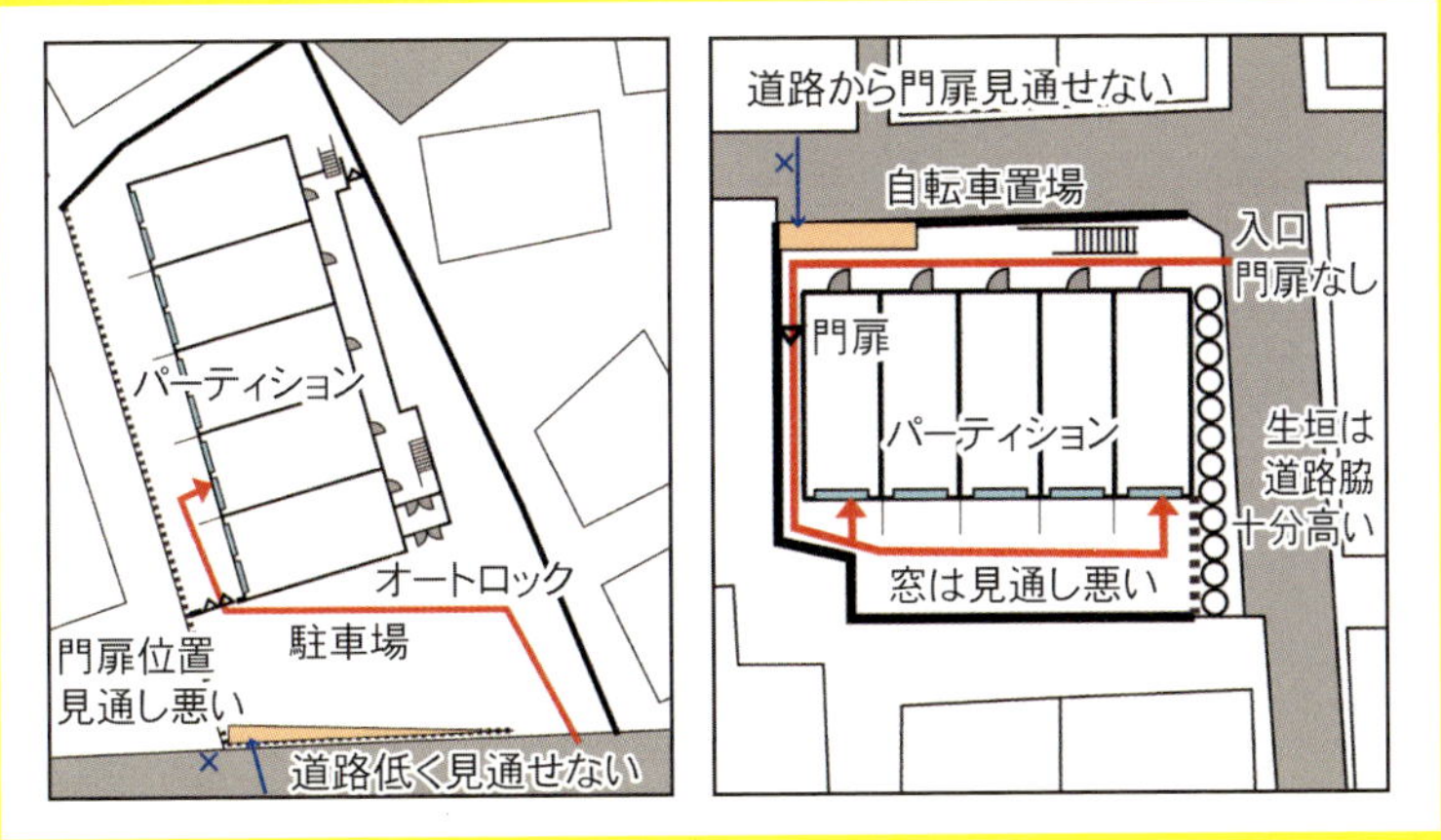

図表出典：山本俊哉・松本吉彦・柏原誠一・高橋浩介・森田歩「低層集合住宅における侵入被害窓の自然監視性と接近制御性に関する実態調査」日本建築学会技術報告集第15巻30号、2009年

バルコニー窓で、開閉できる窓であれば、現在市場に出回っている防犯ガラス程度の防犯性能であれば、避難または消火活動の支障はありません。侵入のおそれのあるテラス窓については、防犯ガラスの設置を検討する必要があるといえるでしょう。

低層階窓への侵入経路

低層階のバルコニー窓は、どの窓も防犯ガラスにすべきかというと、必ずしもそうとはいえません。

結論からいえば、バルコニーが道路に向いた住戸（道路向き住戸）の窓は、侵入のおそれが低いといえます。

私の研究室が旭化成ホームズと共同で、東京都と神奈川県の50件の侵入被害事例（低層共同住宅の1階住戸の被害事例）を調査したところ、バルコニーが道路に面していない住戸（側面向きや背面向き）の被害リスクは、道路向き住戸の約3倍でした。また、道路からの見え方を判定したところ、「自然に見える」窓は2件のみで、「見えない」ものが34件（68％）ありました。被害窓が道路から見える位置にあっても、透過性の低いフェンスが死角の要因になっていたものが63％ありました。このほか、隣住戸との間のパーティションや植栽、道路脇の共用自転車置場なども道路からの死角の要因になっていました。一方、道路からのぞかれにくいために、シャッターを開けていたところを狙われた事例が少なからずありました。

また、被害窓への侵入経路について調べたところ、道路沿いに塀やフェンスがなく、道路から直接被害窓に近づける事例が60％、共用廊下や通路などを通って被害窓に回り込める事例が63％ありました。

欧州の団地再生に学ぶ

欧州では、戦後に建てられた郊外の大規模住宅団地の犯罪問題が看過できない社会問題として認知され、1980年代以降、国を挙げて、共同住宅や住宅団地の防犯対策に取り組んできました。

日本では、公営住宅はもとより、いわゆる公団住宅でも共用玄関にオートロックドアの付いていない共同住宅が多く見られますが、欧州では、公営住宅でもオートロックドアを設置した改修工事（写真1参照）が各地で進められています。

欧州では、日本でいうバルコニー窓は、裏庭や中庭に面しているケースが一般的です。そのため、部外者が容易に裏庭や中庭に近づきにくいように、その道路に面した出入口に門扉を設置している事例が多く見られます。また、居住者や道路を通行する人のなにげない視線が届くように、見通しの利くフェンスや門扉が設置されています。

　オランダは、こうした防犯対策がもっとも進んだ国です。オランダには、洗練されたデザインの共同住宅が多く見られますが、防犯対策も住棟の配置計画やデザインにしっかりと位置づけられています。まちかどに配置した店舗は、地域を活気づけるとともに、なにげない視線を同時に確保しています。また、公共空間と共同住宅の共用空間と各住戸の専用空間を明確に区分し、不審者を発見しやすくしています。

住宅の侵入対策の課題

　分譲住宅の場合、バルコニー窓も共有財産ですから、ガラスやサッシの改修には一定の合意が必要です。また、フェンスの改修や門扉の設置は、少額とはいえ費用がかかるため、管理組合としてはすぐに対応できないかもしれません。さらには、見通しの確保や犯罪企図者の接近制御は、プライバシーや避難経路の確保とのバランスも考えなければならないでしょう。

　しかし、侵入のおそれのある住戸にお住まいの人にとって、侵入対策は切実な問題です。門扉については、屋外避難階段の出入口と同様、いわゆるホテル錠（内側からは容易に解錠できるが外側からは鍵なしでは解錠できないもの）を付ければ、避難の支障にはならないでしょう。プライバシーの確保とのバランスについては、居住者の意向を踏まえつつ、必要に応じて防犯ガラスやシャッターを設置することを検討したらいかがでしょうか。

　侵入盗に対して安全で安心な住まいづくりは重要な課題です。

終わりに

　欧州では、こうした問題を放置していたため、犯罪が空き家を招き、空き家が犯罪を呼び、建築して30年もたたないうちに建て直さなければならなくなった共同住宅がいくつもあります。

　日本は、そこまで深刻な問題にはなっていませんが、人口減少などにより空き家が増えることを考えると、対岸の火事ではないと思われます。

〈旭化成ホームズとの共同調査報告の詳細〉
http://www.asahi-kasei.co.jp/hebel/longlife/data/index.html

住民主体の地域運営と団地再生

横浜・郊外市街地の再構築をスケッチする

日本における住宅問題の縮図ともいえる横浜市。その郊外市街地を参考に、住環境と住民の活力という団地再生の二つの側面に着目し、その延長にあるまちづくりを探る。

株式会社 山手総合計画研究所 菅 孝能

すげ・たかよし
１９６５年東京大学建築学科卒。横浜市の都市デザイン、神奈川県下各地の景観づくり、湘南ＣＸの都市づくり、公共図書館の設計などに携わる

横浜の人口構造の変化

２００２年に人口３５０万人を突破して日本第二の大都市となった横浜市ですが、その人口構造は大きな変化の兆しを見せつつあります。都心部ではこの10年人口回帰現象に転じて人口増加が続き、東京に地理的に近い北部郊外区でも人口増加率が5％を超えているのに対して、西部、南部の郊外区では人口の減少・停滞が始まっているのです。

また、横浜市全体の世帯の家族累計の推移を見ると、「単身世帯」と「夫婦のみの世帯」の増加が著しく、２０００年には合わせると48・９％と世帯の半数を占めるまでになり、一方「夫婦と子どもからなる標準世帯」は36・４％まで低下、少子化傾向がはっきりと出ています。

一方、横浜の団地は、昭和30年代後半から昭和50年代前半にかけては旧日本住宅公団や県・市の住宅供給公社により、昭和50年代からは民間デベロッパーによる団地・マンションが多く建ち、05年には市内の住宅戸数のうち共同住宅が61・４％を占め、マンション（3階建て以上の耐火構造共同住宅）も45％を占めており、その35％は持ち家（分譲マンション）、持ち家の38・５％がマンションです。団地の人口構造は自治体の人口構造や地域社会に大きく関係します。

例えば、昭和30年代後半から40年代にかけて開発された人口7000人の野庭団地は過去5年間の人口減少率が10・99%、年少人口率が13・2%、高齢者人口率が23・1%、同じく昭和30年代後半から40年代にかけて開発された人口3400人の上飯田団地は過去5年間の人口減少率が13・4%、年少人口比率は9・2%、高齢者人口比率は26・1%、昭和50年代に開発された人口1万8000人の若葉台団地は現在、過去5年間の人口減少率が8・16%、年少人口比率は7・6%、高齢者人口比率は22・1%となっています。

これは、住宅団地が供給されたときの最初に入居した、いわゆる「第一世代」の家族の子どもたちが成人になり所帯を構えると転居してしまい、住み替えで世代交代することがなく、「第一世代」のみが残り住み続け、そのまま年齢を重ねていく傾向を示しており、団地居住層の世帯規模の縮小と高齢化が地域の停滞を引き起こすことが懸念されます。

〈人口の推移〉（将来予測） 1975年時点を基準とした推移

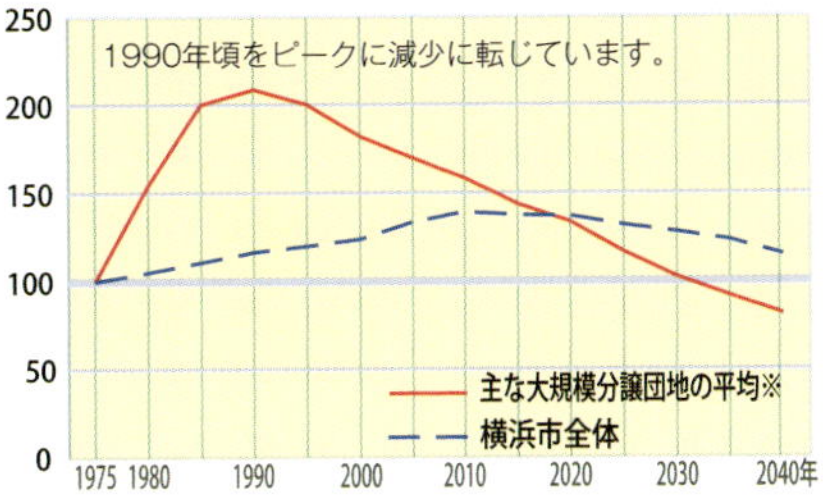

〈高齢化率の推移〉（将来予測） 65歳以上の人口の割合

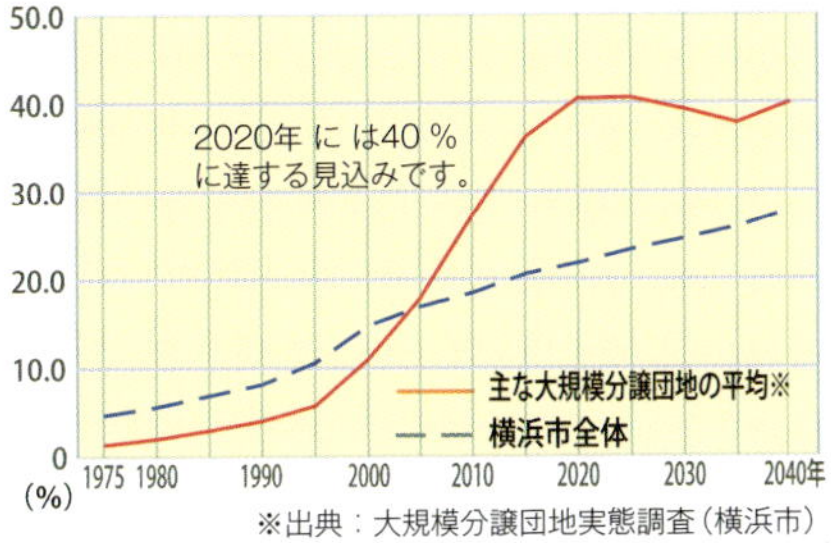

※出典：大規模分譲団地実態調査（横浜市）

団地再生の二つの側面

こうした状況から、一口に団地再生といっても、団地再生には二つの側面があるといえます。一つは建物・設備の再生、高齢社会に合わせた住環境（ハード）の再生であり、もう一つは団地住民の活力・コミュニティ（ソフト）の再生です。

とくに、一人（一法人）の所有権者が計画的に建て替え更新や入居層の選別を行える賃貸住宅団地と違い、多数の権利者が住む分譲住宅団地の団地再生では、住民のコミュニティ活動を活性化するとともに、それを物的な団地環境の再生につないでいくという、ソフトの取り組みとハードの取り組みをうまく組み合わせて進めることが大切です。

高齢化により団地の活力が低下している団地では、まず、住民の共助体制を強化し、コミュニティ活動を活性化させて、団地の建物や環境を有効活用してより魅力ある団地に改善していく大規模改修や計画修繕の取り組みが必要です。

コミュニティ再生のいくつかの取り組み

横浜市の高齢者数（65歳以上の人口）は介護保険制度が始まった2000年の48万人（人口比率14・0％）から05年には60万人（16・7％）と25％増加、団塊の世代が高齢期を迎える14年には85万人(22・6％)に達すると見込まれています。

就労意欲や情報リテラシーの高さなどからアクティブ・シニアと呼ばれ、従来の高齢者像を塗り替え、新しいスタイルの消費や働き方、余暇行動や市民活動のあり方を地域社会で示すことが期待される団塊の世代の高齢者層も、年齢を重ねていけば暮らしのさまざまな局面で誰かに依存することが当然ながら多くなります。しかも、高齢者の世帯構成を見ても夫婦二人暮らし、あるいは一人暮らしの比率が57・8％と半数をすでに超えており、子や孫と同居している高齢者は33・3％にすぎないことからも、家族の介護を受けながら自宅で過ごすことは、多くの高齢者にとって困難であると想像されます。

戸塚区の市境近く、現在約7000人が暮らすドリームハイツは1972年に入居が始まった大規模高層団地ですが、団地の一角には、団地のNPO法人が運営する介護予防型の交流サロン「いこいの家　夢みん」が設けられています。この交流サロンでは高齢者や障害者が気軽に立ち寄れるさまざまなデイサービスのプログラムが提供されているばかりでなく、周辺の老人保健施設や特別養護老人ホームなどへの見学会を実施するなかで、サロンの参加者が主体的に老後の暮らし方を選びとっていける機会をつくり出しています。

また、少子化によって標準的な家族像が解体し、暮らしが多様化する長期的な人口減少社会では、子育てを個々の家庭に任せるだけではなく、社会全体できめの細かい子育て支援を行っていく必要から、団地の空き室などに親子が恒常的に集い、遊びや交流のできる場を市民団体・NPO法人などが運営し、地域の子育て関連情報の提供や、親の悩み相談などを行う「親と子のつどいの広場」も行われています。

団地再生をまちづくりに活用する

郊外の未開発地に計画されたものが大半だった住宅団地は、その後の周辺地域の市街化によりまちの一部として、地域の空間構造と人間関係のなかで生き続けています。団地再生では、団地内の居住機能の改善・更新はもちろん、周辺の地域環境の向上に寄与することも併せて求められます。団地再生には郊外市街地再整備の視点が不可欠です。

例えば、建ぺい率が低い団地は、周辺市街地と比べ緑とオープンスペースが圧倒的に豊かです。団地の緑豊かで車の危

少子・高齢社会の地域課題は、総合的に表れる――南西部郊外の団地の例――

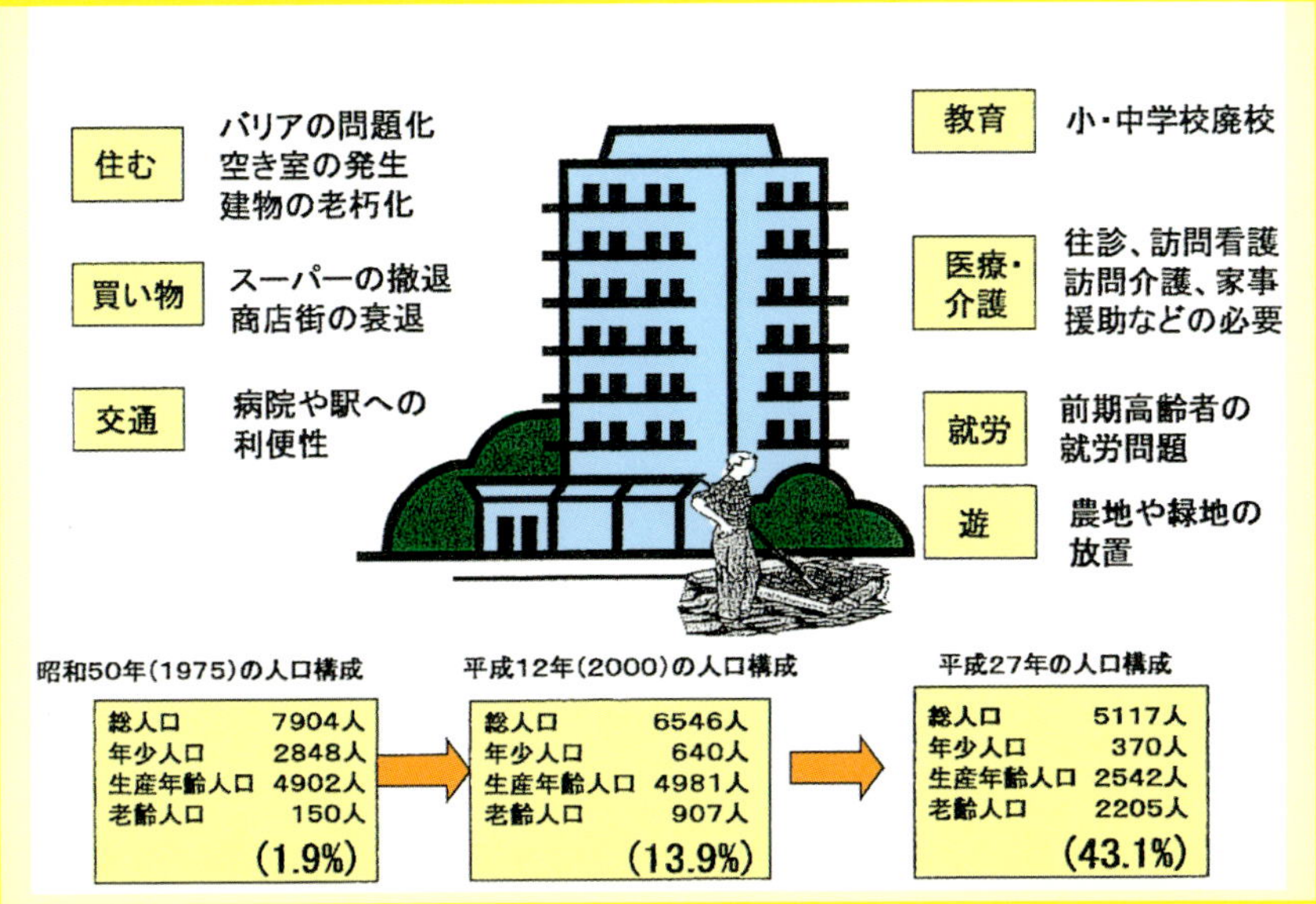

住む
バリアの問題化
空き室の発生
建物の老朽化
買い物
スーパーの撤退
商店街の衰退
交通
病院や駅への
利便性
教育
小・中学校廃校
医療・介護
往診、訪問看護
訪問介護、家事
援助などの必要
就労
前期高齢者の
就労問題
遊
農地や緑地の
放置
昭和50年(1975)の人口構成
総人口 7904人
年少人口 2848人
生産年齢人口 4902人
老齢人口 150人
(1.9%)
平成12年(2000)の人口構成
総人口 6546人
年少人口 640人
生産年齢人口 4981人
老齢人口 907人
(13.9%)
平成27年の人口構成
総人口 5117人
年少人口 370人
生産年齢人口 2542人
老齢人口 2205人
(43.1%)

少子・高齢社会の課題解決には、分野横断的なしくみが必要

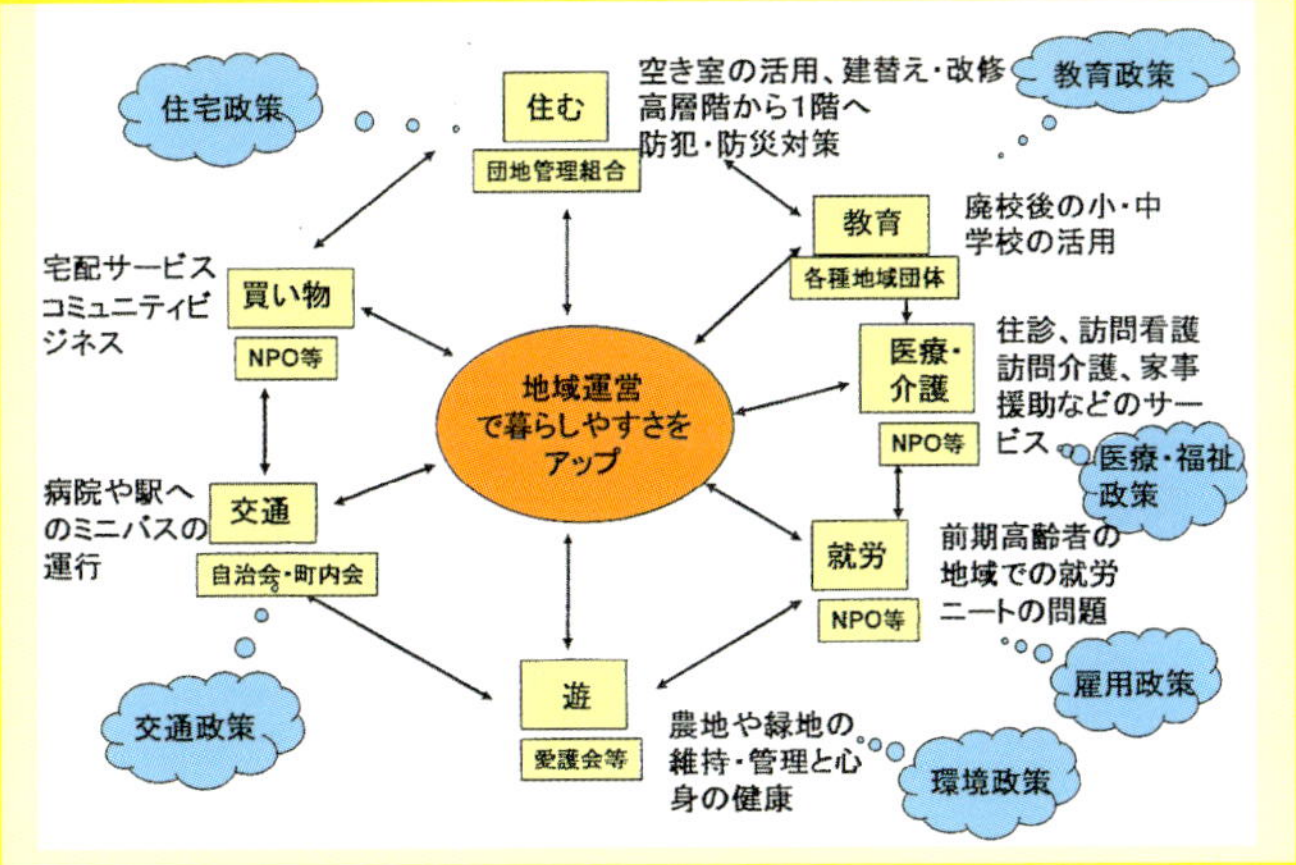

「市民主体の地域運営」モデル事業

市民主体の地域運営

＝

生活圏域などの一定のまとまりにおいて、多様な担い手が連携を図って主体を構成し、地域の課題解決や地域価値の向上等に向けて取り組むこと

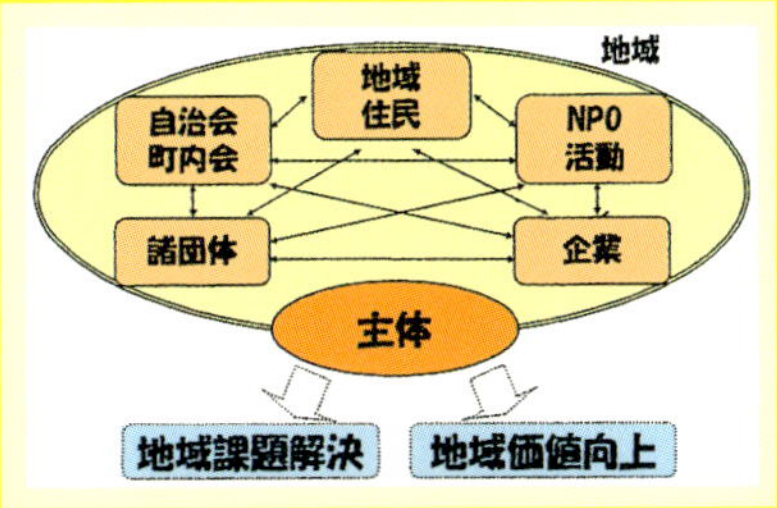

険のない広々としたオープンスペースは周辺市街地に住む幼い子どもたちにとっても格好の安全な遊び場・身近な自然学習の場です。この豊かな緑とオープンスペースに周辺市街地の歩行者生活動線を安全快適に導き、周辺の緑やオープンスペースとネットワークしていくようにしたいものです。

また、団地をまちづくりの核／地区の生活拠点として位置づけ、団地の住棟や店舗などの空き室の利活用や、団地の建て替え時の余剰地の活用により、周辺市街地に不足している公共公益施設を整備していくことも考えられます。

その一つの手がかりは、市域面積の約4分の1を占める郊外市街地の市街地調整区域との関連性です。近年、中高年男性層や主婦層を中心に、食料の安全な自給、緑や水など里山自然再生、地域回帰などの動機から農作業や収穫体験、森林や河川の維持管理活動にいそしむ市民が増えています。さらに近年増えてきた郊外の市街地調整区域等に立地する特別養護老人ホームや障害者の地域作業所のなかには、積極的に地域の農家と連携し、農地を活用した福祉事業や園芸栽培療法を行うところも出てきました。公園などでの余暇活動と違い、広い田園地帯の一角での耕作活動や山仕事は農家との新しい人間関係・地域コミュニティづくりやコミュニティ・ビジネスなど高齢者や障害者の長期的な就労の場を生み出す可能性も秘めています。

さらに、横浜の郊外住宅団地では道路体系が弱体なまま周辺のスプロールが進んだため、駅までの距離があるうえにバスで最寄り駅まで出るのに30分以上かかる団地も多く、交通の利便性、とりわけ道路交通の問題が住民の暮らしやすさにかかわる共通の課題となっており、交通の不便さが若年層の流出を招き、人口減少や急速な少子高齢化の要因になっている可能性があります。市の西南に昭和30年代後半に開発された下和泉住宅では、全国でも珍しい住民運営のコミュニティバス「Eバス」を運営し、若い世代の転入にもつながる成果を上げています。

身近な地域・元気づくり事業

横浜市でもこうした市民の取り組みにこたえ、地域住民自身が地域の問題解決を図る「身近な地域元気づくり」事業の取り組みを始めました。

地域の自然、歴史、施設などの資源を活かし、豊富な地域人材と活発な市民活動を組み合わせ、それぞれの活動主体の合意形成のもと市民が主体となる地域運営により持続可能な地域づくりを進める狙いで、現在十数地区のモデル地区の選定と「地域運営協議会」のしくみづくりが始まっています。

香港集住体験記

集合住宅の質とセキュリティ

日本以上に過密な環境にある、香港の集住事情。
その防犯や環境対策から見る、
集合住宅の現状とさまざまな課題は、
日本の住宅事情問題にも活かせるだろう。

DATEプランニングアソシエイツ 代表取締役 平館孝雄

ひらだて・たかお
１９６４年東京大学建築学科卒。日本設計建築設計本部長などを経て２００５年より現職。団地再生産業協議会専務理事。NPO団地再生研究会常任理事

私は１９７８年から81年までの３年間、香港に駐在しました。いささか旧聞に属することではありますが、大変特色のある住宅事情でもあるので、ご紹介することにします。

超過密都市香港

香港は、アヘン戦争を経て英国が獲得した植民地部分（香港島と九竜半島の一部）と、19世紀末に英国が強引に結んだ条約による租借地（新界および離島群）を合わせ約１０００㎢と東京都の約半分程度の面積を持ちますが、大部分の人口はその10％程度（約１００㎢）の植民地部分に集中しています。しかも、そのうち約75㎢を占める香港島は全体が急峻な山からなる島で、平地は海岸部にわずかにある程度です。

人口は当時公称４１６万人といわれていましたが、中国本土、台湾からの難民も多く国政調査もされていないので、実際には６００万人を超えていると推定する住民もいました。いずれにしても数百万人規模の人間がわずかな土地に集中しているわけで、市街地の密集・雑踏ぶりは異常で、熱気、騒音、独特なにおいに圧倒されます。

土地代も高く、当時日本では内幸町のＮＨＫ跡地が坪５０００万円くらいで最高であったと思いますが、香港政庁

（英女王親任による総督が全権を持つ行政機構）が埋め立てオークションに出した海岸沿いの土地が、坪7000万円くらいで落札されていました。

都市計画上の容積率も高く、三辺を所定の幅員以上の道路に囲まれていれば小さな土地でも1500％で、ひょろ長い建物が踵を接して林立する香港特有の市街地風景をつくる法的なベースになっています。実際、市街地では隣のビルの外壁（より正確にはスタイロフォームなどを外壁に貼り付けて）を仮枠代わりにしてコンクリートを打つ工法がごく一般的に行われていました。こうした工法でつくられた建物を解体すると隣のビルが傾いてしまうことも多く、街中を通っていくと隣の空き地から太い木材トラスでビルを支えている光景をよく見かけたものです。

集合住宅のグレーディング

上記のような事情から、住宅はごくわずかな例を除きすべて集合住宅です。地元の建築家の説明によると、基本的に集合住宅の質はセキュリティとプライバシーの観点から、エレベーターホールを共用する住戸の数で決まるのだそうで、各設計事務所ともこの住戸数（1住戸、2住戸、3住戸…）による基準階平面図を用意しており、発注者の求めに応じてたちどころに提出できるようにしています。もっとも、低所得者用に政府が建設するものは、長い共用廊下を持った板状の日本でよく見かけるようなものもあります。

質のグレードを電気の配線で見分けるという冗談のような話を友人の建築家が真顔で話すのを聞きました。すなわち「最下級の住宅は建築予算が乏しいので、店子の退去時に電線を盗まれるのを覚悟のうえで露出配線とする。中級は予算も多少あるので配線は壁、天井裏に隠す。上級は盗まれる心配がないから、露出配線とする。最上級はデザインを配慮して隠蔽型配線とする」。

集合住宅とセキュリティ

「警官がもっとも熱心になるのは、駐車違反（これが実に多い）を見つけて所有者から罰金の代わりに賄賂をとること」と地元の人々に酷評を受けている警察の犯罪検挙率の低さ（当時）によるのかもしれませんが、窃盗、強盗を含め盗難事故が多いので、住民の防犯意識は高いのです。中級以上の集合住宅では1階には必ず管理室があって門番（英国人が昔連れてきたグルカ兵の末裔が多いとのこと）がいます。さらに各住戸の入り口は標準仕様のドア錠のほかに2個も3個も錠前を付けており、さらにその前に鉄格子ドアを追加設置し

1. 典型的な住宅団地／ワンフロア8住戸だから中級である（Kornhill Development / Dennis Lau & NCM 設計）
2. 低所得者用住宅　板状片廊下型／バルコニーがないので物干し竿が壁面から垂直に突き出ている独特の風景
3. 集合住宅の露出配管／上下移動の足がかりにはなりやすそうである
4. 突き出し看板／これが強風で飛ばされる
5. 北向きのわが住戸からの眺め／黄昏のビクトリア港

ている住民も多いのです。

私が驚いたのは、20階ほどのかなり高位置にある住戸の窓の内側に鉄格子が付いていることでした。聞くところによると、盗人は（パイプスペースを延べ床面積に算入されるのを嫌って）外部に露出している給排水管を足場にしてどんどん上階まで上がってくるのだそうです。半分冗談だと思っていましたが、家内が子どもの幼稚園の関係で付き合っていた日本人家族の住んでいた集合住宅に強盗が入る騒ぎがありました。まず門番を縛って「日本人は何階にいるか」と聞いたうえで外壁を伝って上階に登っていったそうです。幸いというか途中階にアメリカ人の宝石商が住んでいて、窓に鉄格子が付いていなかったのかここに途中下車して仕事をしているうちに、縄を解いた門番の通報によりパトカーが接近するのを察知して逃亡したというのです。この奥さんはご主人が海外出張中だったこともあり、大変なショックをうけて、一家でよりセキュリティのよい住宅に引っ越していきました。

台風と集合住宅

毎年4月から8月にかけて、フィリピン近海で発生した生きのいい台風が頻繁に香港を通過します。なかには広州あたりまで行ってまた戻ってくるものもいます。気象台の記録をベースに日本流の瞬間風速を計算すると、最大78m／秒というとてつもない数字が算出されました。地元の人によると8年に1回超大型台風が来襲するとのことでしたが、ちょうど私が駐在を始めた年がそれにあたるとのことで、6月のある日それらしい大型台風がやってきました。

香港では気象台が危険度を11段階に区分け（シグナル）していて、シグナル7になると公共交通機関が止まるので学校はもちろん、企業も雇用者を帰宅させなければなりません。このときも正午前にシグナル7通報が出て、地元スタッフを帰宅させたあと、私たちは港に面した会社の窓からどういうことになるか観察しようと居残りました。そのうちに烈風と豪雨で凄まじい様相を呈してきた街路の様子を見て、わが住宅が心配になってきたので帰ることにして屋外に出ました。もちろん傘をさせる状況でなく、いろいろなものが舞い飛んでいるので身を守る必要があります。もっとも怖いのは、屋外型出窓など（バルコニーは延べ床面積に算入されるので、よほど高級でない限り付いていない）に置いてある植木鉢が舞い落ちてくることです。数は少ないですが、ワイヤーで固定されている街路上の突き出し看板が飛ばされてくることもあります。

びしょ濡れになってようやく帰宅すると、わが住戸はひどいことになっています。窓は一般的にスチールサッシですが、窓枠とガラス戸の隙間から雨水がスプリンクラーのように吹き込んでいます。風も吹き込むから、本をはじめ軽いものはすべて飛ばされて床に散乱しています。ありったけのボロ布や古シャツなどでこの風雨を止め、床を片づけてホッとしていると床（チーク材のモザイクパーケット仕上げ）の中央部分から水が湧出しています。天井を見ても異常はないので、上から落ちてきたものではありません。察するに、外壁のクラックから床スラブに侵入した水が途中で行き場を失ってパーケットの隙間から室内に押し出されたものらしいのです。

後で地元の友人に聞くと、台風接近の予報を聞くと大量の古新聞を用意して、窓枠とガラス戸の間に差し込んでガラス戸をギュッと締めるのがコツだということでした。要するに、新聞紙を仮のシール材として利用するという生活の知恵です。また、高層集合住宅は耐風構造設計（地震はない）となっていますが、揺れが一般に大きいのでエレベーターによっては安全装置が作動して止まってしまい、住民は何十階も階段を使って自分の住戸まで上がらなければならないことも多いのだそうです。

その他もろもろ

太陽光はありがたくもあり迷惑でもあることから、日照時間の観念がありません。したがって周辺の住宅への日影問題は発生しません。また日照時間を確保するための住戸の方位という概念もありません。などなど計画上は楽な面もありますが、地元の人たちは建築主も設計者も住民も、超過密をどう乗り越えるかにさまざまな苦心をしているのです。

住宅管理組合の脆弱性

マンションにおける所有と管理

高度化する管理、高齢化する入居者たち、日本人の暮らしを支えてきた住宅管理体制に、今、変革の必要が迫ってきている。所有と管理。その問題点とは。

たまプラーザ住宅管理組合 理事長　山森芳郎

やまもり・よしろう
１９４０年生まれ。東京工業大学助手、農村生活総合研究センター主任研究員を経て、共立女子短期大学教授。工学博士。２００７～08年度たまプラーザ住宅管理組合理事長

住宅管理組合の現状

マンションや団地といった共同住宅の居住者が、平等の権利と義務のもとで、その共同住宅の維持管理をすること——現代社会にあって、これは奇跡ではないでしょうか。たまたま同じマンション、同じ団地に入居したというだけで、人々は協力して共同住宅を維持管理していきます。入居当時だけではありません。30年も、40年も、それを継続します。その間に入居者は入れ替わる。建物は古くなる。しかし、営々として管理組合は継続しているのです。

ところが、近年この共同幻想が少々危うくなってきました。１２５０戸余り、47棟の大規模団地の組合業務に携わった経験から、住宅管理組合の今について考えてみたいと思います。

管理組合における農民のＤＮＡ

聞くところによると、マンションや団地といった分譲住宅が普及しはじめた１９６０年代前半に、法律家の間に入居者が共同管理するという考えはなかったようです。住宅管理組合の根拠となっているのが「建物の区分所有等に関する法律」ですが、この法律をつくるとき、当初は、先進地域である欧

米のマンション（普通コンドミニアムという）にならって、住宅所有と住宅管理を分ける方針でした。ところが、次々と分譲マンションや分譲団地が建設されてしまい、法律が間に合わなくなって、苦肉の策として居住者が組合員となって管理組合を結成し、共同して住宅の管理にあたる現在の方式が追認されたというのです。

日本の農村では、かつて農家が水路や農業用道路や里山を自主管理していましたが、そのDNAが潜在的に法律家たちをつき動かし、都市住宅の所有者自身が自主管理する現在の方式が誕生したと考えられます。もちろん、都市住宅の入居者にもかつての農民のDNAが受け継がれていたのでしょう。そうでも考えなければ、こんな厄介な、トラブルだらけの住宅管理方式が続くはずがありません。

日本文化としてのDNA

日本で、農民が土地や住宅を所有し、水路や農業用道路や里山を自主管理していた時代、ヨーロッパの農村では大土地所有者が労働者を雇用して、大規模農業経営を展開していました。労働者は、雇用されて初めて住宅を貸与され、解雇されれば家を出なくてはならなかったのです。ですから、かの革命家は土地も住宅も所有しない労働者に団結を呼びかけたのです。

その革命家は、アジアは原始共同体の段階にあると決めつけましたが、少なくとも日本に関する限り、認識に誤りがありました。農民の多くは自分の土地と住宅を所有し、家族を養い、子々孫々にまで土地と住宅を引き継がせることを理想としていました。それが、私のいうDNAです。そのDNAが、都市住宅の自主的な管理組合を機能させてきた、と思います。

欧米の都市住宅の管理には、日本人のようなDNAが欠落しています。ですから、建物にあらかじめ管理システムを付属させておき、入居者は代価を払ってサービスを受けるのです。公共住宅の管理は、当然公費負担でした。ところが、かのイギリスのサッチャー女史は、公費負担の軽減を政策に掲げ、住宅を入居者に分譲してしまいました。市民は安価で住宅を所有できるようになり、女史の人気がさらに上昇しました。ところが、住宅を所有したからといって、市民は住宅を管理できません。日本人のような共同管理のDNAが欠けているからです。住宅の劣化が進み、再び自治体の負担となってかえってきました。やがて、サッチャー女史は政権を去らなければならなくなったのです。

ロシアや中国のように私有概念がなかった国でも、社会主義体制が崩壊したとき、突然共同住宅の区分所有制度が導入されましたが、やがてエレベーターは止まり、廊下や中庭にごみがあふれ、大混乱になったとのことです。長年の依存体質のため、住宅の管理が自己責任であることを理解できなかったのです。

高度化するマンション管理

ところが、近年、私たち日本人のＤＮＡでは対処できない事態が起きています。例えば超高層マンションです。実際に超高層マンションの管理センターや機械室をのぞいてみるとわかりますが、管理センターには数々のテレビモニター、防犯用のものもあれば、各所の機器類を遠隔操作しているものもあります。天井の高い機械室には巨大なボイラーや給水給湯ポンプ、変電所、ごみ処理施設、複雑に入り組んだパイプ類……。とうてい素人が首を突っ込める世界ではありません。法律にしたがって住宅管理組合は結成されますが、デベロッパーが指名した住宅管理会社が住宅の維持管理をしているのが実態です。

築後30年、40年といった古いマンションや団地でも、大きな問題に直面しています。建設から間もない住宅管理組合は、建設当初の住宅の姿を保つことを目標にしていればよいですが、年月の経過とともに建物やライフラインの劣化が目立ってきます。もはや当初の姿を保つだけでなく、場合によってはダイナミックな大転換をしなくてはなりません。給水設備でいえば、これまでの高架水槽方式から公共水道と建物の給水管を直接結んでしまう直結増圧方式へ、システムそのものを転換しなければならなくなるのです。

つまり、建物やライフラインを当初のまま維持管理していって、ある時点で建て替えに到達するのではありません。この維持管理と建て替えの間がどのくらいの期間かは別として、創建当時に匹敵する創造性を発揮してマンションや団地を再生する必要が出てきます。私は、これを再生管理と呼び、通常の維持管理と区別すべきではないか、と考えているのです。再生管理が不可避のとき、通常の管理組合体制で対応できるか――。もはや、名目だけの住宅管理組合だけでは、対応が不可能なのです。

崩壊する共同幻想

さて、長経年のマンションや団地では、ご多分に漏れず、入居者の高齢化が進み、何年かに一度回ってくる役員になり手がない状況です。それに、不在家主が増え賃貸化も進行中です。賃借人は役職者になれません。私たちの団地では、す

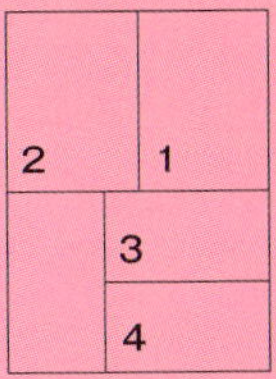

1. 団地は間もなく、1年でもっとも美しい季節を迎える
2. 団地入口、幅員8mのゆったりした遊歩道が団地を貫いている
3. 遊歩道脇の大木が団地40年の歳月を物語っている
4. 団地はますます美しく、だが、人間関係はどうだろうか

でに不在家主が4分の1以上を占めています。さらに、役員になりたがらないのは、中古住宅を購入して新たに入居してきた若年層も同じ。夫婦そろって勤めや子育てで忙しいと、役員就任を拒否します。たとえ、輪番制で役員に指名されても、まったく会議に出席しようとしない者も出てきます。

つまり、組合員が年齢的に二極化し、そのいずれもが管理組合役員として参加しにくい状況なのです。

そんな組合員の事情にこと寄せて、一部役員による独断専行が始まります。本人たちは使命感にあふれているのですが、思いつきに頼るから偏った工事に貴重な積立金が次々消費されていきます。その一方で、常識外れの困った人たち、つまりマンションや団地に住むクレーマーが現れ、管理事務所に怒鳴り込む。会議ではすぐキレて机をたたく。あげくの果てに、暇をもて余してのことか、なんでもないと思われることを理由に、役員を裁判に訴える輩も出てきます。何かと組合業務に難癖をつけられるので、怖気づいた若い組合員はますます役員になりたがらなくなります。かくして、管理組合は役員問題でも悪循環に陥っていくのです。

こんな難問山積のマンション管理や団地管理について、国土交通省は、欧米やお隣の韓国のように、その道の専門家であるマンション管理士に任せなさい、管理会社に任せなさい、と勧めます。そろそろ区分所有法も改正するとのことです。しかし、ほんとうにそれだけで問題は解決するのでしょうか。所有と管理——。今こそ、問題の本質を議論すべき時期にきていると思うのです。

じっと沈黙を決め込んでいる大多数の組合員たちは、いつになったら声に出して組合活動を応援してくれるのでしょうか。残り少なくなった自分たちの役員任期を指折り数えながら、今日も、モンスター住民の対策に心を砕くのです。

第4章

再生のための技術と設備

団地やマンションをはじめとする集合住宅の再生には、克服しなければならない技術的なハードルがいくつもある。例えば、水まわりや床・壁のリフォーム、循環型のエネルギーシステム、さらには建物の一部を取り払ってより暮らしやすい住棟を実現する「減築」まで……。縮小し始めた日本社会の未来を見据えて、より優れた団地再生のために必要な技術と設備は今どうなっているのか。

マンションリフォーム工事の現場から

改修工事の手法と方法

大栄工業株式会社 社長 尾身嘉一

おみ・かいち
1940年生まれ。一級建築士。設計事務所勤務の後、父・信蔵設立の工務店を引き継ぐ。「匠の会」理事長

マンションのリフォームを考えるとき、具体的な工事の種類や留意点などは意外に知られていない。そこで、工事に対する心構えや具体的な工事の手法・費用に至るまでをお伝えする。

リフォーム工事のタイプ

マンション・リフォームでは、小規模で比較的以前に建てられた「自主管理」物件を多く経験してきました。これと管理会社の入る「管理」物件とでは、リフォーム工事の取り組みが違います。一般的に「自主管理」物件では、直接管理組合と打ち合わせでき、元請はリフォームの専門業者を自由に選択できるのに対し、「管理」物件ではいくつかの制約があるようです。まず管理会社に気兼ねします。多くの管理会社は自社系の業者とのつきあいが深いからです。工事に入ると管理会社に気兼ねせざるを得ません。エレベーターの使用を、管理人に禁じられたこともあります。工事業者としては、管理人の人柄、管理会社の方針など、大変気になるところです。

住人の協力

住宅だけのマンションが圧倒的に多いですが、都心には小さな事務所として使用されているものがあります。いろいろな職業があると思いますが、リフォーム工事では大変な面倒が発生します。既設物の解体、撤去の際に大きい音が出ます。床の根太などがコンクリート床に固められている場合、それを取り外すには、相当大きな音が出ます。その音が、コンクリートづくりでも鉄骨づくりでも、上下、左右の住宅やオフィスに伝わります。コンクリートを壊す、砕く際の音は上下の4～5層（階）から左右8～10世帯に伝わって迷惑をかけることになります。

戸建て住宅と違って、居住している人たちの協力なしには進みません。長く居住しているかたと中古物件を購入し最近入居したかたの工事では、隣近所の方々の対応が違います。

これから取りかかる工事では、午後1時～午後5時までしか音の出る工事ができない規則があります。これでは解体工事の手間賃は2倍になるでしょう。

入居時に10年、20年先のリフォームを考えた人は少なかったと思います。

長く住むマンションか、一時的に住むマンションか

購入者の考えにもよりますが、永住希望者の多いマンションと、腰掛式（子どもの成長に合わせて、移り住む方法）とでも、マンション管理に対する考え方が根本的に違います。

一般的には、建築後10年超えのマンションは維持管理の費用がかかるといわれています。建物全体の外装工事、給排水工事、外構工事、植木工事などについて、積立金だけでは足らず一時金の徴収が発生するケースも多い。しかし、居住者全員でマンションをいたわり、メンテナンスを繰り返して住もうというかたが多い建物では、問題は少なくて済みます。きちっと管理してこないと、築25～30年経過し、メンテナンスのよくなかった建物では、給排水配管の接続などの際に問題が発生しがちです。

長期的な管理はどうなるのか、またどうするのか、皆できっちり話し合っておくべきです。

管理会社に一言

比較的大きいマンションで、外装リフォーム（外部、屋上防水・タイル面・コンクリート壁面のひび割れ）の工事発注の際に問題が起きました。

それまでは管理組合で理事会を開いて検討はしていましたが、こうした工事は管理会社に任されて、外部は関係なかったようです。それが今回は、新しい入居者が建築設計者だったために外部からも工事見積もりを取ることに決まり、同じ仕様（工事内容）で、管理会社を含めて3社に競わせることになり、結果は当社が受注することになりました。

管理組合は管理会社と入居以来のつきあいだから、なかなか見積もり合わせとは言い出しにくいのが一般的でしょう。しかし、長い目で見て判断されるのがよいと思います。でき

れば建築設計士を通すことをお勧めしたい。使われる材料の仕様の統一が、建築関係者以外には難しいからです。そうしたとしても建築設計士の報酬分ぐらい浮くでしょう。

今後の課題

現在「構造」の問題では、いろいろいわれています。これはさておき、住まいは、住人の構成が変わるのが必然であり、日本の伝統的な住まいでは、夫婦二人で家庭をつくり、子どもができ三人、四人と家族が増え、部屋が足りなくなると部屋を増築するのが当たり前でした。子どもたちが大人になり家を出ていくと、夫婦二人だけの生活に戻り、大きすぎる家は小さくするのが常識でした。つまり、わが国伝統の木造住宅なら増改築は容易なのです。

この考えは、現在のマンションには適用できません。マンションでは買い替えしかできないのです。30〜40年前には、子どもの成長に合わせて買い替えしながら移り住むことができました。土地が資産として安定し少しずつ値上がりしましたから、住んでいたマンションを踏み台（担保）にして、より広い住居を見つけられたのです。しかしこの方法はバブル崩壊と同時になくなってしまいました。土地が落ち着いていれば、家族構成の変化による買い替えもよい方法だと思いますが、この先は土地についてはわからない点が多いです。

それではマンション建設に携わる建築関係者は、一住戸・一世帯という単位での将来の家族構成の変化に応じられる、間仕切りの移動、取り外しなどが可能で、リフォーム工事のしやすい住宅づくりはできないものなのでしょうか？

見てくれのよさとコストの安さのみに力が注がれ、肝心の住む人の将来の生活の変化は、あまり考慮されていないのが現状ではないでしょうか？「ストラクチャー（構造・躯体）とインフィル（内装・設備）」を分けて「変化に対応できる」住宅をつくる研究が進められています。しかし、こうした研究とは別に、不動産業、デベロッパーは商売ベースに走りすぎているのではないかと思います。早く売れることを願い、本来は住居の集合体であることを考えないで売りまくっているのが現状ではないのでしょうか。建設業、設計事務所の人たちも、住まう人たちの将来も考えて、マンション建設に取り組むべきだと思います。

リフォームする箇所（参考として、東京都内でのリフォーム工事単価）

■部分リフォーム

水まわり工事（キッチン、バスルーム、洗面所）家族構成の変化に伴う個室・納戸の整理のための工事。

3	2	1
4		
5		
7	6	

1. 完成／ダイニングからキッチンを見る
2. 完成／トイレまわり
3. 間仕切り壁と配管工事
4. 天井・珪藻土左官工事
5. 電気床暖房の敷込み
6. 床張り工事
7. 壁・ウレタン断熱工事

■全面リフォーム

水まわり工事、給排水の配管、電気の配管、断熱材、二重サッシ、建具工事、床・壁・天井の仕上げ工事。工事費用は1㎡当たり7万円ぐらいからで、キッチン、ユニットバス、トイレ、洗面などのコストによって決まってきます。

（騒音になります。マンション管理規約に基づき、近隣にあいさつしてから始めるべきです）

キッチン

7〜10年経過すると新製品に変えられるケースが多く、家のなかでは汚れやすいところです。給排水工事費は約3・5万円〜5万円、ほかに既存キッチンの撤去処分費約1万円〜3万円、キッチン正面タイル張り部分専門業者の掃除約1万円、キッチンパネルに交換3万円〜6万円、本体のキッチンは上代の60％〜80％掛け（会社により異なる）。キッチン取り付け費を定価の約10％みておくべきです。

ユニットバス・洗面所

一緒に工事するかたが多いです。10年も経過すると、FRP、プラスチック系の素材は古臭くなり、染み付いたアカも取りにくくなります。給排水工事も場所の移動が少なければ、3・5万円〜7万円ぐらい、既存ユニットバスの撤去費約5万円〜8万円、新設ユニットバスは上代の55％〜80％掛け

（会社により異なる）。取付費は上代の10％。ほかに床、壁の工事が必要です。クロス張り程度だと、7万円～10万円。

床・壁工事

20年以上前の建物だと、現在一般に使われている床根太（フリーフロアー）は使用していません。木材の下部をモルタルで固め、その上にベニヤを張り、じゅうたんやフローリングを張りつめた床が多く見られます。壁も木材を床から天井まで立て、それにボードやベニヤを打ち付けて壁をつくり、仕上げにクロスを張る方法が一般的でした。床を新しく工事するときはフリーフロアー方式で1㎡当たり1万2000円～1万8000円（フローリング張り工事ともに）ぐらいかかります。床の表面だけの模様替えなら7㎜厚のフローリングがお勧め。1㎡当たり約4000円でできます。壁を移動または、新しくするときは木材か軽量鉄骨を使い、壁長（天井高2・4m）当たり1万5000円～2万5000円（クロス工事ともに）くらいかかります。ドアを取り付けると一本当たり6万円～10万円。壁の移動もしくは取り外しは床工事も絡みますので、工事の人に聞いた方がよいでしょう。

天井工事

模様替え程度の場合、既存天井がクロスなら、剥がして新しいクロスを張り替えるか、珪藻土、アシュライト、シラスなどいろいろあります。クロスと違い左官仕事の壁は、時間が経つと味が出て、湿度によっても、色が変わります。下地材があれば、左官壁は1㎡当たり4000円～5500円、クロスは1000円～1500円。

断熱工事

築20年以前の建物は断熱工事を施工していても、現在の方法と比べると簡単で断熱効果も乏しい。大型リフォームになると必ずお勧めする工事です。ウレタン（発泡ウレタン）吹き付け工事で1㎡当たり1200円（厚さ15㎜）～1500円（厚さ20㎜）、断熱材も高いものは1㎡当たり3000円ぐらいします。理想は35㎜以上ですが、既存外壁面がボード工法だと、サッシュ枠、ドア枠などが収まらなくなります。枠を幅広にする必要が出てきます。

二重サッシ工事

外壁の窓は原則変えられないので、サッシの内側にもう1組サッシを入れる工事です。材料は樹脂（硬質塩ビ系）でできており、アルミより熱伝導率が低いので、熱効率はよくなり、結露も起こりにくく、簡易に取り付けられます。1か所当たり（幅1800㎜×高さ2000㎜）で材料代（ガラス込み）3万5000円、取り付け手間代1万5000円ほどです。

「居住者の自主改修」という実験

一つの生活デザインから始まる団地再生

築年数が経過した多くの団地では、改修の必要に迫られている。その可能性を検証すべく、東京理科大学の初見研究室では、団地居住者による自主改修について実験を行った。

東京理科大学 初見研究室 卒業
横山 圭

よこやま・けい
1980年生まれ。東京理科大学初見研究室卒業。修士論文は「居住者の自主改修による団地再生」（2007年）を研究

初見研究室の活動

本研究室は都市型集合住宅の計画手法に関する研究を長年続けてきました。その研究の一環として近年、団地居住者による自主改修の実態と可能性について検証しています。2005年度は昭和30年代の団地で実際に自主改修を実施し、06年度は昭和40年代の団地を対象に研究を行いました。今回は05年度の成果を報告します。

団地を資源として活用する

昭和30年代より供給された住宅団地は、建設当時とは生活スタイルが大きく変わったことにより、間取りや広さ、デザイン、使い勝手などで住まいとしての満足を得られる部分が少なくなってきていることが問題となっています。このような住宅団地は昭和30年代のものが約9万戸、昭和40年代の前半で約14万戸、後半だと約18万戸存在しており、これらの団地を壊さずに資源として再活用することは、環境的、社会的に大きな課題です。

しかし、家主による大規模投資は、家賃の値上げが難しいことや、建て替え後の戻り入居率の低さ、空き家の増加などにより資金の回収が困難なため、消極的にならざるを得ない状況となっています。そこで、私たちの研究室ではストックの活用方法の一つとして、居住者自身の手による住戸内の自主改修とその改修をサポートする支援グループの活動を提案しています。

自主改修の痕跡調査（2005年度）

賃貸住宅は一般的に原状回復が義務付けられており、居住者が自由に住戸を修繕することを規制しています。しかし、現実には相当数の改修ニーズがあると考えられます。例えば、本研究室が改修痕跡を調査した団地においては、軽微なものは7割以上、欄間や柱の撤去など原状回復が困難なものでも1割程度の改修痕跡が確認されています。賃貸住宅団地においても、多くの居住者が自分自身で「わが家」を住み心地よくし、快適な生活を送りたいと思い描いていることがわかりました。

（参考）『団地居住者による自主改修の実態とその可能性』／早川龍星、初見学、井出健／日本建築学会大会学術講演梗概集Ｅ２／Ｐ２３７／２００５

自主改修の利点

よりよい住まいに向かう居住者の大きなエネルギーを活用し、原状回復義務を柔軟に適用することで、30～40年経過した団地を上質なものへと変えることが可能ではないでしょうか。その利点を以下にまとめました。

①機構やＪＳによる定型化したリニューアルと違い、居住者の多様な住要求に応じた満足度の高い改修ができる。

②家主の改修費用を軽減することができる。

③長年培った団地や住まいへの愛着を断ち切ることなく、自身の手で違う形に変えて住み続けていくことができる。

④居住者による住まいの改善は、最終的に団地全体の質を高めることになる。

⑤自分の部屋を自分で改造する、という新しい団地の住み方を提案することで、今までの「古い団地」というイメージから「おもしろい団地」というイメージに変えられる可能性がある。また、それが新たな若年者の団地居住を引き起こすことも期待できる。

実際の団地での自主改修

本研究室では05年に千葉県柏市にある団地の1階と3階の2住戸を借りて実際に自主改修実験を実施しました。この団地は1964年に建てられ、築後40年以上が経過しており設備や建具など老朽化が進んでいます。工事時期にはおよそ

６割の居住者が近隣に住んでおり、同じ階段室の住民のかたには事前にあいさつに伺うなど、積極的にコミュニケーションを図りました。また、この団地は建て替え事業が決まっている区画であり、実験的に改修を行ったもので、以下に示す内容は現在のところ実現は困難であります。

以上の団地で、現代の生活に合う住戸を実現するため、学生が自らの手で改修工事を行いました。ほとんどの材料は地元のホームセンターで購入し、水道やガスに関しては業者を利用するなど、一般の居住者でも可能な範囲での改修を目指しました。

改修住戸の説明

■基準階（3階）写真1～3、図面2、表1

できるだけ空間を大きく使えるように、取り除ける壁や建具はすべて撤去して、住戸全体をワンルームにしました。水まわりをコンパクトにまとめ、今まで外にあった洗濯機置き場を室内に確保しています。住む人が家具の配置やさらなる改修などで自由に住まいに手を加えられる住戸であり、後継の居住者への引き継ぎも可能な汎用的なものとなっています。

■地上階（1階）写真4～6、図面3、表2

１階は44㎡のうち半分以上の床を取り壊し、床下に隠れている空間を有効利用しました。床を下げた部分は断熱材や防湿シートを敷き、そこに土間コンクリートを打設しています。高いところで天井高は３・１ｍもあり、広い空間を確保するとともに、床を下げたことにより部屋の内部まで太陽の光が射し込むようになりました。この部屋は天井が高いので作業場やＳＯＨＯとして利用することを想定しています。

改修住戸の評価

住戸完成後に行った公開では、一般のかたからは基準階が好評で、高齢者のかたからも住んでみたいとのコメントが得られ、地上階は若年層からＳＯＨＯや趣味の部屋として使いたいとの意見が得られました。建築関係者からは住まいの断熱性能が落ちている点を指摘されました。これは今後、改修するときに留意すべき点です。

また学生にアンケート調査をしたところ、家賃は平均すると地上階が４万２５００円、基準階では４万４０００円なら払ってでも住みたいとの回答が得られました。機構関係者からは、今回の実験を評価するものの、今後の一般居住者の自主改修には、施工技術や騒音などの多くの問題点があることを指摘されました。

表1：基準階の費用と日数の詳細

基準階	作業	作業日数(日)		材料費(円)	主な材料・工具
全体	解体	2.1			バール
	ハツリ	8.3			防塵マスク
	電気工事	0.8			ノコギリ
	その他	3.4	14.6	11,326	
壁・天井	補修	15.0		37,060	モルタル 160kg 12,176円
	塗装	3.8	18.3	23,310	塗料2缶 (AEP/EPG) 14,700円
床	根太組み	14.0			根太組み(赤松) 20,153円
	パネル割り	6.6			ラワンベニア4X8 14枚
	パネル固定	6.1			49,770円
	仕上げ	4.2			オスモカラー(エボニー)
	その他	3.9	34.8	129,552	38,010円
サッシュ	塗装	1.9			塗料1缶 (VP) 5,250円
	仕上げ	1.0	2.9	5,250	
新規壁	立ち上げ	5.1			FRP 11,970円
	塗装	1.1	6.2	58,654	シナベニア 17,650円
キッチン		外注		72,650	黒皮鉄板6mm
合計			76.8	351,323	

表2　地上階の費用と日数の詳細

地上階	作業	作業日数(日)		材料費(円)	主な材料・工具
全体	解体	3.6			はがし液3l 12,537円
	ハツリ	4.1			階段(現場足場用) 3,666円
	電気工事	0.1			廃棄物処理(2住戸)4t
	その他	4.6	12.4	29,562	68,000円
壁・天井	補修	10.5		9,626	モルタル 80kg 6,088円
	塗装	4.2	14.7	14,700	塗料2缶(AEP) 14,700円
土　間 コン(床)	整地	3.4			砂利 6リューベイ
	搬入	2.9			9000円
	防湿シート	2.4			セメント1,080kg
	打設	4.5			34,848円
	仕上げモルタル	2.4			モルタル520kg
	その他	3.4	19.0	118,140	39,092円
洗面床			3.7	2,740	旧大引きを再利用
北側床	床組み	2.6			床束 11,424円
	パネル割り	2.4			根太(赤松)、大引き(杉)
	塗装	0.9	5.9	136,873	Jパネル(杉) 50,400円
サッシュ	はめかえ	3.0			ガラス 20,000円
	塗装	4.9	7.9	57,485	塗料 27,405円
キッチン			4.3	58,554	天板(パイン集成材) 14,280円
ガス台			1.2	8,373	
段差小口			1.9	13,038	鉄板 10,500円
洗面台			0.7	25,885	サラダボール 3,118円
カーテンレール			0.5	10,320	カーテン布地 4,320円
合計			72.2	485,296	

図面1：改修前の平面図（3K）

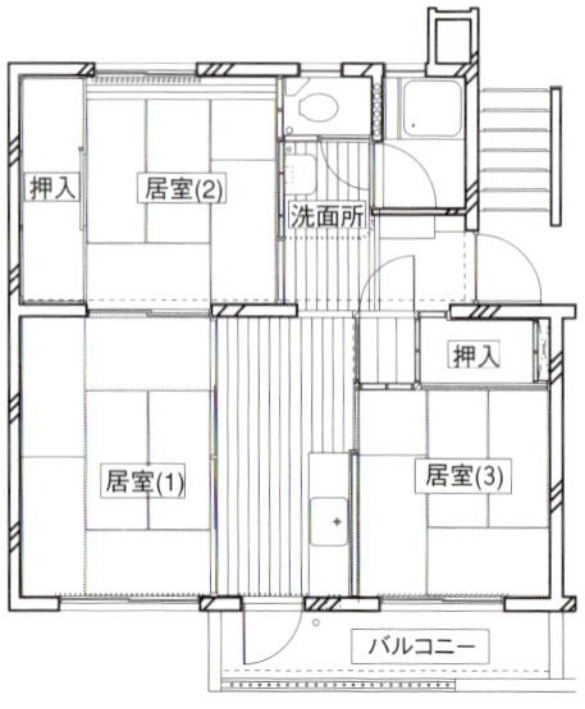

図面2：基準階（3階）平面図

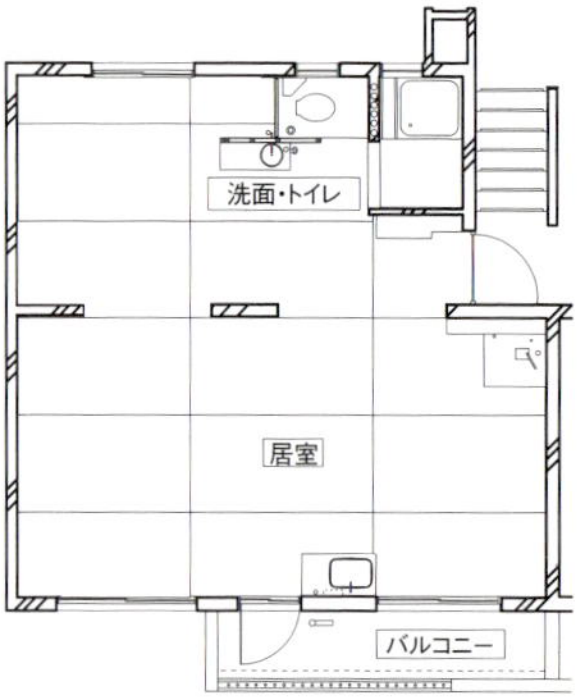

図面3：地上階（1階）平面図

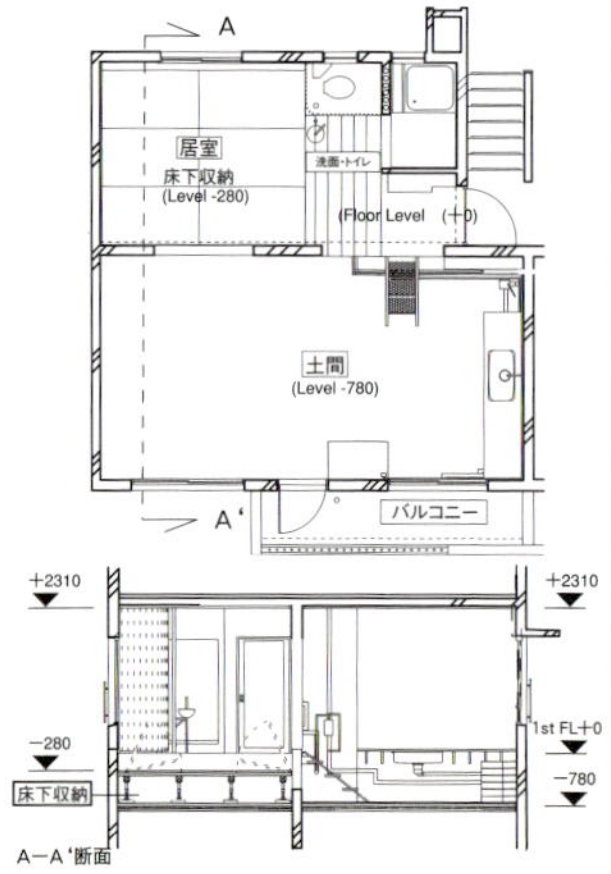

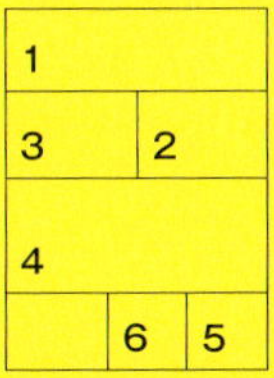

1. 基準階の内観写真
2. 洗面台と洗濯機置き場
3. コンパクトなキッチン
4. 地上階の内観写真
5. 広くて大きなキッチン
6. 床下収納

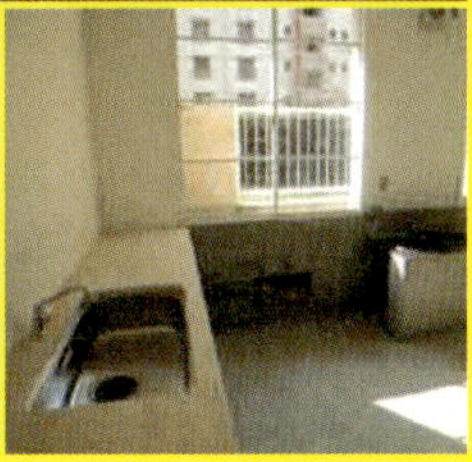

今回の改修実験の課題

今回の改修住戸は建て替えが決まっており、近隣の居住者は続々と引っ越しをしていました。そのような住棟であったからこそ、今回の改修は実施することができましたが、今後はこのような改修モデルを長期的に運用、管理して居住者の反応や転居者の反応を調べる必要があります。さらに制度面では、全国一律に規制するのではなく地域の実情に合わせて原状復帰のレベルを分けるなどの柔軟な制度を検討する必要もあります。

また、今回は居住者がいない空き家を改修しました。そのため、改修方法や手順はかなり自由でありましたが、今後は居住者が住みながら改修できる方法や、施工手順などを示す必要があると考えます。

最後に、近隣の居住者を巻き込んだ地域レベルでの改修環境を整え、居住者と近隣で協力し合って改修が進むような地域コミュニティを整えることも大切です。

学生の団地再生に対する関心

団地再生は長年にわたりさまざまな大学や研究機関で調査が続けられており、今後も幅広い層から新しいアイディアを求めています。しかし、学生や若手の間では団地居住者が少なく、身近な存在とはいえません。彼らに興味を持ってもらうには何かきっかけが必要です。例えば、彼らと同じ目線で活動している団体などを紹介するというのも一つの方法です。現在では、毎年開催されている「団地再生卒業設計賞」といった設計競技のほかにも、千葉大学の学生を中心とした「NPO法人ちば地域再生リサーチ」などの団体があります。さらに、「住宅都市整理公団」の大山顕氏のように、古い団地の造形的な魅力を語り関心を集めている若手も登場しつつあります。このように各方面で活動している人たちを積極的に探し出し紹介していくことで、学生を含め若手の世代でも団地にかかわる機会が増えるのではないでしょうか。団地再生というテーマは少し難しいイメージがあるかもしれません。しかし、団地に対するさまざまな見方を紹介していくことで、その先の展開に可能性があると期待しています。

（付記）この実験は本研究室の早川龍星を中心に、高村東吾、養田拓也、横尾俊介、横山圭が、科学研究費補助金（首都圏北東周縁部における地域連携による集合住宅団地の再生支援ネットワークの構築）の助成金を受けて実施した。

水資源の要素技術とは

環境に配慮した団地づくり

政府は、21世紀を「循環型社会」と位置づけている。
団地の再生においても、
雨水や生ごみなどの資源を
いかに活用するかが重要となる。

東京ガス株式会社　下田邦雄

しもだ・くにお
都市基盤整備公団（現・都市再生機構）を経て、2003年から東京ガスに勤務。現在、リビング企画部技術顧問

使い捨ての社会から循環型社会へ

21世紀はこれまでの「使い捨ての社会」から、地球の大切な資源を上手に使う「循環型社会」の形成に取り組む世紀であると国は位置づけています。それは、便利で豊かな現代社会と裏表の関係にあるわけで、大量生産・大量消費・大量廃棄という経済活動・ライフスタイルを見直すことにほかなりません。2000年5月には、21世紀の日本を「循環型社会」へ変えていくための「循環型社会形成推進基本法」が制定され、さらにこの基本的な枠組み法の下に、建設リサイクル法など法律の新規制定や、廃棄物処理法などの改正・整備が行われました。

このように団地の再生にあたっても、資源の循環を基本に、雨水利用などの水や生ごみなどの資源を有効利用することが、省資源・省エネルギーの立場からも有効であり、サスティナブルな（持続可能な）社会につながることになると考えられます。

環境に配慮した団地づくりへの取り組み

それでは、「環境に配慮した団地づくりへの取り組み」について、「水と環境の要素技術」の提案を通してどのような団地再生（まちづくり）ができるのか考えていきたいと思います。

■水の要素技術

「水の要素技術」については、⑴雨水利用、⑵節水、⑶中水道、⑷ビオトープ、の四つのジャンルから説明していきます。

⑴雨水利用

①修景・防災

雨水利用システムを採用したルゼフィール井吹台（UR都市機構）ですが、この団地は「阪神・淡路大震災」の復興住宅として建設された252戸の団地です。このルゼフィール井吹台では、震災の教訓、とりわけ生命の源である「水」の有効利用を目指してつくられています。

井吹台の雨水利用システムは、図1にあるように主に雨水の有効利用と非常用水の確保を目的としたもので、屋上や屋根などから集めた雨水をタンクなどに貯め、ろ過・殺菌など適切な水処理を施した後に、集会所のトイレの洗浄水や散水用、あるいは修景用や親水用などに利用されています。この貯留槽には、非常時の雑用水として一人当たり10ℓ、7日分の容量が確保されています。なお、屋上に設置された太陽光システムは、ポンプの動力源として利用されます。

②雨水浸透工法

次に、雨水利用のもう一つのシステム「雨水浸透工法」を紹介します。この雨水浸透工法のしくみは、従来のアスファルト舗装に代わって、空隙のある雨水を通しやすい透水性のある舗装材料により道路や通路を仕上げているほか、浸透桝、浸透トレンチを設けることにより、雨水を地中に貯めて水の循環の再生を図るものです。主に、大雨が降ったときに河川や下水道への流出を抑制して洪水を防ぐ効果や、地下水を涵養して地下水の水位の低下を防ぐ役割をしています（図2）。

⑵節水

次に節水への取り組みですが、この超節水型6ℓ便器は、2000年に開発されたもので、タンクの洗浄水量を従来の9ℓから3分の1水量をカットして6ℓに節水化したものです（写真1）。

6ℓ便器の各国の取り組み状況ですが、アメリカは、10年までに全米の80％に普及させること（政府の助成〈リベートプログラム〉がある）を考えています。中国では1990年から、ドイツは1988年から、またブラジルでは2002年から具体的に取り組みはじめていますが、残念ながら日本は、はっきりした目標を立てていません。ぜひ普及させたい節水型器具です。

この超節水型6ℓ便器を使用すると、四人家族の場合年間で約12㎥の節水（35％の節水）となり、水道・下水道料金（東京都の場合）も3850円／年の節約となります。もっとも重要なテーマでもあるCO_2についても、年間一戸当たり1・87kg減らすことができます（図3）。

(3) 中水道

千葉県の芝山団地（UR都市機構）で採用されている中水道システムですが、これは循環型社会を目指して1977年3月に試行導入されたものです。このシステムは、住宅内などで使用された、炊事・洗濯・風呂・トイレなどの排水を浄化して、また住宅で使える水に再生させるものです。東京の新宿副都心、神戸の六甲アイランド、池袋サンシャインシティおよび大崎ニューシティなどでも採用されています。この芝山団地では、浄化した中水道を、住宅のトイレ、団地内の清掃用水、池や小川などの修景用水として利用しています（図4・写真2）。

(4) ビオトープ

ビオトープとは、「生き物の生存するもっとも小さな同質空間」と定義されており、自然をエコロジカルに復元・再生する手法として基本となる概念となっています。

住環境の一部にこのような自然環境を復元することによって、二つの効果が期待できるといわれています。まず、一つ目は、地域から消滅した自然生態系を復元して、さまざまな生物を復活させることにより、健全な住環境を取り戻すこと。二つ目は、子どもたちに身近な自然環境を提供して、そのふれあいを通して自然への理解を深めさせることです。

東京都の武蔵野市にある「サンヴァリエ桜堤」（UR都市機構の建て替え団地）では、ビオトープを支援する水循環システムを採用しています。「雨水浸透工法」の一つである「砕石空隙貯留槽」（砕石を充填し、その空隙に雨水を貯留する）により、雨水を槽内に貯めてビオトープの水源とするものです。ここでは、ソーラーパネルを使って発電した電気を雨水の貯留槽からビオトープに水を送るためのポンプの動力に利用しています。ビオトープからは、さらに団地のそばを流れる仙川に放流して自然の流れをつくっています（図5）。

■廃棄物

生ごみリサイクル

「サンヴァリエ桜堤」（前述）では、ごみの排出量の抑制や資源の有効利用を図るために、衛生面で問題の多い生ごみを微生物や機械的処理によって減量化し、最終的には肥料として再生し家庭菜園などに利用する方法が採用されています（図6・写真3）。

図2：雨水浸透工法

効果
1. 地区外への雨水流出抑制
2. 地区浸透による環境保全
3. 土地の利用効率向上

図1：非常用水の確保と、水景色の創出を実現するシステム

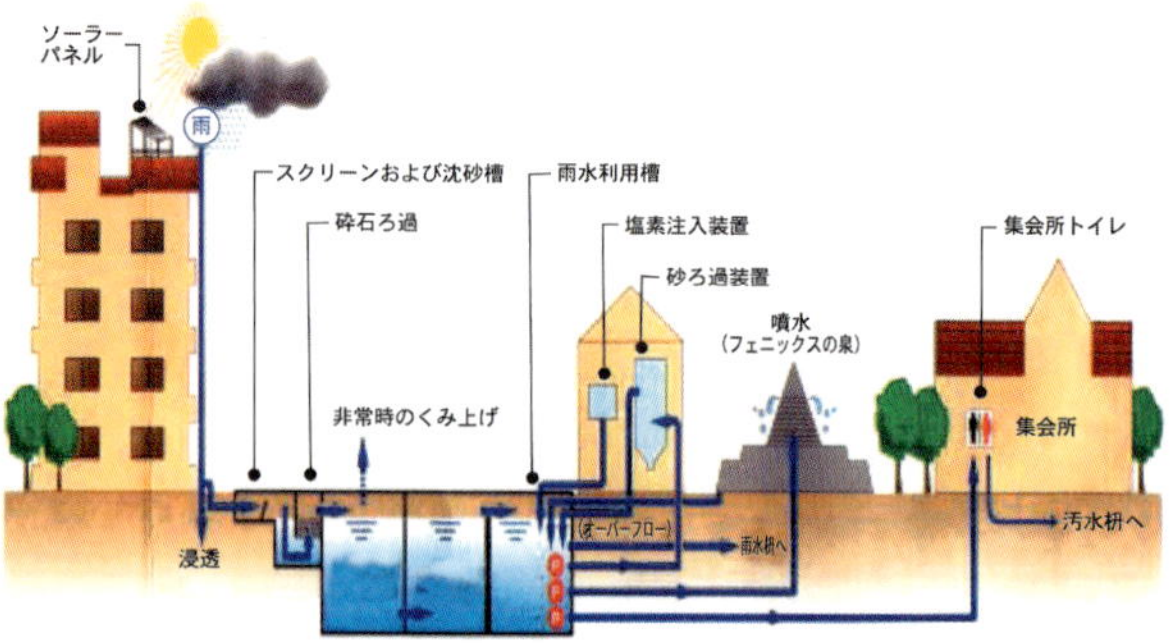

写真1：超節水型便器

現行9ℓ便器
大洗浄：9ℓ
小洗浄：ホールドタイプ

新型6ℓ便器
大洗浄：6ℓ
小洗浄：ノンホールドタイプ（4.5ℓ）

図3：節水量の比較

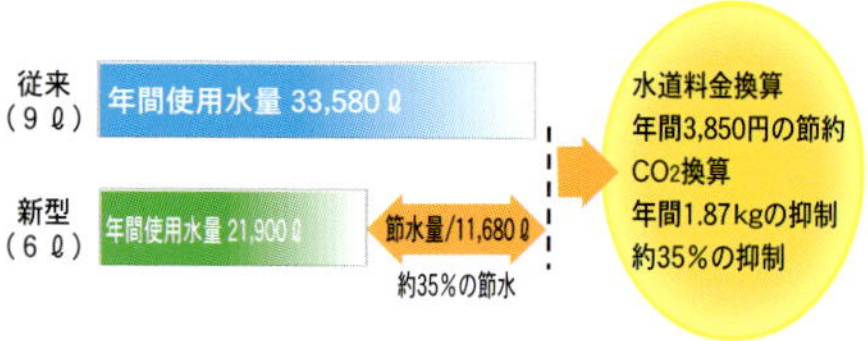

図4：芝山団地中水道システムのしくみ

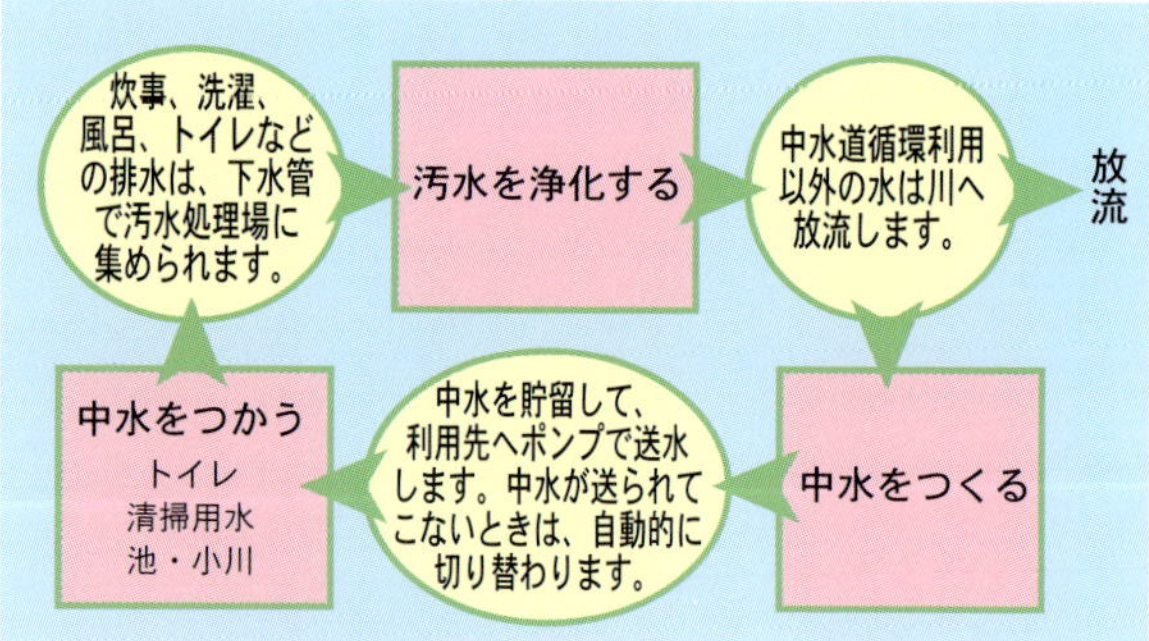

写真2：
中水を使った小川の流れ

図5：ビオトープを支援する水循環システム
（サンヴァリエ桜堤の例）

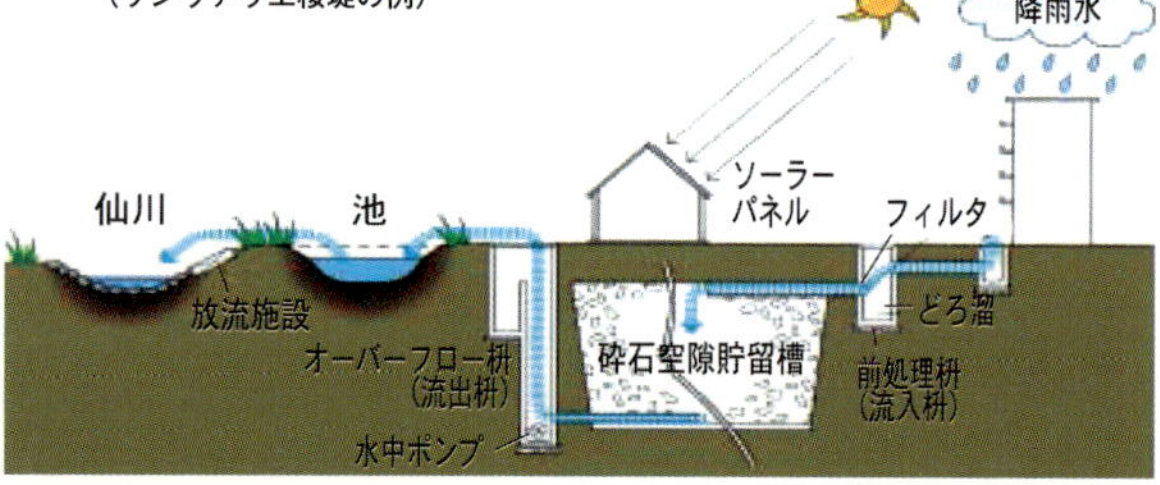

写真3：生ごみ処理機外観 および投入風景

図6：生ごみ処理の流れ

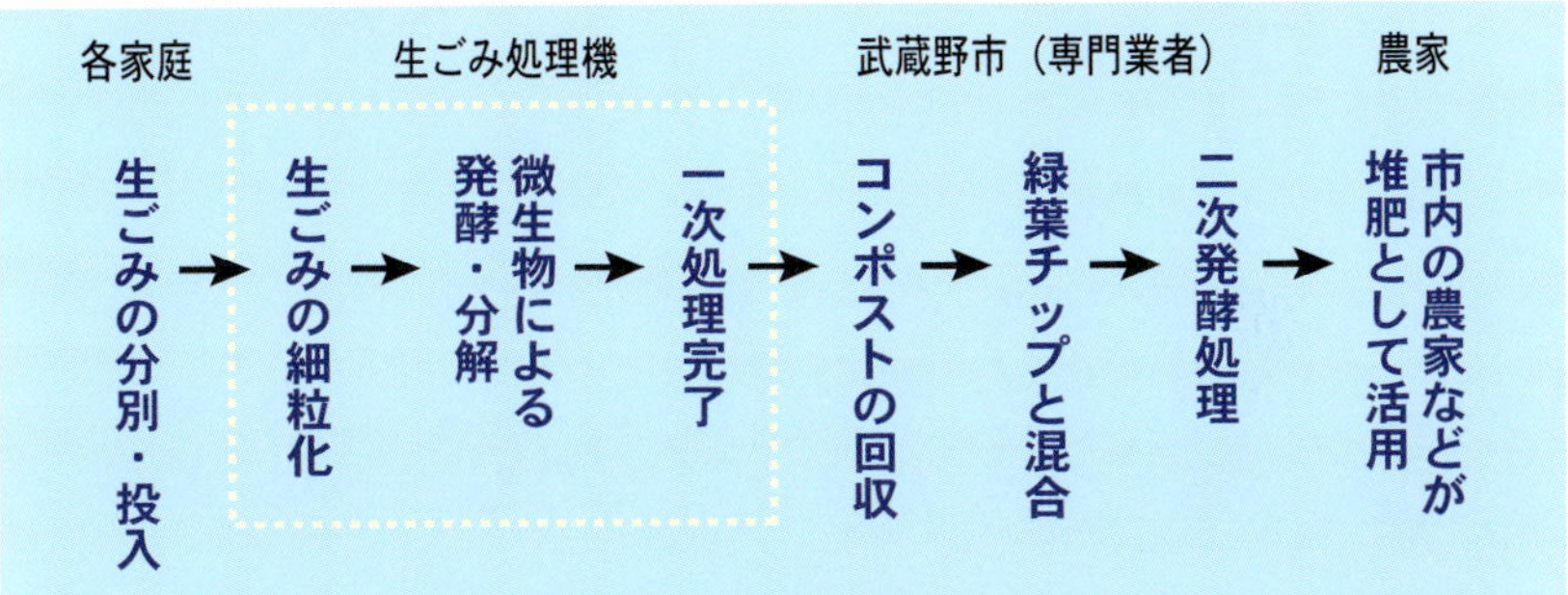

＊コンポストは土と混合され、有機肥料として活用されます。有機肥料には畑が堅く・弱くなってしまうのを防ぐ働きがあります。
＊回収されたコンポストは、そのままでは含まれる微生物が多すぎるため、約3か月間の熟成（二次発酵）をへて、堆肥となります。
＊投入された生ごみは撹はんされ、バクテリアを混合して発酵・分解されます（一次発酵）。体積・重さが約1/3～1/10になります。
＊野菜や肉・魚のくずなどが良質の堆肥となります。また貝殻や骨、アルミ箔、油などは処理できないため、分別する必要があります。

図7：都市再生に向けて、循環型社会に対応したまちづくり

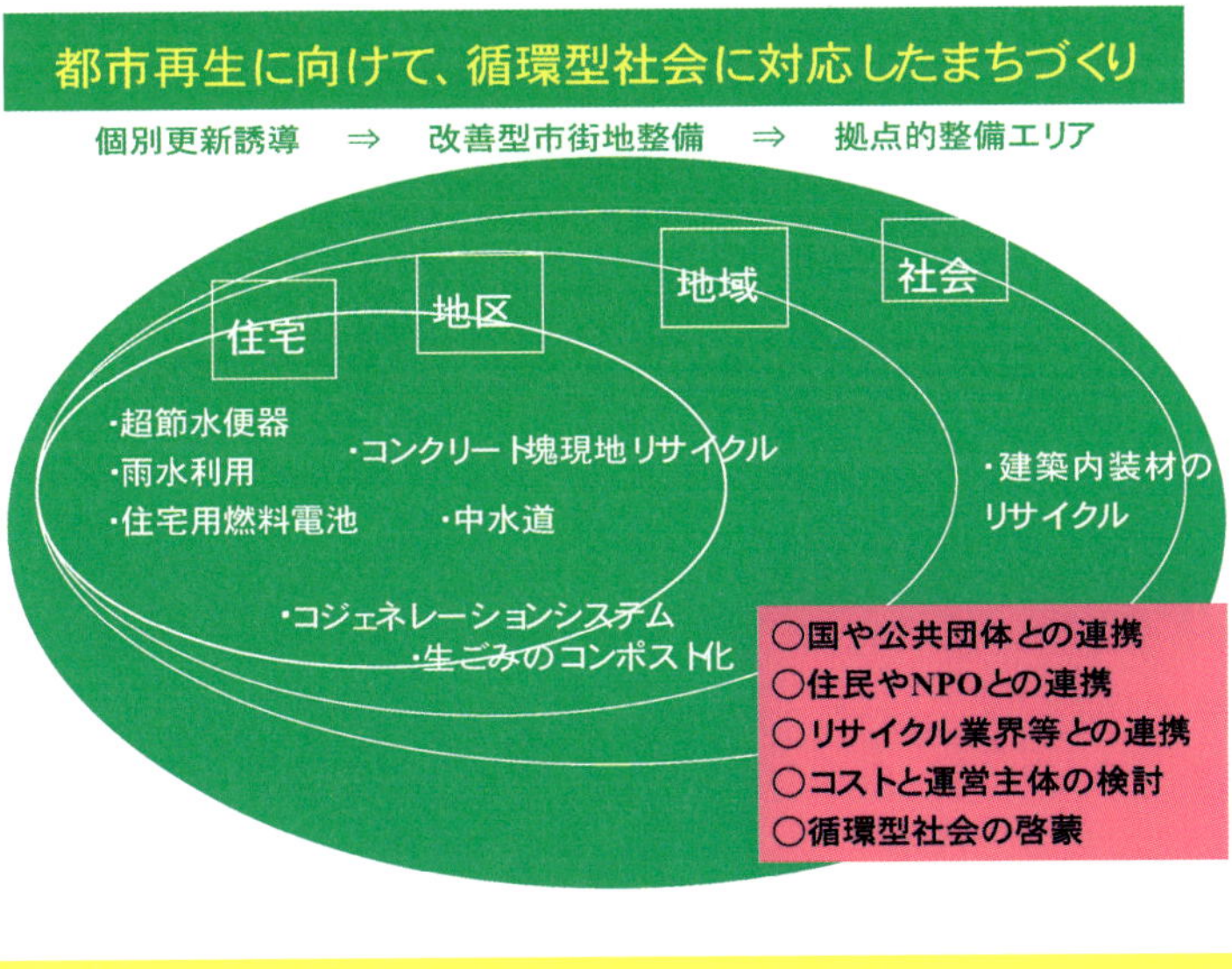

団地再生に向けて――循環型社会に対応したまちづくり

冒頭にも申し上げたように、政府は、21世紀はこれまでの「使い捨ての社会」から、地球の大切な資源を上手に使う「循環型社会」の形成に取り組む世紀であると位置づけています。

循環型社会に対応した団地（都市でも同じですが）の再生・整備が適切に行われているかどうかの評価方法を考えてみると、基本的な評価軸として3点挙げることができると思います。まず、⑴現況と比較して環境負荷をどれだけ削減できるのか、⑵コスト的に見て妥当な対策であるか、⑶生活の質や利便性が確保されているか、が挙げられると思います。

それでは、団地再生に向けて、循環型社会を形成するためのまちづくりとは、どうあるべきなのか、テーマである「水や資源」を再生する技術という立場からまとめてみました。

図7の左側の部分がいわゆるインフィルからサポート（領域的にいうと住戸、住棟および街区を含んだ住宅団地全体）を示しています。このなかでは、雨水の利用技術や、生ごみなどの再生技術などが要素技術となります。

設備系では、サポート部分とティッシュ部分を明確に区分することは難しいといわれていますが、アーバンティッシュとしては、この図7では地区や地域として表しています。ここでは、住宅団地と周辺の地区および地域との交わるところで、例えば生ごみのコンポスト化によるリサイクルなどシステムが要素技術となります。「建築の内装材のリサイクル」（今回説明していませんが）を地域の外側に持ってきたのは、社会（パブリック）とのかかわりが非常に高い、つまり国全体としては回収品目の設定や、再資源化施設の確保など分別解体の再資源化のシステムの構築が望まれるという意味で地域と社会の中間に位置づけました。

いずれにしても、団地の再生にあたっては、資源の循環を基本に、雨水利用などの水と、生ごみなどの資源の循環的な利用がサスティナブルな社会につながることになると考えられます。

これらを社会のしくみとして定着させるには、国と自治体さらにはＮＰＯや住民との連携が不可欠です。循環型社会の形成に向けてリサイクルシステムの運営主体の確保やそのコストの妥当性など、さらには循環型社会の理解を進めるための啓蒙活動も必要となってくるのではないかと思います。

苦悩する団地再生計画の現場

再生モデル団地（山宮賃貸住宅）について

団地の再生と維持・運営にあたっては、コミュニティの再生が不可欠だ。地方における住宅供給のモデル事例から、賃貸住宅経営の課題を問う。

山梨県住宅供給公社 事業課長
桂嶋史夫

かつらしま・ふみお
1968年より山梨県住宅供給公社勤務。97年企画調整課長として環境・安全・安心のまち「双葉・響が丘」をプロデュース。一級建築士。専門は、まちづくり

地方住宅供給公社の位置づけ

■地方公社の支援状況

地方住宅供給公社は、１９６５年に地方住宅供給公社法に基づき、全国56の地方自治体により設立された特別法人で、地方の事情に沿った持ち家施策の推進が主な役割です。

設立当時の高度成長期には、地方から都市へ人口が集中し住宅不足が顕著となり、勤労者の持ち家施策が急務となりました。しかし、民間はそれを補うだけの成長には至らず、公営がその役割を担ってきた背景があります。昨今は民間の躍進が目覚ましく、公営が果たす役割はほぼ達成されています。

また、公社が実施する賃貸住宅事業は、公営住宅の補完施設として建設しましたが、建設・建て替え・改修などのすべてにおいて個別支援制度はありません。93年に公営住宅収入超過者の救済と、ゆとりある住まいの提供を目的に「特定優良賃貸住宅制度」が創設されましたが、急激な経済情勢の変化が高家賃を敬遠し、結果として空き家を発生させる事態となり公社経営を圧迫しています。

今回、当公社が「既存共同住宅団地の再生に関する提案募集」に応募し「再生モデル団地」として選定された「山宮南団地」（１５２戸の小規模賃貸住宅団地）の事例をもとに、

そこから見える地方公社賃貸住宅団地の再生に関する課題（苦悩）を報告します。

■地方公社の賃貸住宅団地の問題点

・市場家賃が低い地方都市では、再生・建て替えの投資を家賃上昇分で回収することは極めて困難です。

・建て替え・改修などへの個別支援制度はなく、一部の支援制度も地方自治体が支援する事業に2分の1を国が支援する「間接補助」が中心で、設立団体が積極的な行動に移さないかぎり再生などの実現は事実上難しいと考えます。

・公社の財政状況がひっ迫していることから、総合的な団地再生は進んでいない状況にあります。さらに、入居者の高齢化と築年に比して老朽度も増しており、建物・屋外ともに修繕の積み重ねだけでは、本来の価値や機能・豊かなコミュニティの維持は難しい状況になりつつあります。

このような既存団地の再生活用に際し、団地維持存続の危機的状況にはありますが、地方公社でも無理なく実現可能と思われる再生手法にて提案しました。

再生モデル団地の現状把握

■位置の確認（図1）

甲府駅より北西部約4㎞に位置し、周辺は戸建て住宅街が自然発生的に形成され、周辺には生活関連施設などが点在していることから、通常の生活に支障はありません。

本県の公共交通網は立ち遅れ、代わりに自家用車の保有率は極めて高いのですが、道路整備の遅れが幹線道路の交通渋滞を慢性化しています。

■賃貸住宅団地再生の課題（図5）

①借地権残存期間

当該団地の敷地は、50年間の借地（賃借権）に建設され、すでに約35年が経過し、借地残期間も15年程度となり再生か解体かで揺れました。残存期間15年＋10年程度の再生利用が可能か否かの判断には、構造体の安全性ならびに収益性が担保されることが最低要件となります。確認の結果、当該団地は再生利用が可能と判断されたため、実施に向けた再生基本計画の作成を準備しています。

②安心・安全な居住環境の実現

再生は構造体などの安全性を確認し、かつ多様な住まい方に対応できる魅力づけと、プライバシーの確保を重視した、住民の視線による防犯効果を高める手法が重要と考えます。

再生技術の減築・スケルトン・メゾネットなど、個別的技術は多方面で研究されていますので、ここでは差し控えたいと思います。むしろ、住民意識の誘導などにより共通施設の

図1：周辺関連図

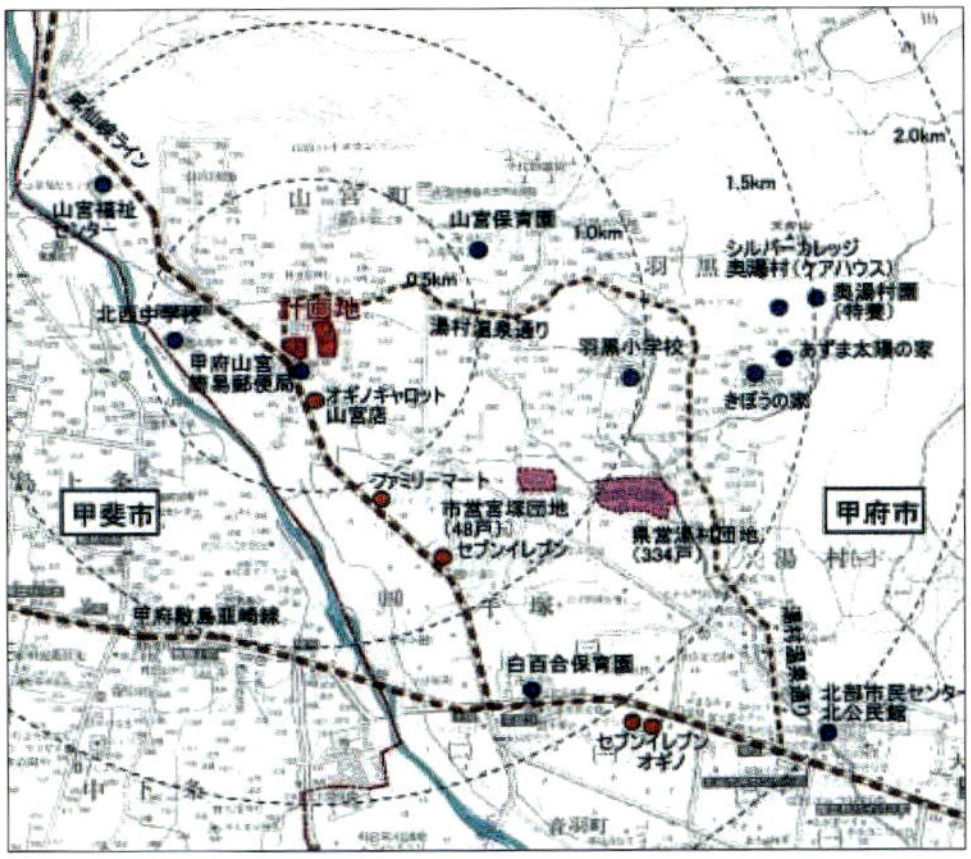

図2：団地現況図

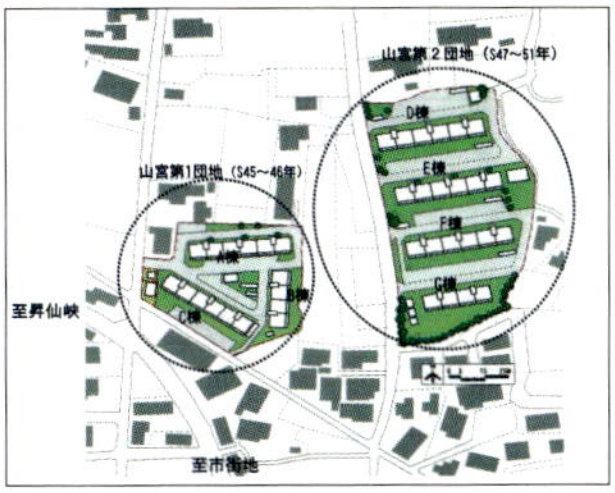

図3：屋外環境整備イメージ

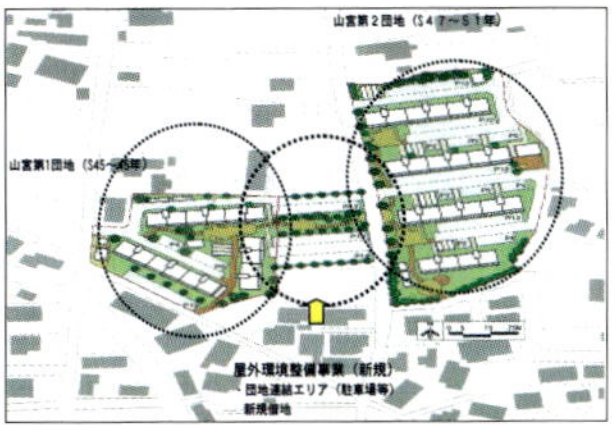

図4：再生に向けた活用課題の整理

視点

【視点１】
ストックの有効活用による
環境調和型の再生

【視点２】
コミュニティの維持・活性化

【視点３】
安心・安全な居住環境の実現

【視点４】
賃貸住宅経営の健全化

活用に向けた課題

（1）住棟の老朽化などに伴う課題⇒構造などの確認

（2）団地再生・住戸改善に係る課題

◇将来を見据えた多様なライフスタイルをかなえる供給
◇３・４階の活用推進方策と高齢化対応

◇改修に伴う移転費用の抑制システムの構築
◇家賃回収可能な魅力ある街づくり
◇緑地・駐車場の有効活用（自治会自主管理運営）
◇募集方法の見直しによる家賃不均等の解消

◇第１団地と第２団地の一体化（民有地）再生

（3）団地経営に係る課題

図5：同種県営住宅家賃と公社住宅家賃の推移

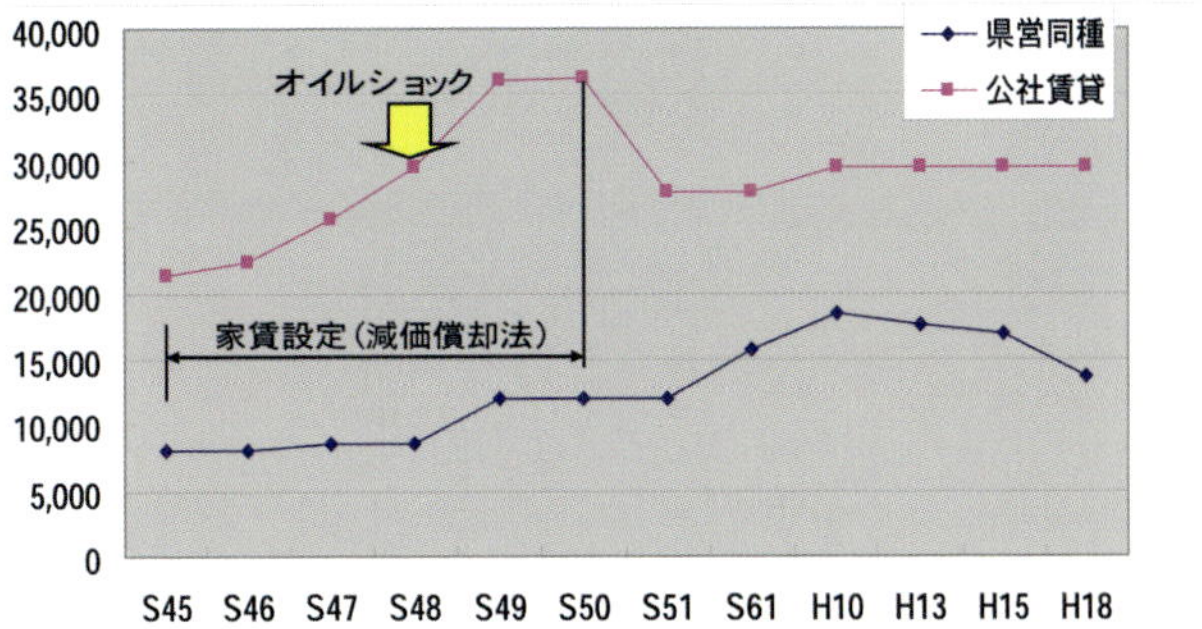

※県営住宅家賃は1996年に入居基準の見直し（収入分位2）公社賃貸同種平均家賃
※公社賃貸家賃は減価償却法により家賃設定、以後基準家賃平均3年ごとに改定（改修家賃は周辺同種を参考に改定）

自主的運営のサポートと、時代に即した共同住宅のあり方を示しています。

■現状の配置と問題点

①分断されたコミュニティ（図2）

・現状における問題は、第一団地（64戸）と第二団地（88戸）が中間の民地により分断され、全体のコミュニティも分断せざるを得ない状況にあります。

・環境の保全ならびに駐車場の管理は、公社が主導的役割を果たすものと、住民参加の意識が希薄で、それに伴う防犯意識の欠如も見受けられます。

・現状の自治会活動は、会費と市の助成で賄われ運営は厳しい状況にあります。

②屋外環境整備と管理システムの変革（図3）～自治会主導の管理体制～

・駐車場は無料にて無サービスの状況（車庫証明の発行はしていない）にあり、再生を機に自治会活動の活性化を図るため、環境整備・駐車場の有料化などにより自治会が自主運営する必要があります。所有する公社も公営住宅法の古き思想から脱却し、駐車場の位置づけとその用地は自治会に無償貸与し運営をサポートすることが必要です。自治会が自主的運営し報告を受けるシステムを早期に構築する必要があります。

・このようなシステムが定常化することにより自治会活動の活性化と問題解決に関する共同意識が芽生え、あるべき自治と本来のコミュニティが形成されます。

■コミュニティの再構築における仕掛け

①環境整備などの自主運営がコミュニティの活性化を促す

再生に伴い、環境整備・駐車場・団地内施設などの施設管理運営は、自治会主導型の運営を促し、希薄な住民間のコミュニティ再生のきっかけとなるよう誘導・支援していくことが重要です。

②防犯意識の向上につながる

階段室型の共同住宅は、階段ごとの単位が重要視され、全体の活動には無関心な傾向があります。昨今報道される事件事故は、本来日本の文化として根づいていた安心感が損なわれ、想定できないことが起きています。住まう安心感の提供が重要であり、住民の視線が届く仕掛けを軸に据えることが重要であると考えます。

③高齢化対応と経営対策の狭間で

高齢化の進行は深刻であり、とくに35年超の公的共同住宅においてはより顕著です。

当公社での現実的な改修策として、空き家を順次スーパーリフォームし、居住者の移転により空き家改修する手法を取ってきましたが、高齢者世帯では改修に伴う家賃の上昇がネックとなり、転居しない現状があります。

対策として既居住者の移転改修も重要ですが、新たな投資による新たな居住者の開拓が、家賃の改定と再生の推進に寄与し、経営上も重要と考え、以下の手法を検討しています。

・ソフト・ハード両面での魅力づけが重要な課題
・住棟を定めてＥＶなどの昇降設備を設置し高齢者・障害者の誘導を促進
・集会場の改修を図り、社会福祉団体との連携により介護・子育て支援センターなどを併設し、高齢者・共働き世帯の共存が図れる魅力ある住まいの提供

■賃貸住宅経営の健全化

現行家賃は、建設時に住宅金融公庫融資と県の建設補助にて実施し、住宅金融公庫の算定基準（減価償却方式）により設定されたものを採用していました。その弊害として各棟は同面積・同仕様でも建設年次により家賃格差が発生し、高額棟の空き家が顕著となりました。再生を機会に応益型への転換と家賃平準化の必要性が迫られています。

公社家賃の推移と県営住宅の同規模などの家賃の推移をグラフ化し参考としています。（図４）

結びに

団地再生は固体の再生にとどまらず、コミュニティの活性化をどのように図りそこに住まう安心感を共有できる、魅力あるまちづくりへの再生がもっとも重要と考えております。

今後の事業にあたっては、資金的課題・時間的制約のなかで、可能なことから住民とのコンセンサスを図りつつ実施していきたいと思います。

設備から見た団地再生

水に着目して再生を考える

人間の重要なライフラインである水。
多くの居住者が生活する団地で、
無駄なく有効的に水を活用する方法とは。
住み続けるために必要な設備と改修について考える。

株式会社ジエス 代表取締役　安孫子義彦

あびこ・よしひこ
１９６８年東京大学工学部建築学科卒。70年ジエス創設。住宅の設備部品の開発、コンサルティングに従事。日本建築設備診断機構専務理事兼務。一級建築士、建築設備士

団地に大切な「水」

私の団地生活は、小学校に上がると同時に始まり、五つの団地を移り住み、現在も続いています。今回は、団地にとってもっとも大切な水の話を、いろいろな体験から書きたいと思います。

水を使う

■ 水の使用量

２００ℓという量は、浴槽1杯分の水の量です。これは、一人が1日に使用する水の量に匹敵します。単純計算で1か月では6ｔの水を使っていることになります。三人家族では18ｔ、もちろん季節や、家庭によって異なりますが、1か月に約４０００円弱の水道料金がかかる計算です（東京都23区／20㎜口径の場合／下水道料金を含む）。１０００世帯が住む団地では、1万８０００ｔの水が消費されていることになり、値段にすれば1か月に４００万円にもなるのです。

もう一つ、計算してみましょう。水洗トイレで1回の洗浄水の量は約11ℓ、同じく三人家族で一人が1日にトイレを4回使用するとすれば、1か月で約4ｔ、１０００世帯の団地全体では、実に４０００ｔ、90万円がトイレに消えています。

給水システム

この貴重な水は、給水設備で供給されます。私が最初に住んだ団地では、敷地のいちばん高いところに、大きな給水塔がありました（写真1）。水道水は、給水塔地下の水槽にいったん貯められ、ポンプでてっぺんにある水槽に送られてから、重力によって各棟にある住戸に配られます。この給水塔方式は今では少なくなっています。次には、水槽にいったん受けた水を、各棟の屋上にある高置水槽に送り込み、住戸まで重力で配る高置水槽方式が主流となりました。

１９７５年に、地下や基礎梁のなかに埋められていた点検できない水槽の新設は、衛生上問題があるとして禁止されました。その結果、ＦＲＰやステンレス製の巨大な水槽が地上面に露出設置されるようになったのです（写真2）。

最近では、水槽を設けないで水道に直接つなぎ、水道の圧力で各戸に水を送ることができる直結増圧給水方式が許可されるようになってきました。給水設備を改修するときに、この方式に取り替える団地が急激に増えています。その理由として、水槽のあったスペースをほかの用途に利用できること、水道圧を一部利用することからポンプ動力費の節減にもつながること、さらには、水槽がなくなることで定期清掃の費用が節約できることなどが挙げられます。

給水管の腐食と改修

設備の長期修繕計画のなかに、給水管の改修が予定されています。昭和40年代後半まで使用された亜鉛メッキ鋼管が腐食して、赤水の発生を招いていたのは周知のとおりです。このため耐腐食性の配管に改修したり、配管のさびを研磨して落とした後樹脂を吹き込んで塗装する、給水管ライニング工法での改修が、どこの団地でもよく行われています。最近では、多少コストがかかっても、ステンレス配管に取り替える事例も多くあります。このような「赤水問題」の発生は、配管や継手の技術の進歩によって新しいマンションでは少なくなってきました。

それでも、配管類は長く使用することにより傷み、おおそ20年ぐらいで取り替えの時期を迎えます。この耐用年数は、配管の種類によって多少異なり、また配管の継ぎ手に使用されているゴム製のパッキングなどによっても異なります。

非常用水の確保

一般に受水槽には、1日の給水量の半分、高置水槽には10分の1の水が貯められています。給水設備がポンプ方式に変わることによって、水槽がなくなり、水質の悪化や、清掃の手間がなくなるというメリットが生まれる反面、災害時や停電時の水のストックができなくなってきました。

非常時には、一人1日最低30ℓほど非常用水が必要といわれています。3日間我慢すれば給水車が来ることを想定して、90ℓぐらいの水のストックがほしいところです。給湯用の電気温水器などを使っている住戸では、300ℓ程度の貯湯があるので、家族三人分の3日間の非常用水に利用できます。

これからは、住戸内か、住棟内か、団地全体かで、非常用水のストックを行うことを真剣に考えなくてはならないと思います。

水を捨てる

■ 排水システム

使った水を捨てる設備が排水設備です。住宅の排水には、トイレからの汚水と、台所、風呂、洗面、洗濯からの雑排水とがあります。これらの排水は共用部にある排水立て管に集められ、最下階で横引きされて、基礎を貫通後、屋外の桝に送られます。その後、下水道に直接放流されるか、団地内の浄化槽を経由して放流されます。

最近のマンションでは、汚水と雑排水を合流させ、排水管が1本ですむ、特殊継手排水システムが多く採用されています。この特殊継手は排水を旋回させて流すことにより、排水と通気が1本の配管内で行うことができるため、単管式排水システムとも呼ばれています。(図1)

■ 排水システムの不具合

排水システムのいちばんの不具合は詰まりです。もっとも詰まりやすいのは、油が混入しがちな台所系統です。台所系統については、少なくとも1年1回の管清掃は必須です。

一方、排水器具にはトラップという仕掛け(図2)があります。このなかの溜め水(封水)が、排水管内の臭気が室内に逆流するのを防ぐ役目をしています。排水管の通気性能が悪いと、封水が跳ね出したり、管内に吸引されたりしてなくなってしまう破封現象(図3)がおきます。排水口あたりでボコボコ音がするときは、通気性能が悪くて破封の恐れがあるので注意が必要です。

■ 排水管の取り替え

給水管に比べて、排水管は長持ちするといわれています。排水立て管の更新のとき、最大の問題は、排水管が住戸の専有部分にあるため住戸内に入らなくては工事ができないことです。同時に、壁や床の取り壊し工事が発生して、工事費がアップするばかりでなく、工期が著しく延びる場合もあります。もちろん居住者は相当の不便を強いられます。汚水と雑排水が合流している排水システムの場合には、トイレがまったく使えない日が何日も生じることを覚悟しなくてはなり

2. 団地に置かれた露出巨大受水槽の例

1. 筆者が最初に住んだ新宿区百人町の公務員団地にあった給水塔（昭和25年ごろ／今は取り壊されている）

図2：トラップの機能

図3：トラップの破封現象

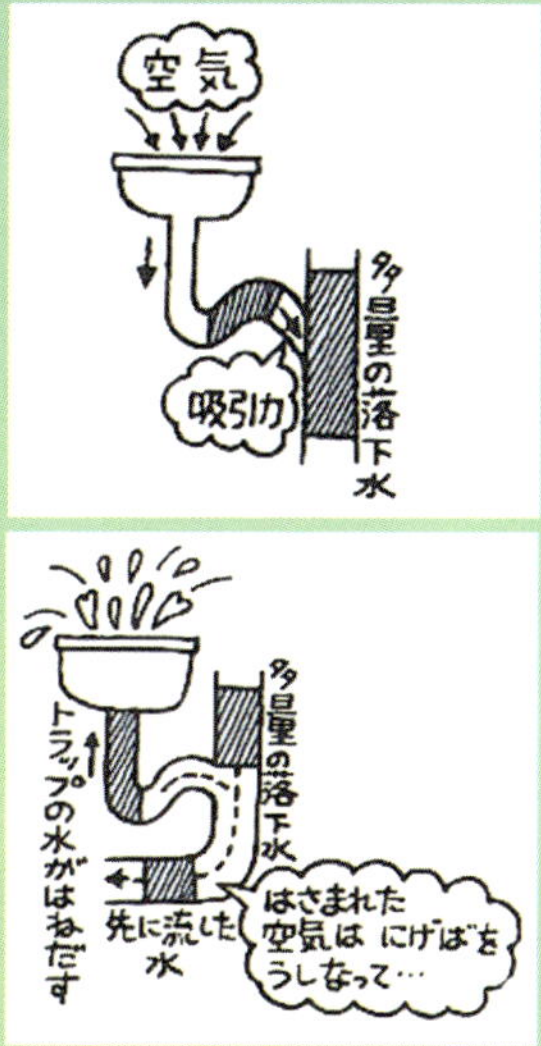

図1～3ともイラストは小島製作所提供

図1

A：屋上へ開放された通気管　B：高性能の特殊排水継手　C：台所の排水管、管清掃が必要　D：各排水器具にはトラップがある　E：最下階の排水管は直接排水される　F：最下階横引きの排水横主管　G：継手には防振の工夫が　H：台所にはディスポーザ専用管が増えている

ません。また、排水管は縦の同じ系統を一気に工事しなくてはならないので、全戸の滞在が強制されます。

設備改修のヤマ場は、まさにこの排水立て管の取り替えと、工法の開発にあるといってもよいでしょう。

水を活かす

■節水する

一人の水の節約は少なくても、団地全体ではばかにならない量になります。8ℓの洗浄水の大便器を一般に節水型便器といっています。これを6ℓにした超節水型便器が登場してきました。6ℓ便器は外国では当たり前のことですが、水が潤沢であるせいか、わが国の節水意識は低いといわざるを得ません。たびたびの計算で恐縮ですが、前述の計算条件で、便器を11ℓから6ℓに変更し、5ℓ節水できれば、団地全体で1か月1800tの省資源が可能となります。

便器は専有部分の設備ですので、管理組合の業務範囲ではありませんが、省資源や省エネルギーのためには、専有部分の協力を求めて、団地全体で省エネルギー目標を持つことも必要なことだと思います。

■雨水を利用する

最近の団地では、敷地内や住棟の屋上に降った雨を集めて、広場や駐車場の地下水槽に貯め、これをろ過してトイレの洗浄水として再循環させたり、団地内の池などの噴水に利用したり、有効に活用するようになってきました。

またこの雨水を屋根や壁に散水して建物自体を冷やすことも考えられはじめてきました。どこかに、大きな「水がめ」をつくっておくことにより、雨水の有効利用が可能になります。この意味からも、水を貯めることは、これからの団地の大きな課題だと思います。

団地は、まちのオアシス

30年以上たった団地は、樹木に覆われ、魅力的な自然環境に育っています。その環境を破壊し高層の住宅につくり変える愚行は、そろそろやめにしたいところです。

この魅力ある自然環境をつくるためには、数十年の時が必要でしたが、それを破壊するのはいとも簡単です。過密した都市に残された団地は、今ではまち全体の貴重な環境資源であり、大切なオアシスです。この資源を活かしながら古くなった建物を再生させる努力は、まちにとっても重要なことなのです。これからは、まちと団地がお互いに関心と、関係を持ちながら、一緒にまちづくりをしていくことが必要ではないでしょうか。

団地再生とヒートポンプ

既存団地は温暖化を抑制する「都市の森」

CO_2を抑制する効果を持つヒートポンプ技術と、豊富な緑を抱える既存の団地群。この組み合わせは、都市部での温暖化やヒートアイランドに対する有効策になり得る。

東京電力株式会社 顧問 片倉百樹

かたくら・ももき
1968年、東京大学工学部都市工学科卒、東京電力入社。以来一貫してエネルギー営業部門に従事。家庭・都市・産業などあらゆる分野にむけたヒートポンプ・蓄熱システムの開発・普及に力を注ぐ

温暖化とヒートアイランド

京都議定書後の温暖化ガス削減の道筋をめぐって開催された、バリ温暖化防止会議も閉幕しました。最大排出国の米国や、中国・インドといった国々の姿勢が注目を集めました。議論が先送りにされた感もありますが、逆に、それが一筋縄ではいかない問題の難しさも浮き彫りにしました。主要排出国の日本も、この課題に大きな努力を傾けていることは周知のとおりです。

図1は、18世紀から現在までの、化石燃料など消費によるCO_2排出量と濃度の推移です。経済成長に伴いCO_2排出量と濃度が上がったことがわかります。その時期は、燃料革命で薪・炭からプロパン・灯油に熱源転換した時期でもあります。

図2は、関東地方の年間の気温30℃超延べ時間の地域分布です。夏、首都圏では、相模湾と鹿島灘からの卓越風が上空でぶつかり、練馬から熊谷にかけて酷暑地域をつくり出すといわれています。気温30℃超延べ時間は、1980年から84年では練馬や熊谷に200時間前後の地域がある程度でしたが、2000年から04年には練馬から熊谷にかけ広い地域で400時間を超えるようになりました。

図1：温室効果ガス（CO_2）の濃度と量の推移

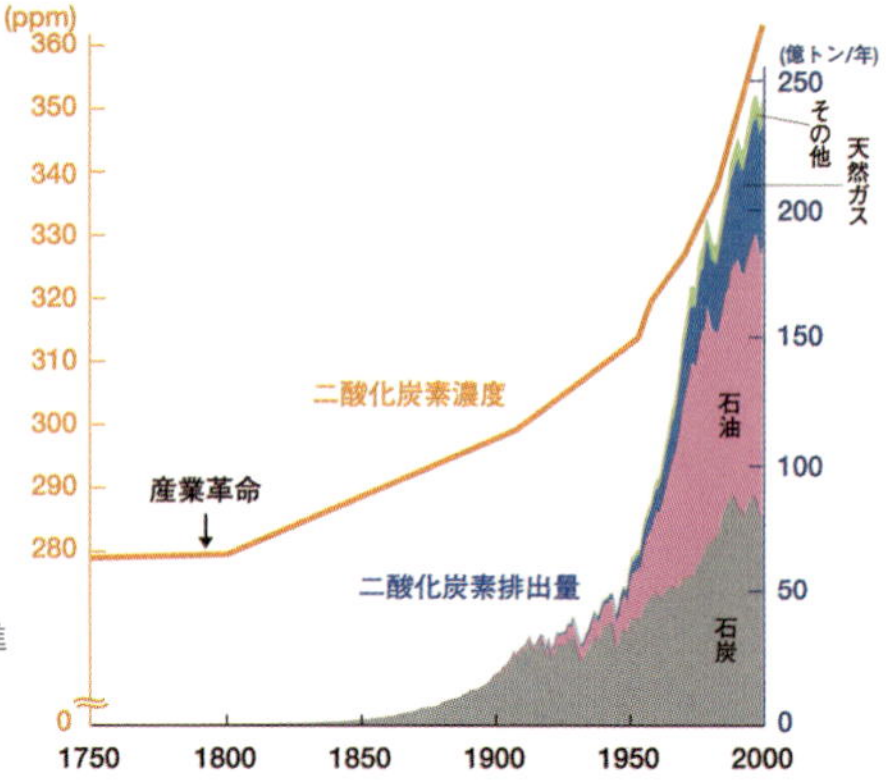

出典：
オークリッジ国立研究所

全国地球温暖化防止活動推進
センターウェブサイト
（http://www.jccca.org/）
より引用

図2：関東地方における30℃を超えた延べ時間数の広がり（5年間の年間平均時間数）

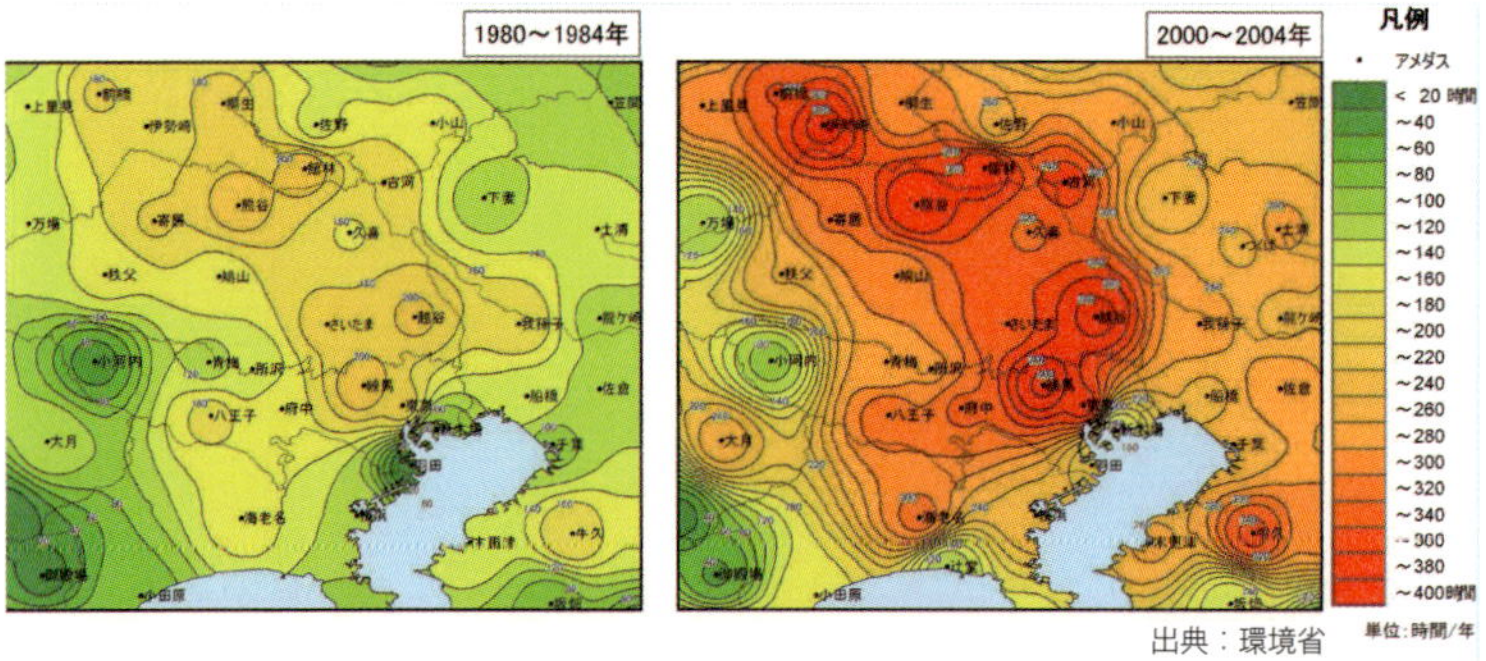

出典：環境省

図3：首都圏近郊団地の衛星画像と地表面熱画像

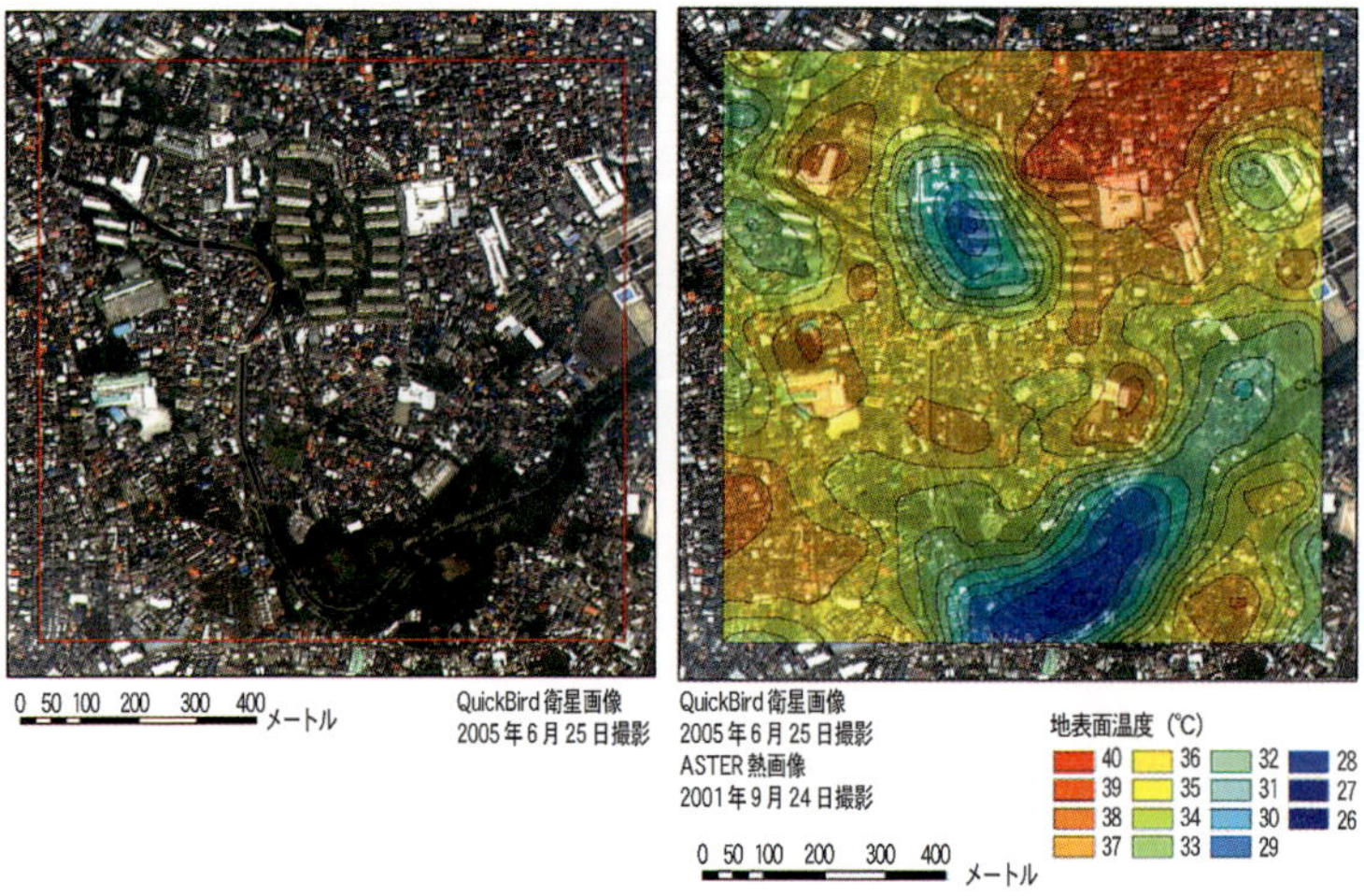

QuickBird 衛星画像
2005年6月25日撮影

QuickBird 衛星画像
2005年6月25日撮影
ASTER 熱画像
2001年9月24日撮影

図5：家庭部門のエネルギー消費の内訳

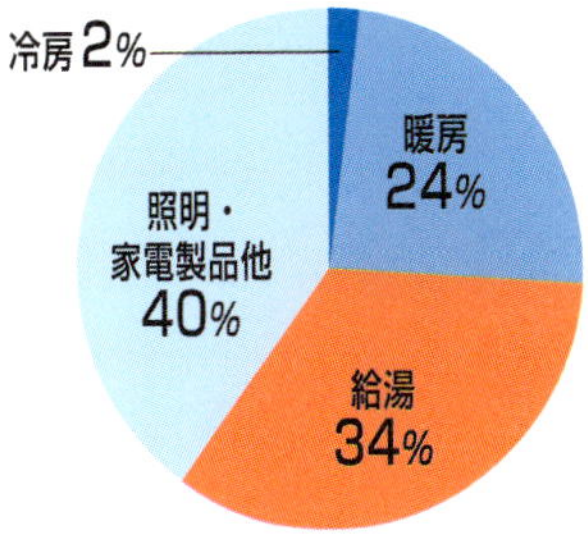

出典：「家庭用エネルギー統計年報」2005年度（関東）

図4：夏昼間の新宿御苑のサーモカメラ画像

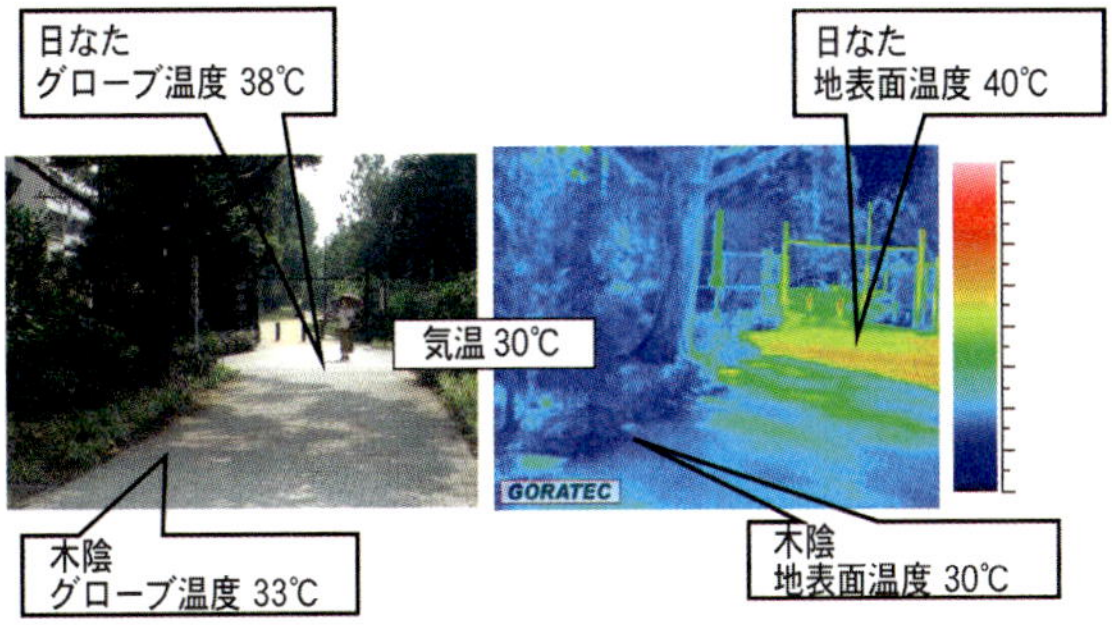

図6：緑と風のつながり（グリーンチェーン）

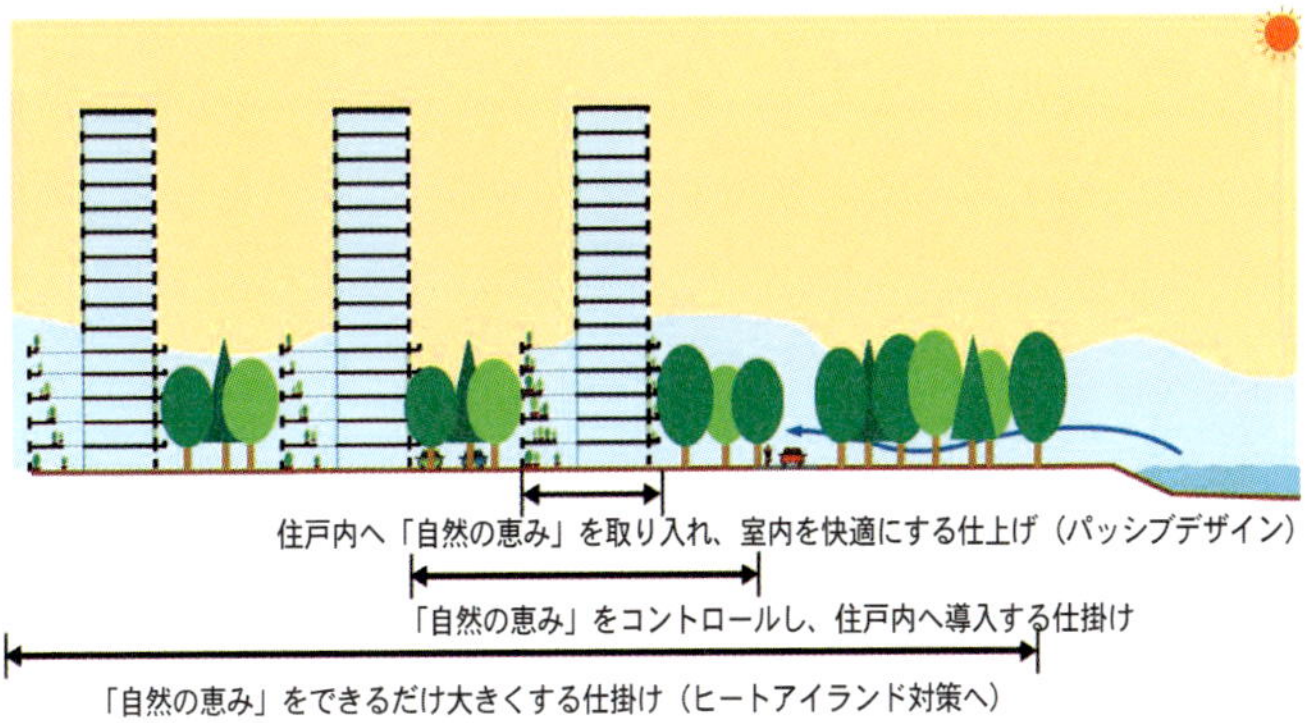

図7：エコキュートのしくみ

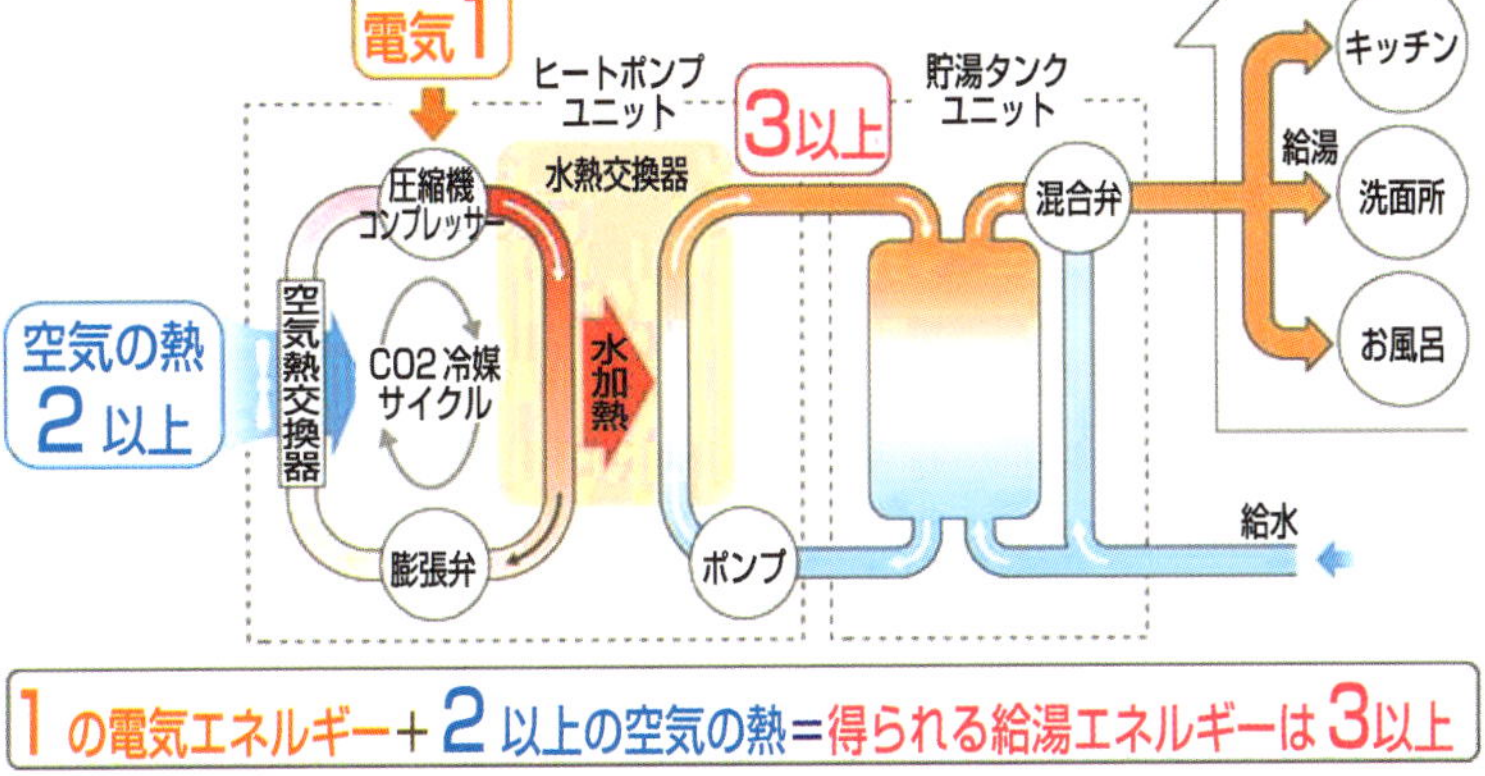

一方、自然的被覆（河川や樹木・草地）は1930年比で43・6％減り、地表の舗装面積は11倍、建築面積は3・2倍に増えました。気温上昇の原因は、自然の大きな空調装置である自然的被覆が減り、人工的被覆が増えたことといわれています。地球温暖化とヒートアイランドによりエネルギー消費はさらに増加することが懸念されます。

団地は都市の森

図3は、首都圏のある団地近傍の衛星画像と地表面熱画像です。典型的な公団型団地ですが、周囲の住宅地に比べ敷地にゆとりがあり緑が豊かで、緑地や河川が残っていることが見てとれます。地表面熱画像を見ると、団地や緑地が地域のクールスポットになっていることがわかります。既存団地は、都市に残る緑地と同じ「都市の森」なのです。

森の機能とは

それでは「都市の森」が果たす機能とはなんでしょうか。

図4は、夏の昼間の新宿御苑を、普通のカメラとサーモカメラで撮ったものです。同じ気温でも、日なたと木陰では地表面温度が異なります。気温に加え、直達日射や物体の表面温度による赤外放射が、体感に影響を与え、その感覚に近いグローブ温度は、日なたで38℃、木陰で33℃。森の木が直達日射の影響を緩和しているからです。

さらに、植物は気孔から蒸散して葉を冷やしているので、日光を浴びても熱くなりません。また、光合成によって空気中の二酸化炭素を吸収します。

森には、熱負荷である日射を緩和し、温暖化ガスのCO_2を吸収する機能があるのです。

森のポテンシャルを持つ既存団地

そう考えると、既存団地が、温暖化に対して有効な「都市の森」となるポテンシャルを秘めていることがわかります。

団地再生においては、建物構造や設備の性能的劣化、居住者ニーズの社会的機能劣化に対する課題がすぐ浮かびますが、既存団地が長い時間をかけて獲得してきた価値とその継承についての議論は少ないように感じます。住民のコミュニティもそうでしょうし、時間をかけて育った自然環境も、その一つでしょう。

環境に配慮したサステイナブルな計画が、より求められていくなかで、既存団地の自然環境ポテンシャルを活用することは必須になっていくと確信します。

「緑と風の道」を活かした団地再生へ

自然環境ポテンシャルを活かした計画とは、図6のようなものと考えます。既存団地の大きく育った木々を極力残し、地域のクールスポットである緑地や河川・海などをつないでいく。木陰で、駐車場やアスファルト舗装などの地表面の熱負荷発生源が減り、放射熱環境が改善する。改善した熱環境下で、緑地や河川からの風が乱されず、効果的に冷熱を分配していく。

そのように熱環境が良好になると、住戸内でも機械に頼る必要が減る。また、機械もエネルギー効率のよい機器を導入し、エネルギー消費と熱発生を抑制し、CO_2排出を減らしていく、それが、さらに環境の良化につながっていくという好循環を形成していく。そこで、登場するのがヒートポンプです。

ヒートポンプとは

ポンプが水を低いところから高いところに汲み上げるように、熱を低いところから高いところにくみ上げるのが、ヒート（熱）ポンプです。ヒートポンプは、エアコンや冷蔵庫、洗濯乾燥機、エコキュート（CO_2冷媒ヒートポンプの電気式給湯機）などに利用されている汎用化された技術です。

お風呂を例に取ると、従来の燃焼式給湯器が、化石燃料を直接燃やして熱とし、お湯にするとしたら、エコキュート（図7）は、温暖化しつつある空気の熱をくみ上げ、集めてお湯にします。その効率が高いため、お湯をつくるのに必要なエネルギーが少なくて済むのです。エネルギーが少ないということは、発電所で使う化石燃料が少なくて済む。だからCO_2排出量が減る。また、ヒートポンプは燃焼しないので、それ自体からはCO_2は生じない。合わせてＣＯ２排出量が減るということです。

また、空気から熱を集めるので、ヒートアイランド化した都市を冷やす効果も期待できます。都心部で給湯器をエコキュートに置き換えた場合、エコキュートが稼動する夜から明け方にかけて、気温が0・6～0・8℃ほど低下するという試算もあります。

ヒートポンプは温暖化防止の切り札

図5は、家庭部門のエネルギー消費の内訳です。トップランナー方式の導入により機器の高効率化が進む照明や家電製品に次いで、給湯や冷暖房が大きな比率を占めています。そこに、ヒートポンプを利用したエアコンやエコキュートを導入することにより、エネルギー削減が図られます。

２００４年度の日本のCO_2排出量は約1億４４００万ｔでしたが、日本中の家庭やオフィスの給湯と冷暖房をすべてヒートポンプに変えると、約1億ｔのCO_2排出を削減できるという試算もあります。これは、２０１０年までに家庭やオフィスからのCO_2排出量を減らすという政府の計画と、ほぼ同じ値です。

さらに、麻生総理は、09年4月9日、日本の新たな成長戦略に関する考え方として「新たな成長に向けて」と題する講演を行いました。その内容に基づき、「未来開拓戦略」（Jリカバリー・プラン）が09年第10回経済財政諮問会議（09年4月17日）で公表されています。公式資料には、「再生可能エネルギー導入指標について、ＥＵ方式を踏まえ、最終エネルギー消費に対する比率（ヒートポンプ等を含む）として２０２０年頃に20％程度（05年10％程度）を目指す」と明記されており、これにより、政府は公式にヒートポンプを再生可能エネルギー利用技術として位置づけました。

まさに、ヒートポンプは温暖化防止の切り札です。

「都市の森」が広がる団地再生へ

既存団地の緑が、熱環境を緩和しCO_2を吸収する大きなポテンシャルを持っていることがわかりました。ヒートポンプもまた、ヒートアイランド化した空気の熱を回収し、エネルギー消費を減らし、燃焼もせず、CO_2排出を減らすことがご理解いただけたと思います。さらに、緑とヒートポンプ導入のシナジーにより、熱環境改善効果が高まるというシミュレーションもあります。

その意味で、既存団地の持つ緑が「都市の（植物の）森」であり、ヒートポンプが「都市の（機械の）森」なのです。既存団地の緑とヒートポンプを組み合わせた団地再生で、上昇する熱と二酸化炭素を低減に向かわせる「都市の森」が広がっていくものと確信します。

私たちは、最適なエネルギー利用のあり方をお客さまに提供する電力事業者として培ってきた技術・ノウハウをベースに、都市の環境という観点から、団地再生という分野においても、環境とエネルギーのあり方についてご提案できることがあると考えています。

快適、安全・安心な住生活のために

新時代の「窓・ドア」について

窓は、住環境を劇的に変える存在であるにもかかわらず、
修理や整備がいき届いていない場合が多い。
ここでは、最新の窓やドアの事例から、
住まいをグレードアップする方法を考えていく。

YKK AP株式会社 改装推進室 室長 横谷 功

よこたに・いさお
1959年三重県生まれ。三重大学工学部卒業。2006年より現職

進まない窓・ドアの修理

日本のマンションでもっとも頻繁に開閉される窓は、バルコニーに面したテラス窓ではないでしょうか。日本では、よく晴れた日に洗濯物をバルコニーで乾かす家庭が多いためです。いちばん多く開閉するわけですから、窓の不具合もテラス窓がいちばん多いのが現状です。

具体的な声としては、①窓が重く開けづらい、②たまにまったく開けられない、③網戸が動かないという内容が不具合アンケートの3割を占めます。窓の外側にある網戸については、築10年のマンションから修理依頼があります。そのままにしておくと、開けられない状況になるのも不思議ではありません。また開閉頻度の多い玄関のドアも同様です。開けづらい、重くなってきたなど、普段の生活のなかで少しずつ不便さを当たり前にしているかたが多く見受けられます。

では、なぜ直さないのかと考えますと、窓・ドアは、個人の所有物ではなく、マンション全員の共有物のため、手を入れるには、管理組合の合意が必要になるからです。

このような理由から窓・ドアの修理、手直しが進んでいないのが現状です。築30年のものについては、（取り替えを余儀なくする）末期状態のものも多く見受けられます。

窓・ドアの変化

アルミサッシが普及しはじめたのが昭和40年代。当時の窓は、外の光を採り入れ、かつ雨・風をしのぐものであり、それだけで、快適な生活ができていたと思います。

しかし、近年では、異常気象の影響から台風の被害の拡大やマンションの高層化により、窓からの水漏れを防ぐ窓の性能も高まっています。同時に地球温暖化現象から省エネの必要性も取りざたされており、窓の断熱化（複層ガラス）も当たり前になってきています。

また、住環境では、自動車利用が高まり、幹線道路からの車の騒音に対して、または家のなかで他人に聞かれたくない音を外に漏らさないよう、プライバシーの点でも窓の防音化が求められてきました。一方、ライフスタイルの変化なのか、バルコニーはたんなる物干しの場ではなく、植栽（ガーデニング）などご家族の趣味を楽しむ空間にもなっています。リビングからバルコニーは、もはやマンション生活のなかでもっとも家族の和のある空間といえます。リビングの窓は、開放的で眺望が楽しめるように、また、光をより多く室内に採り入れるようになってきています（図1）。

このようなことは、最近のマンション販売の広告に、「防音」「省エネ」「開放的な空間」および「セキュリティ（防犯）」などの条件をもとに安全安心を訴えていることからもわかります。

以上から、窓に求められる役割が近年大きくグレードアップしています（写真2～4）。

1. 改修後、ガラス窓を通して、外部の木々の緑が一段と映えます。室内もガラスが一新することで外の光を採り入れ、以前より明るくなったとの印象

21世紀型「窓・ドア」への道

マンションリフォームの現状は、リビングをカーペットからフローリングへ、収納スペース確保としてクローゼットを、さらに水まわりでは、台所や風呂場・トイレに最新設備を導入するなど、快適性向上を目的としてリニューアルしている

図1：窓に対するニーズの変化例

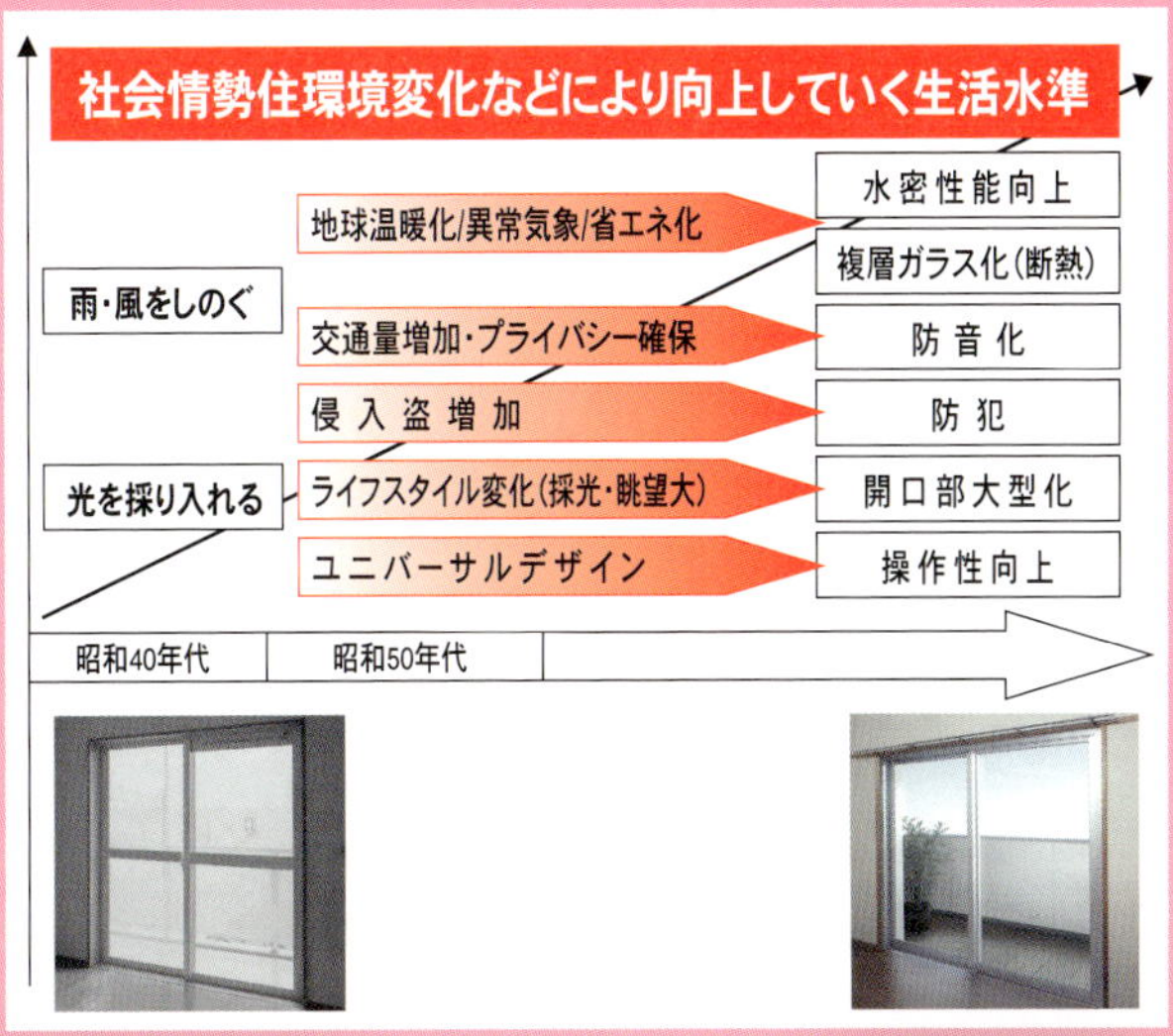

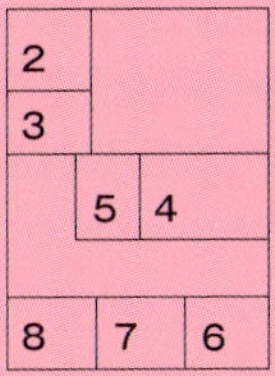

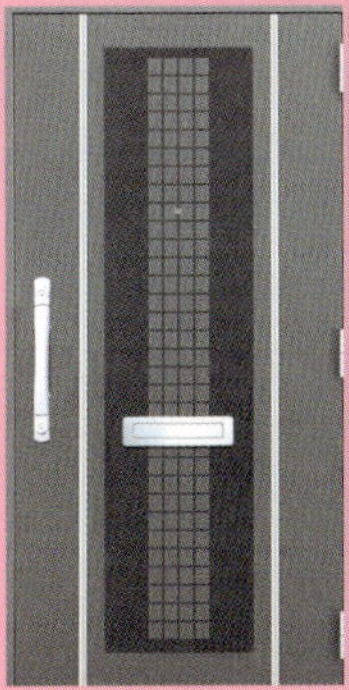

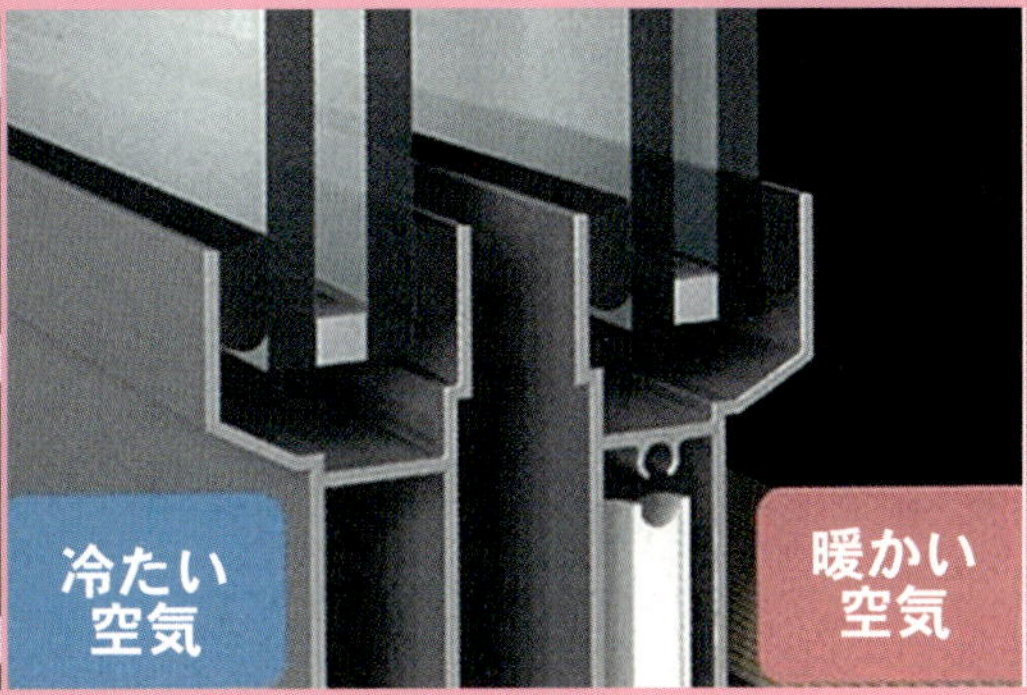

2. クレセントに加え、補助ロックとの二重ロック化で防犯性を向上させています
3. サポートハンドルにより、障子を開ける際の力を軽減させています
4. 複層ガラスにより、断熱性が向上し、結露が少なく省エネに効果があります
5. ドアモールとグラフィックなデザインで、おしゃれな落ち着いた雰囲気に変わります
6～8. 新しい窓枠をかぶせて、リニューアル。簡単な工事の上に、下枠部の段差を解消し、安全な出入りができます

※写真1～8は 「ＹＫＫ ＡＰ」カタログより転載

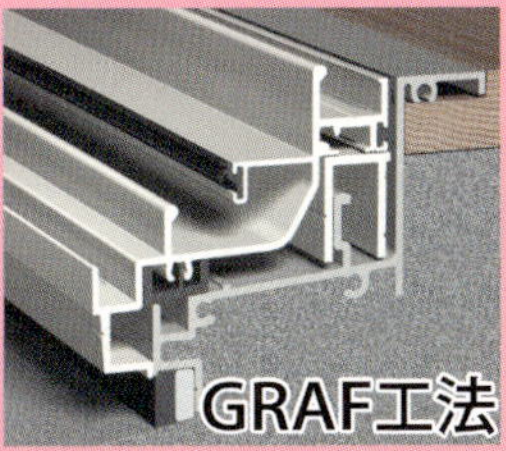

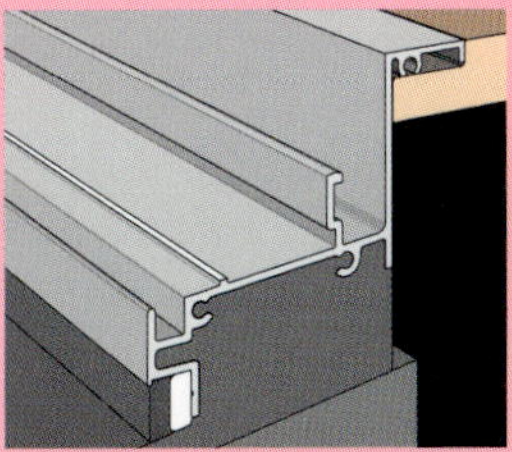

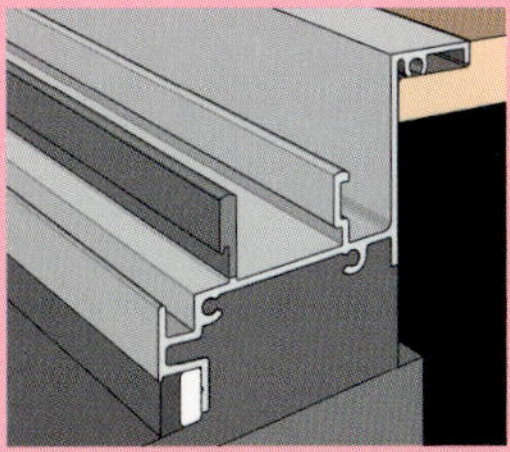

かと思います。一方、窓においては、マンション管理組合での合意が必要になり、そのリニューアルが進んでいない状況にあります。

前述したとおり、窓の性能が最近大きくグレードアップされており、快適性向上には、窓・ドアのリニューアルも今後の生活を変える意味で重要と考えています。

ところが、窓からの隙間風が寒いとか、外の音が入ってうるさい、また、窓自体開かないなどの不具合があるにもかかわらず、窓リニューアルによっての快適性向上に疑問を抱いているかたが多く見受けられるのが現状です。しかし、実際に窓の改修を行った後では、工事がスムーズに行われ（写真6〜8）、隙間風がなくなり、エアコンをつけなくても部屋のなかが暖かい、ガラスも取り替えて非常にきれいになり窓からの景色が際立ち、快適性向上につながったとのお喜びの声をたくさん聞きました（写真1）。

玄関ドアも同様に、隙間風がなくなったという話のほか、玄関を一新することにより、見栄えもよくなり、立派になったなどの意見が寄せられています。

なんといっても「玄関は住まいの顔」。今はやりのドアデザインにより、建物全体のアクセントになり、資産価値の向上にも結びついていると思います。窓・玄関とも外部に面するものなので、とくに都心部にお住まいの方々にとっては二重ロックによる防犯性向上で、安心感がこれまでと大きく違います（写真5）。

新時代の「窓・ドア」の普及のために

２００８年から地球環境問題としての温室効果ガス削減に向けた省エネルギーの対応・少子高齢化により、今後、住宅建設よりも既存住宅の質向上への転換について、政府からさまざまな施策が打ち出されています。しかし実際にマンションにお住まいのかたにとっては、自らどのように取り組んでいけばいいかという問い合わせが多く、このことをマンション管理組合を通じて進めていくには、お住まいのかたからの貴重な意見を取りまとめて反映していくことが重要になります。例えば窓・ドアのどこをどうしたらよいか、修繕積立金からの予算をどのようにしていくかなど、開口部にかけるコストと生活面での快適性との関係です。

今後、居住者とコンサルタント（設計事務所・マンション管理士・メーカーなど）がより多くの対話する場を設け、直接の対話により、それぞれの居住者が困っている点について、グレードアップする方法を探っていくことが求められると思います。

魅力ある団地は設備改修から

住戸、住棟をまとめて見直す

設備の充実は、そこで暮らす住民にとって極めて重要な問題である。劣化が進む団地で設備システムを改修するために必要な考え方とは。

株式会社ジエス 代表取締役　安孫子義彦

難しい住戸設備の刷新

集合住宅団地の設備は、団地設備、住棟設備、住戸設備に分けられます（図1）。

なかでも、近年の技術進歩によって、設備の魅力を実感できるのは、実は住戸設備なのです。しかし魅力的な住戸設備を欲しいと願っても、集合住宅にはさまざまな制約があり、自由に、満足のいく変更ができないという現実があります。住戸設備をグレードアップしたいと願う居住者の要求にどうこたえられるかが、団地再生のこれからの重要な課題といえます。

住戸設備の経年劣化の進行

住宅設備機器の劣化のパターン

団地や住棟の共用部分にある配管やポンプなどの設備の耐用年数は、おおむね20～30年ぐらいです。しかし、住戸内の設備機器については、更新すべき時期がはっきりしていないのが現状です。

近年、ガス機器などの経年劣化による火災や中毒事故が多発しています。経年によって老朽化した機器のトラブルは予見しがたく、ある日突然に発生します。可動部や燃焼部を持った機器類は、図2に示すようなバスタブカーブを描いて老朽化するといわれています。設備機器がこの図の磨耗故障期に入るのは使用開始後10年ぐらいで、この時期を過ぎてたびたび同じような不具合が発生するときには交換対応を考えなくてはならないわけです。

■使用期間の目安を示す表示制度

発生事故が人身危害につながる恐れのある設備機器、例えばガスや石油の給湯機器、ビルトインされた食器洗い乾燥機や浴室暖房乾燥機などについて、メーカーが設計時に想定した耐用年数をもとに標準使用期間を設定表示し、消費者に安全点検時期の目安を示す制度が、消費生活用製品安全法の改正に伴い策定されつつあります。いわば設備の賞味期限の表示のようなものです。消費者も自宅の設備についての使用限度を認識し、適正に対処していくことが求められる時代に入ってきたといえます。

■盲点は、住戸設備の更新システム

このような制度の対象となる設備だけでなく、システムキッチン、浴室ユニット、サニタリー設備などの大型設備の経年劣化も軽視できません。人身危害こそ少ないと思われますが、漏水などによる下階への重大な被害に拡大する恐れのある設備だからです。

住戸内の設備改修は各戸の都合で行われるため、状態が住棟でバラバラなのが実情です。経年劣化した設備がどこかの住戸に残っていることは、住棟全体の安全性や資産価値を考えたときに問題なしとはいえません。住戸の大型設備も視野に入れた総合的な改修計画を考えることが、これからは必要です。現在、住戸内の設備を制度的に交換支援するシステムがないのが、集合住宅管理の盲点ともいえましょう(写真1)。

■設備改修を円滑にする細則の制定

住戸の設備のグレードアップには住棟設備の方式や能力が支障になることがあります。

例えば、高齢者のためにIHクッキングヒーターに交換したいと希望があったときは、まず各戸の分電盤の電気容量が50〜60アンペアに変更できるかが鍵になります。住棟内の電気幹線の容量が足りない場合には、電気容量を増量できないことがあるからです。また浴室ユニットなどの位置を変更したいと思っても、換気ダクトのルートや排水立て管の位置などの制約条件があります。いずれも共用部分の変更に抵触する場合には、管理組合の了承や時には規約の改正が必要になるわけです。

住戸設備のグレードアップを円滑に進めるためには、最低限必要な共用設備の整備を行い、希望を受けたらすぐ対応できる細則を用意しておくことが賢明です。

図2：設備機器の劣化カーブ

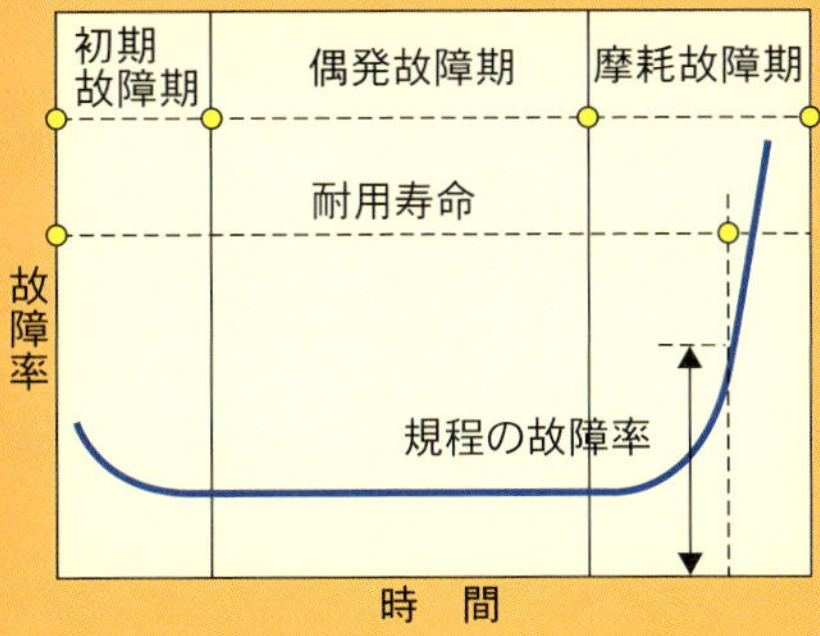

図1：集合住宅の設備の区分

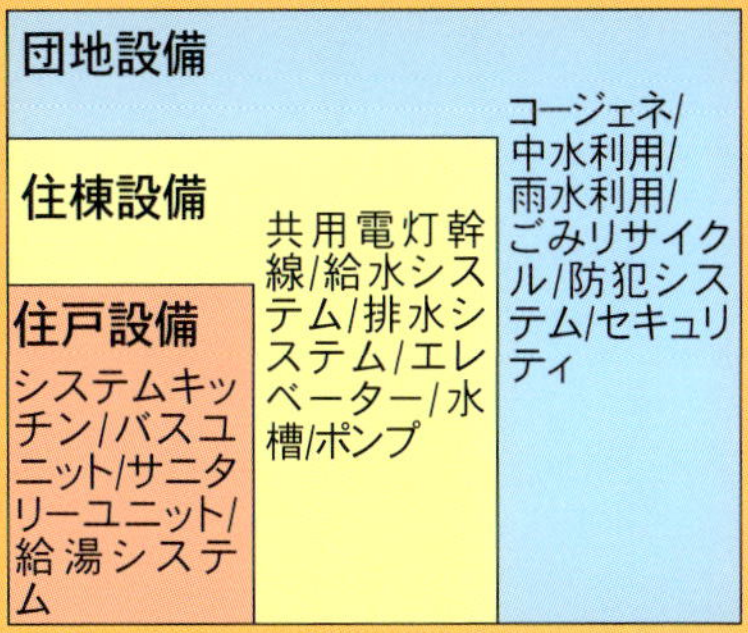

図3：住棟グレードアップ３要素

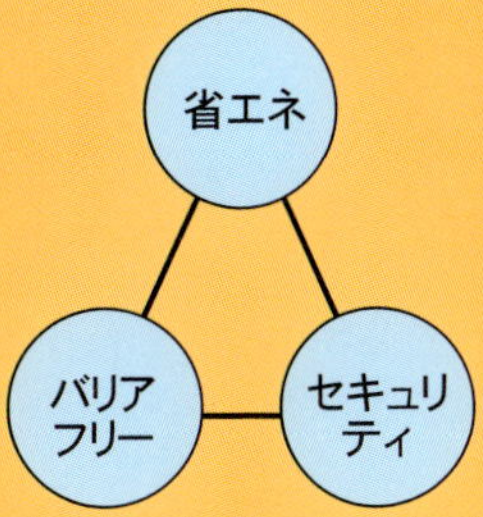

1. 住戸内の設備を交換支援するシステムがないのが、集合住宅管理の盲点

図4：エアコンの消費電力と省エネルギー率

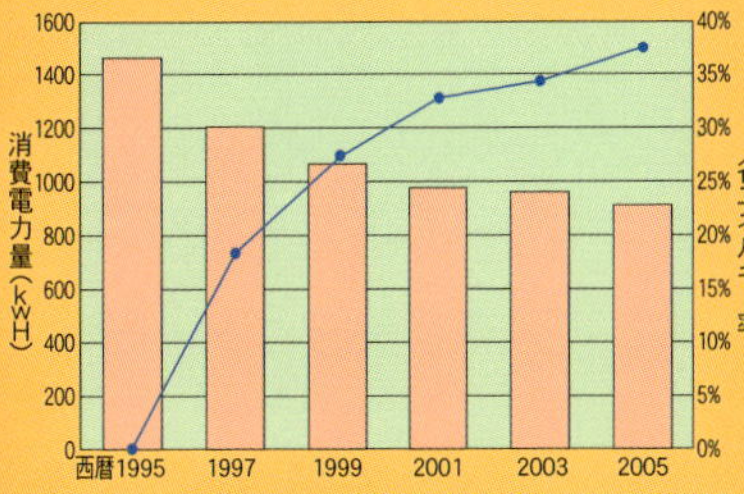

社団法人日本冷凍空調工業会

図5：団地ビジネスモデルマップ（2008）

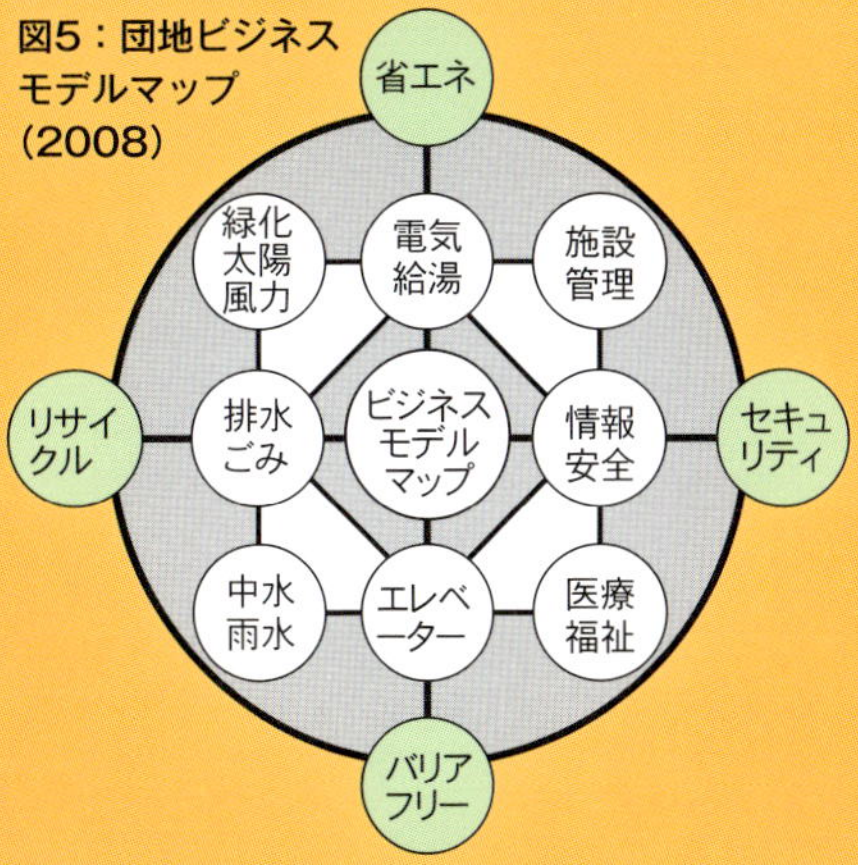

2. 外付けエレベーター設置例

住棟におけるグレードアップ改修

■設備グレードアップの3要素

共用部分の設備グレードアップの改修には、エレベーター増設などのバリアフリー改修、屋上や外壁の断熱や開口部の気密化を図る省エネルギー改修、住棟玄関のオートロックや防犯監視カメラの設置によるセキュリティ改修、高度情報回線導入によるIT改修などが挙げられます(注)。なかでも省エネ、バリアフリー、セキュリティ改修は住棟のグレードアップ改修の3要素(図3)といえましょう。そのうち、省エネは国家的な緊急要請であり、バリアフリー化は高齢者からの切実な要求であります。

■省エネ対策としてのサッシ交換

とくに開口部サッシは共用部分に含まれますから、断熱性や気密性の高いサッシに改修することは、団地でできるもっとも現実的な省エネルギー対策になります。集合住宅はもともと窓面が大きいことが特徴ですから、これを交換できれば大幅に暖房の負荷を減らすことが可能です。断熱化は、室内の温度分布をよくするばかりではなく、結露防止や光熱費の削減にもつながり一石二鳥でしょう。

■高効率設備交換による省エネルギー

省エネルギー効率の高い設備機器を使うことも方策の一つです。大規模修繕のときに共用廊下の照明器具、エレベーター、給排水のポンプなど共用部分設備の高効率化を図ることです。同時に、住戸内にある経年劣化して効率の悪くなった機器類の交換を組合員に勧めることが大切です。給湯機器やエアコンなどは年々、省エネ効率が高くなっています。10年前に比べて、エアコンなどは4割もエネルギー消費量が少なくなっているのです(図4)。管理組合の広報誌で設備機器の効率や節水率などの情報を提供したり、設備の上手な使い方を啓発したり、団地ぐるみで省エネルギーを促進することができればすばらしいことです。

■外づけエレベーターの設置

高齢化が進む今、集合住宅のバリアフリー対策は重要な課題です。ストックでもっとも数が多いといわれる階段室型の低層集合住宅では、エレベーターの設置に対する要求が増えてきています。公的賃貸住宅では、外づけでエレベーターの設置が実施されていますが(写真2)、分譲マンションでは、まだまだ高いハードルがあります。おそらく、団地再生のハードウエア技術のなかでももっとも期待されているのが、このエレベーター設置問題といえます。今、国土交通省やUR都市機構が、民間企業と共同でこの問題に取り組んでいるところです。

団地再生は共同自力の意識から

■個別システムから団地システムへ

住戸や住棟のグレードアップとともに再生しなくてはならないのは、コミュニティの活性化です。高齢化したコミュニティ、増え続ける空き家、退店が続く団地内店舗、不安な団地内セキュリティ、遠くなった医療や福祉施設など、団地を支えるソフトインフラの再生がもっとも重要です。

設備でも住棟を越えたエリアの環境やエネルギー、ごみなどのインフラの自力整備が必要と考えます。電気も、熱も、ごみも、水も重要な資源だからです。すべてが住戸で完結する個別システムは、便利で、他人に気兼ねなく快適かもしれませんが、資源やエネルギーを共有資産としてとらえるという視点が欠落しがちです。

■団地規模でとらえる設備システム

団地規模でまとめると新たな設備がイメージできます。例えば、団地内にガスや石油による熱源プラントを設置し、発生する電気は共用電源として使い、熱は住宅の給湯や共同浴場などに使うコージェネシステム、各住戸から排出される排水を浄化処理して、雨水とともにトイレ用洗浄水として再循環させる中水システム、団地の生活サービスや高齢者を見守るITシステム、セキュリティや設備管理を一括する情報システムなどは、団地規模で取り組んで初めて、高いレベルで実現させることができます（図5）。

従来は、これらの設備は公共団体や電気やガス会社が、バラバラに行っていたものですが、民間資本が加わった新しいビジネスモデルが誕生することが期待されます。

■住宅団地の新たな目標と魅力発見

住宅団地は過去には、都心に通勤するサラリーマンという、同一傾向にある人々が、効率よく住まう住宅集合体の一団としてつくられてきましたが、通勤という目的が希薄になり、生活形態も多様化してきた現在、団地に新たな目標を見いだし、効率の追求とは違った、集まって住むことの新たな魅力を発見することが重要です。

個別分散化した設備をもう一度まとめ直すことが、改めて集まって住むよさを見直すことにもつながっていくのではないでしょうか。

（注）『長期修繕計画作成と見直しの手引き』／２００４年11月／財団法人マンション管理センター発行／Ｐ21

新築を超える団地再生

オランダ・アムステルダムの事例から

オランダのアムステルダムにある団地は、防犯性や快適性、デザイン性を兼ねそなえた希有な再生事例である。魅力あふれる団地再生の可能性について迫る。

芝浦工業大学 工学部 建築学科 教授
南 一誠

みなみ・かずのぶ
東京大学およびマサチューセッツ工科大学大学院修了、博士（工学）、S.M.Arch.。専門は建築構法計画、建築設計

新築と見間違うような再生団地

海外に行くと、新築工事と見間違うぐらい、美しく快適に再生された団地を見ることができます。

その一例としてオランダ、アムステルダム市郊外に立地するコンプレックス50団地の再生について紹介します。この団地は１９５８年に竣工したもので３５０戸の住戸があり、二つの住宅協会が所有していましたが、老朽化が進んだため全面的に改修されました。

設計を担当したのは、ロッテルダムに所在するファン・シャーゲン建築設計事務所の建築家クラース・ヴァーハイド氏です。この事務所はオランダ各地で団地の再生を手がけています。

既存の建物は階段室が暗く防犯性も低かったので、階段室の外部に面した壁を撤去しサッシに取り替えて、階段室の内部を明るくしています。住戸内部を広くするため既存のバルコニーを室内に変更して、建物外部にバルコニーを新たに設置することも行っています。建物の断熱性能を向上するため、外壁やサッシは全面的に改修が行われています。既存の壁に被せるように新しいファサードを設けて断熱改修を行ったため、建物の奥行きが45㎝ほど大きくなっています。

まちづくりと団地再生の連携

団地再生にあたっては、団地周辺との関係を改善することも重視されました。団地の敷地を通り抜けて、団地東側にある公園から西側にある学校まで、自由に行けるようにして、地域の人の流れを円滑にし、まちの再生に寄与することを目指しています。そのため団地住棟の1階と2階部分を2階層分の高さの大きな吹き抜け（ピロティ）に改造し、敷地を横断する広々とした歩行者動線をつくり出しています。この大きなピロティができたおかげで、敷地の端から端まで見通すことができ、建物が並行して並んだ閉鎖的な景観が、伸びやかな広々としたものに生まれ変わりました。

■多様なタイプ・面積の住戸を設置

住宅の面積や平面タイプについては、同じ団地のなかに高齢者、若者、大家族など多様な世帯が住めるように変更されています。低層部の1階、2階には子どもが多くいる大家族が住めるように、2階建てのメゾネットに改修されました。一住戸の面積は１４０㎡と十分広く計画されています。オランダの伝統的住宅のように、1階の住戸はすべて外部に直接面した玄関を持つようにつくり替えられました。1階には台所や食堂が配置されています。そうすることで1階に人がいる時間が長くなり、住宅のなかから外を見る視線が確保されて、団地の防犯性が向上したといわれています。

ピロティの上にある3〜5階には、高齢者や初めて世帯を持つ若者が多額の家賃を負担しないでも住めるように、小規模住戸が配置されました。各住戸には、新たに設置されたエレベーターと、同じく新たに設置された外廊下を経由してアクセスします。

既存の構造体にどれぐらいの荷重を追加負担させることができるか、設計事務所と建設会社が共同で確認した結果、屋上に2階分増築して、6階、7階を設けることになりました。屋根スラブの上に鉄骨の桁を１８０ｍの長さで設置し、その上部に伝統的な木造構法によって25戸の住宅を増築しています。住戸面積は１２０㎡で、メゾネットとなっています。鉄骨の桁を設けることにより、5階から下にある既存建物の構造壁とは違った自由な位置に、ペントハウスの戸境壁を設けることができています。なお屋上部分とペントハウスの間にできた床下空間は70㎝の高さがあり、配管スペースとして使用されています。

試行錯誤の再生工事

団地再生工事においてもっとも苦労したのは、既存の建物に2階層分の吹き抜け（ピロティ）を設けることでした。この部分には、もともと、1階層の高さの通路があったのですが、間口も小さなものでした。2階層分の吹き抜けをつくるためには、3階の床レベルにある梁を補強して、上部の荷重を受けなければなりません。設計当初は、鉄骨の梁を設けようと考えられましたが、既存の建物のなかに大きな梁を搬入することが難しく、現場打ちのコンクリートで梁を設けることに変更しています。コンクリートを打設した後、4週間が経過して、十分な強度が得られたことを確認してから、既存の構造体が撤去されました。

この団地再生を計画した建築家のクラース・ヴァーハイド氏は、「どの団地でもこのような再生が可能なわけではない。この団地では構造体（戸境壁）の間隔が、再生に適した寸法であったことが、うまくいった原因である」といっています。構造体として十分な強度を有し、また新しい住戸平面を計画するには、構造体の間隔などに一定の条件があり、どの団地でも再生がうまくいくとはかぎらないのです。

期待される日本の団地再生

日本でも今後、団地再生が本格化すると予想されます。すでにUR都市機構は、日本で団地再生を実施するのに必要な技術開発を行うため、「ひばりが丘団地ストック再生実証実験」に取り組んでいます。そこでは①エレベーターや外廊下の設置、②メゾネット化、③住戸の水平二戸一《にこいち》、④1階住戸の低床化や施設化など、多種多様な実験が予定されています。また07年12月、UR都市機構は、管理する全国の団地に対して、今後の再編・再生方針を示しました。日本においても、団地再生が居住者や地域社会に受け入れられるためには、住戸の居住性能の改善だけではなく、新築工事を上回る高い水準のデザインであることが必要ではないでしょうか。ご紹介したオランダの事例ぐらいに、改修後の団地は、当初のイメージを一新して、豊かな表情をつくり出すことが望まれます。新築工事より魅力あるリニューアルの手法を開発して、持続性ある居住環境を実現していきたいと思います。

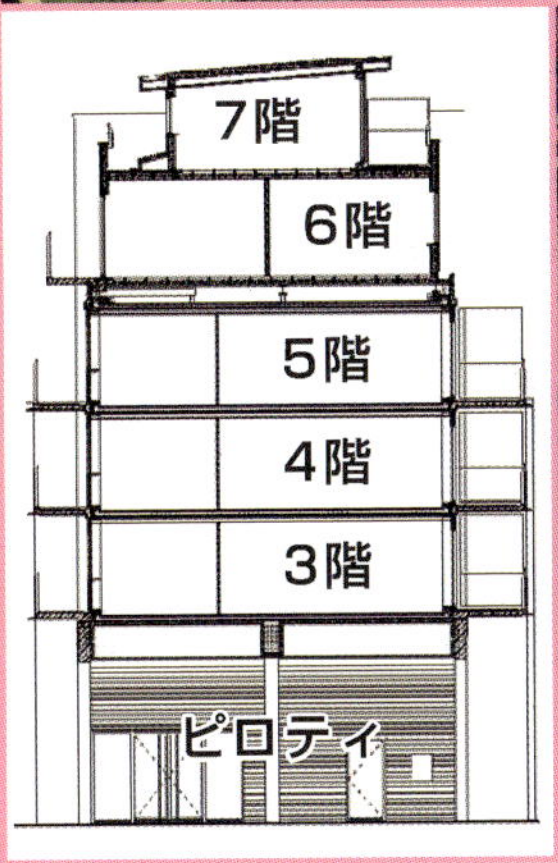

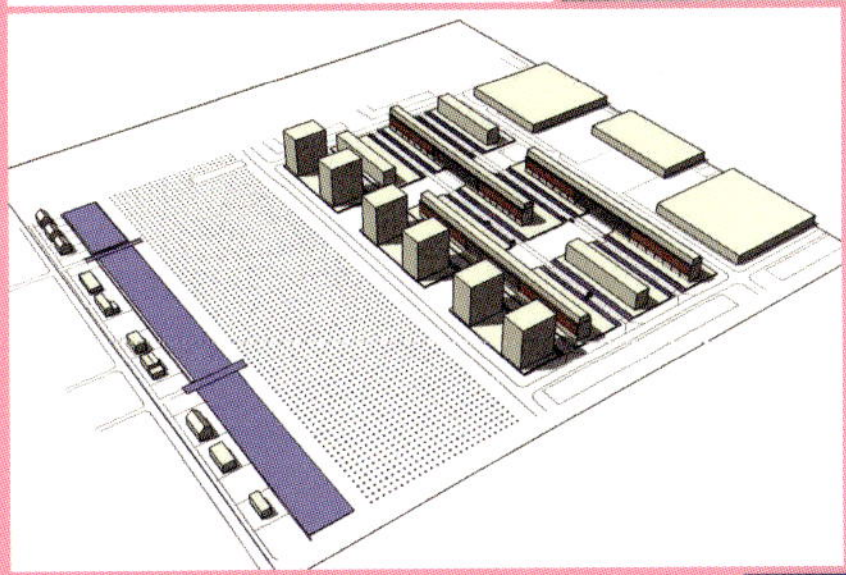

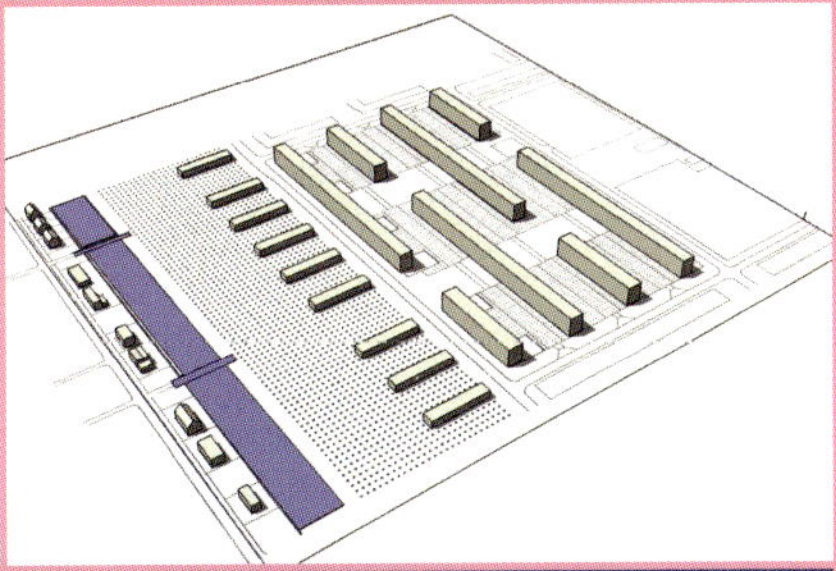

2	1	
5	4	3
7	6	
	8	

1. アムステルダム Complex 50（改修前）
2. アムステルダム Complex 50（改修後）
3. 増築されたバルコニー
4. 既存建物の1階部分
5. アムステルダム Complex 50 吹き抜け（ピロティ）部分断面図（改修後）
6. 改修工事前の団地の配置
7. 改修工事後の団地の配置
8. アムステルダム Complex 50 吹き抜け（ピロティ）部分（改修後）

※図版、写真は、すべてファン・シャーゲン建築設計事務所提供。

縮小社会に求められる減築のしくみ

集合住宅のクオリティを高める

人口減少社会へと突入した日本では、現存する住戸の減少も避けられない。それを逆手にとり、住環境の向上に結びつける「減築」の可能性とは。

住まいの研究所
鎌田 一夫

かまた・かずお
1944年東京都生まれ。千葉大学建築学科卒。旧住都公団建築技術試験場長などを歴任後、住まいの研究所を主宰。新建築家技術者集団常任幹事

構造的で避けることができない人口減少

昨年、死亡者数が出生者数を5万人上回ったと報道されました。人口が5万人減少したということです。日本の人口は2005年をピークにその後減少を始めており、今後さらに減少し続けると予測されています。女性の生涯出生率の低下が一つの原因ですが、出生率の改善では解決できないのです。というのは、これから結婚して子どもを生む世代、30歳以降の人口が若くなるほど減る構造になっているからです。子どもを生む世代の人口が減少していくので、出生率が改善されても出生数の増加は望めません。一方、高齢者は年々増加する構造になっており、これは死亡者数の増加を意味します。日本の人口構造から考えて、今後の人口減少は避けることができないのです。

人口減少は世帯数の減少につながります。2015年をピークに世帯数も減少を始めると予測されており、すでに大都市の少ない県では世帯数の減少がはじまっています。

世帯数の減少は必要とされる住宅数の減少へとつながります。5年ほど前の統計では全住宅数の13％程度が空き家とされていますが、今後空き家や廃屋はさらに増えていくことでしょう。日本は、まさに社会が縮小していく時代を迎えた

わけです。暗い話題を提供するようですが、これが今私たちが暮らしている社会の実態なので、ここはクールに受け止めたいと思います。

縮小社会における住宅の更新

世帯数が減少し、住宅の需要が減っても住宅の建設が止まるわけではありません。現に世帯数が減少または停滞している県でも、1年間に全住宅の2％程度の住宅が新たに建設されています。その一つは、老朽化や設備などが陳腐化した住宅の建て替え建設です。また、新規の住宅建設も行われます。世帯数が減少するといっても、結婚などで新しい世帯は誕生しています。その一方で消滅する世帯があって、その差し引きで減少となるのです。新しい世帯や子育て期の世帯では住宅需要が生じます。そうした住宅需要は既存の住宅ストック（中古住宅）では充足できず、新たな住宅建設につながるわけです。ただし、この場合は一方で空き家が必ず発生し、空き家はやがて解体されていきます。これは社会全体での建て替えであり、「建て代わり」と呼ぶのがふさわしいと思います。

これまでも建て代わりによって住宅は更新されてきたのですが、住宅数が増加する時代ではあまり目立ちませんでした。しかし、これからは住宅の建設はすべて建て替えか建て代わりということになります。そして、建て替えと建て代わりが進行するなかで、徐々に住宅数が減少していく社会になるのです。

同じ敷地で、住宅の解体と新築が連続して行われる建て替えと異なり、建て代わりは住宅の立地の変化を伴います。ある地域では新築が盛んな反面、別の地域では空き家が目立ってくるといったぐあいです。建て代わりは住宅地に二極化をもたらすことになります。

減築というアイディア

社会の豊かさを総量で計ると、縮小社会は生産量も建設量も減少する暗い社会に見えますが、住民一人当たりとか従業員一人当たりという尺度でとらえれば、決して暗い社会ではないと思います。国土や資源が減少するわけではないのですから、一人当たりは豊かになるシナリオもあり得るはずです。問題は〈何を〉〈いかに〉縮小するかです。

住宅に関していえば、先ほどから解体、解体と無粋な言葉を使ってきましたが、最近になって縮小を豊かさにつなげる意味を込めて「減築」という表現が使われるようになりました。Demolition の訳で、ヨーロッパで住宅の解体、戸数の削減を地域住環境の向上につなげている事例を踏まえた用語です。

すでに、本書でも減築の紹介はされていますが、旧東ドイツに属したライネフェルデ市の大規模団地における減築を再度見ておきましょう。繊維産業コンビナートのために小さな村につくられた大規模団地は、コンビナートの廃止によって急速な人口減少と空き家化が進みました。市は団地を解体してしまうのではなく、減築などの方法でクオリティの高い住宅地に再生した事例です。

一つは街区単位での減築手法で（写真1）、1棟をすべて解体して広場にし、1棟を1階のみ残して解体しています。残った住棟は庇をつなぎ、2棟のコーナーはエレベーターシャフトを新設して塞ぐなどで一体性を持たせています。広場には日本人の協力で日本庭園をつくり、1階を残した住棟は地域施設に用途替え利用しています。

もう一つは水平方向の減築で（写真2）、5階建ての上2層を解体し、さらに3階の一部をテラスにしてクオリティの高い住宅に改造しています。極めつけは垂直方向の減築で（写真3）、長大な住棟を一戸おきに解体して、1フロア1戸で四面開口のある高級なヴィラ型住宅に改造した事例です。いずれも、たんに戸数を削減するだけでなく、減らしたことを居住の質向上につなげるしたたかな計画になっています。

区分所有マンションの減築？

このように、ヨーロッパでは工夫を凝らした減築が行われていますが、中高層集合住宅の減築や解体はもともと厄介なことです。ほとんどが鉄筋コンクリートなので、コストがかかり、廃材の再生利用にも限度があります。多世帯が住む集合住宅ではそれぞれの世帯の意向の調整も大変です。とりわけ、個々に独立した権利の集合体である区分所有マンションでは減築は不可能といえるでしょう。ヨーロッパの事例も住宅会社や住宅組合の所有していたもので、個別権利者の調整をしたうえでの減築ではありません。

もっとも、区分所有マンションで減築を考える必要があるのかという反論がありそうです。適切な管理を行い、コミュニティを育て、住み続けることこそが重要なのだと。そのとおりです。しかし、先ほど建て代わりでは、住宅地の二極化が進むといいましたが、マンションでも同じことが起こるのです。

昨年、NHKの『クローズアップ現代』で高崎市の郊外マンションでの荒廃ぶりが報道されました。私も以前現地を視察しました。30戸ほどのマンションに住んでいるのは2、3軒。共用の電気やエレベーターは停止し、給水ポンプも動かないので給水は特別に市水を直結して賄っています。玄関先

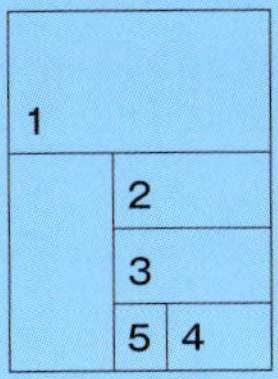

1. 住棟解体後の日本庭園と地域施設。奥は改修された既存棟
2. 上部2層を解体し、3階をテラス付きにした住棟
3. 長大棟を1戸おきに解体し、ヴィラ型住棟に改造
4. エレベーターは止まり、自転車やゴミが放置された玄関
5. 廊下を埋めつくす引っ越し時のゴミ

や共用廊下には引っ越し時のゴミが山と積まれたままです（写真4、5）。それでも、空き家には名目上の所有者がいて区分所有という状態は継続しているのです。

このマンションは投機目的で、見通しもなく建てられた特殊例で、もし需要があれば、ここまで荒廃はしなかったでしょうが、縮小社会では立地条件などが悪ければ、住まい手が維持管理を丁寧に行っていても、中古住宅の需要がないということで荒廃につながる危険をはらんでいます。実は、郊外の戸建て住宅地でも空き家や廃屋が増えており、将来の社会問題として指摘されています。それでも、高崎市のマンションのように荒廃とまでいかないのは、所有形態と住宅の建て方の違いです。マンションでは空き家の増加が直接相隣に悪影響を及ぼし、急速な環境悪化を招きかねないのです。

求められる除却と減築のしくみ

区分所有された集合住宅というのは大変優れた形態ですが、縮小社会にあっては大きな弱点も持っています。郊外マンションなどで放置空き家が顕在化してマンションの評価が下がり、転居する人や維持管理に無責任になる人が増えることを私は心配しています。そうならないために、区分所有マンションにおける除却や減築のしくみづくりに取り組むときに来ていると思います。無秩序なばば抜きゲームを回避する意味では、立地条件や管理状態のよいマンションに住む人にも共通の課題です。

解き明かすべき課題は多数あります。除却と減築では違った手法になるでしょう。住宅会社や住宅組合に権利を集約するには新たな法制度も必要です。自治体の関与も不可欠です。多くの人がこの問題に関心を持って、取り組まれるよう繰り返して訴えたいと思います。

ドイツのライネフェルデでは、画一的な団地を減築による戸数の削減でクオリティの高い団地に再生しました。しかし、市長やコンサルタントは今後も住宅戸数は減っていくという予測に立って準備を進めています。この冷静で長期的な戦略に私たちも学びたいと思います。

団地再生に取り組む——活動報告

- 都市住宅学会関西支部「住宅団地のリノベーション研究委員会」
- 都市住宅学会中部支部「住宅市場研究会・住宅再生部会」
- 社団法人 日本建築士会連合会
- NPO法人 ちば地域再生リサーチ
- NPO法人 エコ村ネットワーキング
- ESCO推進協議会（Japan Association of Energy Service Companies：JAESCO）
- NPO法人 建築技術支援協会

都市住宅学会関西支部

「住宅団地のリノベーション研究委員会」

主査代行／武庫川女子大学 教授
大坪 明

関西の団地再生に取り組む

われわれは、「団地再生」が多少人々の口の端にのぼるようになってきた2002年に、都市住宅学会関西支部のなかに表記研究委員会を発足させた。その後、現実に団地における高齢者率の高さ等が社会問題視され、一昨年あたりからマスコミ各社がこの問題を何度か取り上げている。また、資源問題等とも関連して建築ストックの有効活用が叫ばれるようにもなった。時代のパラダイムは「所有する」から「使う」へ、また「新たにつくる」から「すでにあるものを手入れして長く使う」へとシフトしている。その結果、「団地再生」に対する取り組みは研究会発足当初とは格段に異なり、団地再生にかかわるさまざまな活動が次第に活発化している。

上記のような状況のなかで、われわれは07年、08年の両年にわたり、複数大学の学生が団地住棟の複数住戸を自主改修する実験を行った。これらにより、築後40年を経過した団地住棟でも現代的ニーズの利用形態に適合させることが可能であり、かつ素人の手でもそこそこ満足できる程度に改修できることがおおむね検証できた。これは多くの住宅ストックを抱える公的住宅管理主体にとって、住戸改修費用を削減する一つの方法を示して

大勢の聴衆が訪れた団地再生シンポジウム

いる。同時に、これらの実験が多様な改修結果をもたらしたことは、既存ストックの持つポテンシャルの高さと、生活をサポートする多様な用途が住棟内にも展開されることが今後の団地再生にとって有用であることを示唆している。これらの内容については、本委員会作成の団地再生シンポジウム「既存住棟を活用した団地の新たな魅力づくり」報告書や大阪ガスエネルギー・文化研究所の『CEL vol.88』などに詳しい。またさらには、本委員会の一部メンバーが都市機構と共同で実施する住棟ストックの活用研究に参画するなど、近年は具体的なものを相手に団地再生手段の検証を行っている。一方、団地の再生には住民生活を安心で潤いあるものにするソフトな手段も必要で、それを提供する萌芽はすでにさまざまな団地で見られる。われわれも、今後はこのようなソフトな手段を模索し、団地をマネジメントするなかに展開し検証する段階に入ろうと考えている。

同時にわれわれは発足当初より、例えば団地再生卒業設計展の関西での開催や松村秀一東大教授の「長期優良住宅」に関する講演会の開催などを通じて、NPO団地再生研究会および団地再生産業協議会と連携を保ちながら活動してきた。さらには地方公共団体などが団地やニュータウンの再生・更新を考える際の委員に、本研究委員会メンバーの幾人かが就任している状況も見られる。これらのことは、われわれが団地再生に関する諸活動のなかで、関西において相対的に中核的な役割を演じていることを意味しており、今後とも前述組織と連携を保ちつつ、さらにその活動範囲を広げるとともに深化させていこうと考えている。

都市住宅学会関西支部
「住宅団地のリノベーション研究委員会」

概　要

団地再生にかかわるシンポジウムや講演会の開催、団地再生卒業設計展の開催、ストック活用目的の住戸・住棟の改修現場視察および研究会での報告、海外視察の報告等を実施

連絡先

武庫川女子大学 生活環境学部 生活環境学科
大坪研究室
住所：兵庫県西宮市池開町6-46
Tel.&Fax.：0798-45-9865(Dial-in)
E-mail：a_otsubo@mukogawa-u.ac.jp

団地再生卒業設計賞展（関西展）

都市住宅学会中部支部

「住宅市場研究会・住宅再生部会」

椙山《すぎやま》女学園大学 生活科学部 教授　村上 心

東海地域で高まる「団地・集合住宅の再生」への期待

「名古屋」大都市圏は、名古屋都心から半径約20㎞の名古屋市圏域と、岐阜・多治見・豊田・岡崎・四日市・桑名・大垣などの都心から20～40㎞に散在する多核的都市圏域から構成されている。名古屋市圏域の境縁部には、千里ニュータウン・多摩ニュータウンと並んでわが国でもっとも古く（１９６５～１９８１年）開発された大規模ニュータウン「高蔵寺ニュータウン」が立地しており、それを境として都心部には集合住宅団地が、郊外部には戸建て住宅団地が主にストックとして形成されている。いずれも、大規模再生か建て替えかという選択を迫られる時期にある。郊外戸建て住宅団地では、入居者が一斉に高齢化したことから、数%～三十数%の空き地・空き家が生じており、この活用方法の策定も課題となっている。

これら名古屋圏の団地再生への取り組みをさらに活性化することを目的として、都市住宅学会中部支部内に住宅市場研究会・住宅再生部会（代表：村上心）を２００７年２月に立ち上げた*。メンバーは、住宅・団地再生に興味を持つ設計者・施工業者・住宅メーカー・部品メーカー・宅地開発業者・住宅供給業者・公務員・公的住宅供給組織員・ジャーナリスト・

「中古住宅ストックの評価手法に関する研究」の枠組み

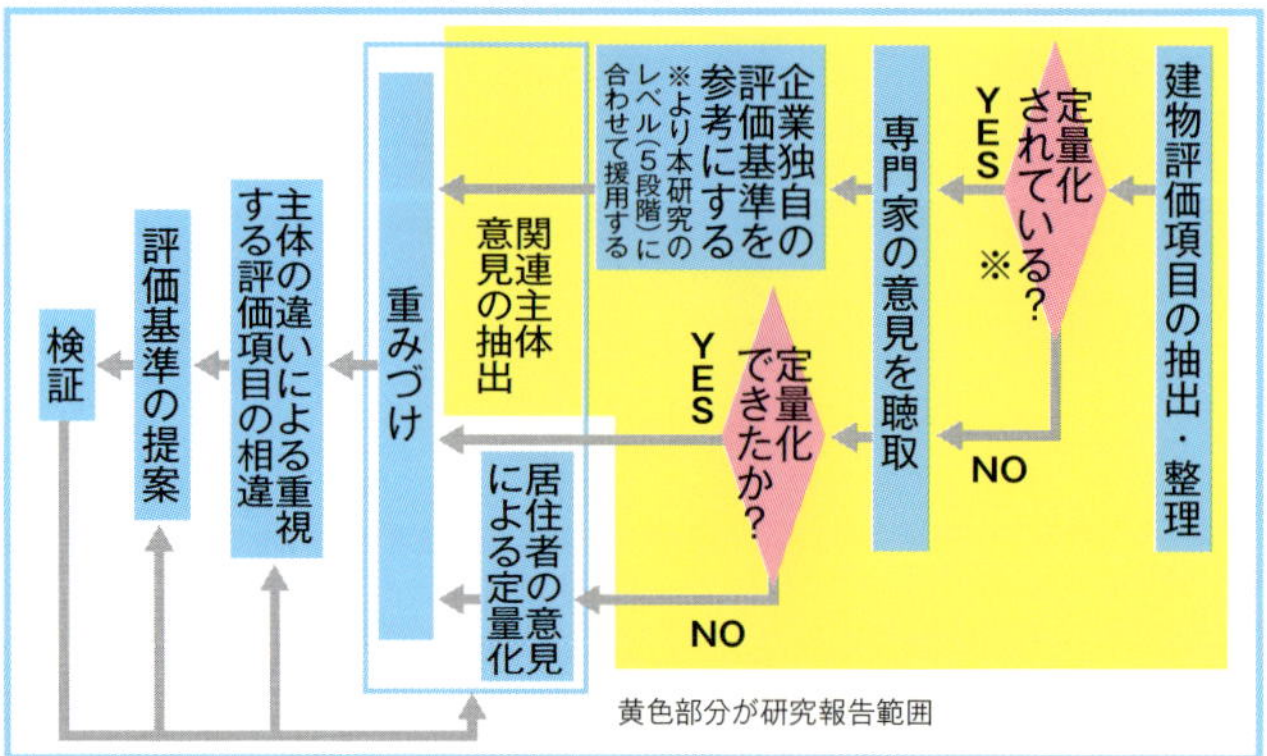

研究者など三十数名である。年数回の「研究発表討議会」のほかに、年1～2回の「見学会」、年1回の「団地再生シンポジウム」（写真参照）と展示会「団地再生卒業設計展」や共同研究などを行っている。

「研究発表討議会」は、研究者・学生と、民間メンバーとが交互に発表を行い、各々の活動に対して相互の視点からコメントと討議を行う。

「団地再生シンポジウム」は、毎年秋に開催。07年度は、「住宅再生最前線と名古屋の展望」と題して、東京R不動産の馬場正尊氏にご講演いただき、数名のゲストとともにディスカッションを行った。08年度の講演テーマは、『建築再生の進め方——ストック時代の建築学入門——』（市ヶ谷出版社）の都市住宅学会著作賞の受賞記念として、著者のうち、東京大学教授・松村秀一氏、㈱アークブレイン代表・田村誠邦氏、明海大学教授・齊藤広子氏、筆者の4名で、講演とディスカッションの場を持った。

共同研究テーマとしては、07年度から①「中古住宅ストックの評価手法に関する研究」（下図参照）、②「市営住宅政策に関する研究」、③「集合住宅再生技術に関する研究」などに取り組んでおり、とくに①は、㈶住宅総合研究財団などの競争的資金を獲得して活発に研究活動を行っている。

名古屋をはじめとする東海地域では、団地・集合住宅にかかわる住民、設計・施工の実務者、所有者、管理者、部品メーカー、エネルギー関連会社、研究者などの団地再生への注目と期待が高まっており、このさまざまな立場から同じ方向へ向けられた意識の高まりを統合するプロジェクトの実現が求められている。

＊「住宅再生部会」のほかに「郊外住宅部会」と「賃貸住宅部会」がある

都市住宅学会中部支部
「住宅市場研究会・住宅再生部会」

概　要

年数回の「研究発表討議会」、年1～2回の「見学会」、年1回の「団地再生シンポジウム」・展示会「団地再生卒業設計展」、共同研究など。

連絡先

椙山女学園大学 生活科学部 村上研究室
〒464-8662　名古屋市千種区星が丘元町17-3
TEL：052-781-1186
FAX：052-782-7265
E-mail：shin@sugiyama-u.ac.jp

2007年10月の団地再生シンポジウムの様子

社団法人 日本建築士会連合会

消費者保護の視点に立った建築士会の専攻建築士制度

「建築士」が誕生して今年で59年目を迎える。昨今の社会の高度化・複合化に対応して、建築士の業務は多様に専門分化し、企画・調査から設計、建設、維持管理まで、その業務は拡大している。

こうした背景から、「建築士」というくくりでは、その建築士が、一連の建築生産のどこを担当しているのか、わかりにくくなってきている。さらに、時代の進展に合わせ、新しい技術、より高い能力が求められるようになっている。

そのため、建築士は社会やクライアントに対し、「たえず自己研鑽に努め、かつ、一定の実績をあげている資格者として、自らの専攻（専門）領域を明示する」責任があると考えており、建築士会はそうした建築士を支援し、証明するため、専攻（専門）領域について、一定の実務実績のある建築士を建築士会が審査し、「第三者性のある認定機関」が認定する「専攻建築士制度」を実施している。

専攻建築士の名称は、「まちづくり」「設計」「構造設計」「設備設計」「生産」「棟梁」「法令」「教育研究」の8領域に区分し、専攻（専門）領域を表示することで、建築士の責任の明確化を図っている。

建築士業務の拡大とパートナーリング

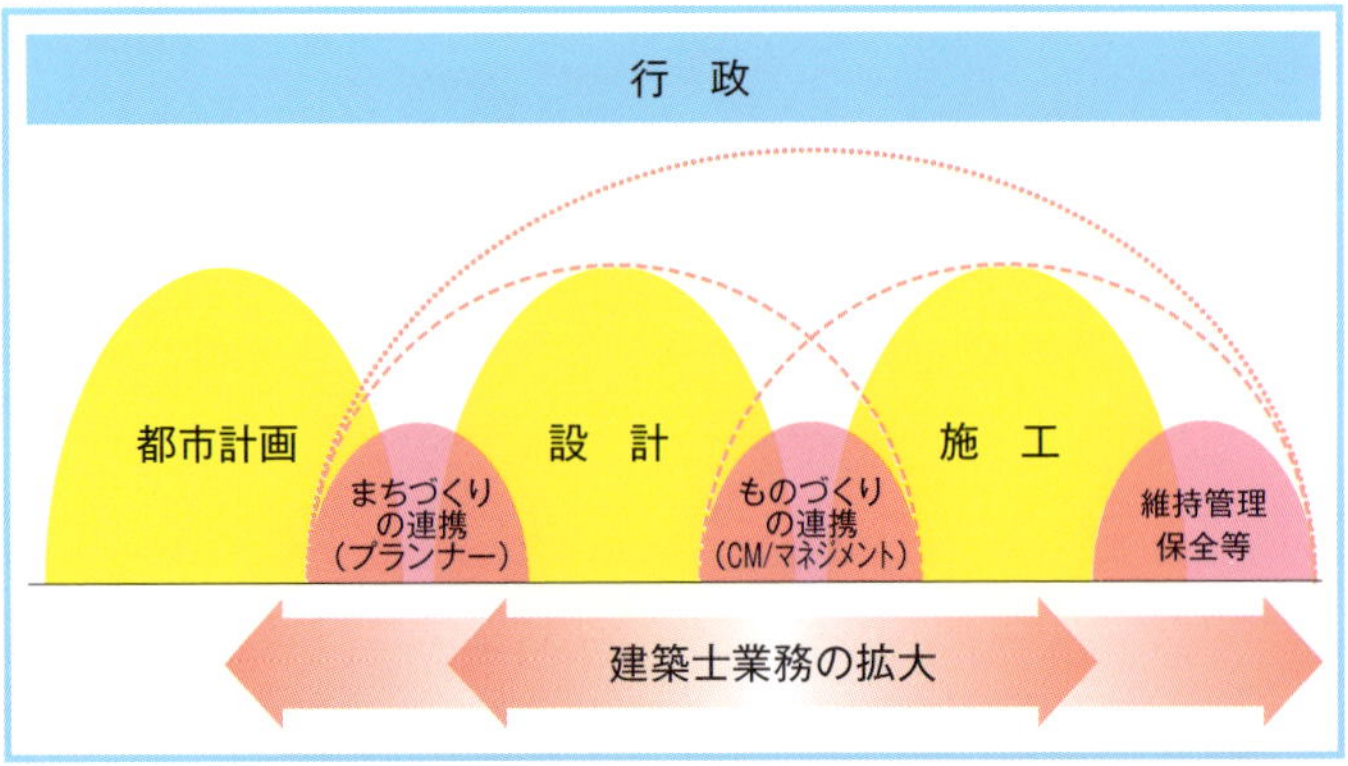

地域貢献活動推進センターと地域貢献活動センターによる地域支援

日本建築士会連合会「地域貢献活動推進センター」は、建築士会所属の建築士が自らの職能を活かして、所属する地域のまちづくり活動などを行おうとする者への支援を目的に、建築士会を中心に設立する「地域貢献活動センター」の支援を図り、地域社会発展に寄与するために設立した。

地域貢献活動の実態は、ボランティア中心であったため活動の人材不足、オーバーワーク、資金の不足などが生じ、その活動の永続性、主体性を高めていくためには、さまざまな課題に直面している。その解決にあたっては、資金の助成・情報・技術の提供を組織的に展開していくことが求められている。

このような状況のなかで、各建築士会は地域のまちづくり活動などを支援する「地域貢献活動センター」を地域の実態に応じて主体的に組織し、当連合会は、活動センターの健全なる発展の支援の役割を果たす「地域貢献活動推進センター」を組織し、資金・情報・技術の助成、支援等の体制強化を図っている。

「地域貢献活動センター」は、１９９７年4月以降設立準備され、２００８年12月現在、41の各建築士会で設立されている。

建築士会は建築士のネットワークの中心にあるキーステーションである。一人の力でつくることも壊すこともできる建築だが、一人だけでは形にできないのも建築だ。建築士会はキーステーションとなって建築士の職能と知識情報の環をつなげ、建築士の社会貢献活動をサポートしていく。

社団法人 日本建築士会連合会

概　要

1952年に都道府県ごとに設立されている建築士会をもって組織し、建築士の品位の保持とその業務の進歩改善を図り、広く社会公共の福祉増進に寄与する活動を行う。

連絡先

〒108-0014
東京都港区芝5-26-20 建築会館5階
TEL：03-3456-2061
FAX：03-3456-2067
E-mail：info@kenchikushikai.or.jp
URL：http://www.kenchikushikai.or.jp/

推進センターと活動センター関係モデル

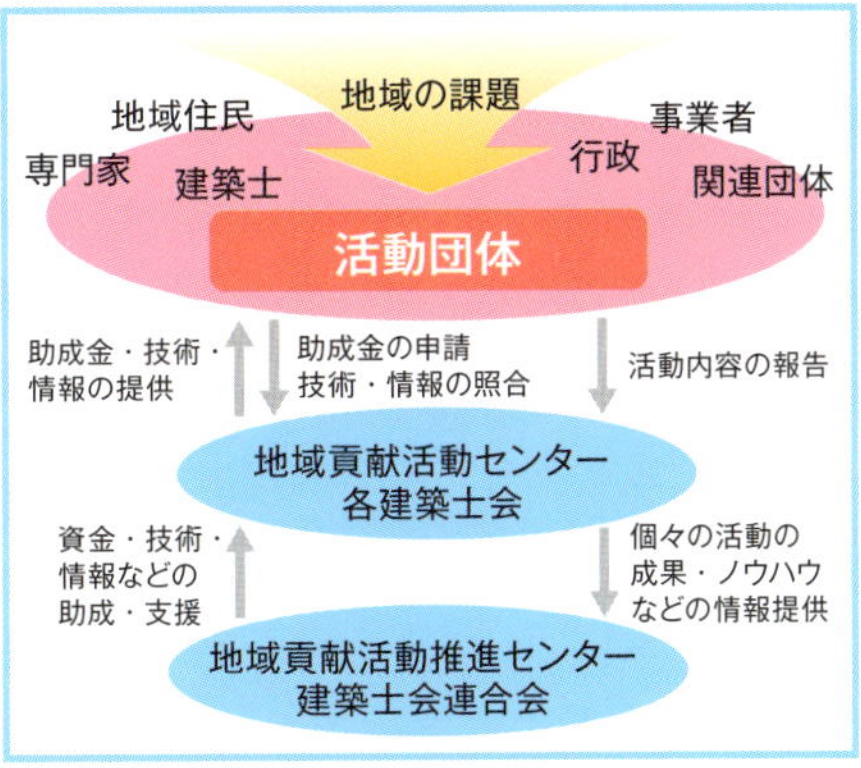

NPO法人 ちば地域再生リサーチ

事務局長 鈴木雅之

設立5年を経過し、活動は多方面に

千葉市の海浜ニュータウンの団地を、暮らし、住まい、コミュニティ形成のソフト・サービスによって住みやすいまちに変える活動をしているのが、NPO法人ちば地域再生リサーチと団地住民である。私たちは、「住まいのサポート」「暮らしのサポート」「コミュニティ形成」「再生戦略づくり」「地域との連携」を五つの柱として活動を推進している。

ちば地域再生リサーチは設立後5年を過ぎ、その活動は、住まいのDIYサポートや高齢者の暮らしのサポート（買い物）だけでなく多方面に展開してきており、ニュータウン・団地再生のプロフェッショナルな組織へのイノベーションの途中である。

■ハイブリッドリフォーム

可能なかぎり安価で、安心できるリフォームを実現する取り組みとして、設備や配線、建具などは業者や職人が施工し、施主が自ら作業できる部分（壁紙、珪藻土、CFシートなどの表層系、棚など造作系）はDIY施工するリフォームをコーディネートし、現場管理している。

■ニュータウン再生型エリアマネジメント

活動範囲である高洲・高浜団地。築後30～40年を経過し、老朽化、高齢化などニュータウン、団地に特有な課題を抱える

海浜ニュータウンを活性化し、住民が元気に暮らし続けられる魅力あるまちづくりを進めるための26項目からなるエリアマネジメントシステムを２００７年に策定し、プロジェクトを組み立てながら推進している。

■地域の担い手との総合活動のコーディネート

小さいがたくさんあるニュータウン内の個人や団体の地域活動（福祉活動、子育て活動、学習活動など）を相互に関係づけ、アート系、子育て系などの新たな活動の発展に向けてコーディネートしている。

■近隣型SC空き店舗での住民力の活用

ニュータウン内の二つの近隣型ショッピングセンターの空き店舗を、地元住民がさまざまな地域活動をするための拠点として改装し、個人や団体の活動のコーディネートとサポートをしている。活性化の主役を地元住民が担う活動となり、現在26の個人と団体が活動を行っている。

■近隣型SCのアート系コミュニティ拠点への再生

空き店舗率が50％を超えていた近隣型ショッピングセンターの約半分を解体して規模縮小し、残りの一部のスペース（５００㎡）を地元の市民アーティストが入居する拠点としてコーディネートしている。また、そのなかで地元住民が講師になる団地学校を開講する。

■地域・建築再生コンサルティング

具体的なプロジェクトである集会所の改修提案（住民ワークショップを含む）や近隣型ショッピングセンター等の有効活用とリノベーション計画をコンサルティングしている。

NPO法人ちば地域再生リサーチ

概　要

ニュータウン・団地の再生とエリアマネジメントの会社組織。2003年8月設立。構成員は24人（会員15人、常勤職員2名、非常勤職員4人、ボランティア5人）。事業規模は約2,000万円。

連絡先

〒261-0004 千葉県千葉市美浜区高洲2-3-14
代表者：服部岑生（理事長）
TEL／FAX：043-245-1208
E-mail：ask@cr3.jp
URL：http://cr3.jp

活動の五つの柱

NPO法人 エコ村ネットワーキング

滋賀県立大学 副学長 仁連孝昭

動き出した住民主体のエコ村づくり

人と人のつながりと人と自然のつながりを大切にする暮らしを、私たちは「エコ村」という言葉に込めている。この理念を私たちは「エコ村憲章」として定式化しており、それは7か条からなっている。

①生命あるものに感動し、愛情を持つ生命倫理を育む。
②未来への希望を育むことを最高の喜びとする。
③地域にあるものを最大限に生かす文化を育てる。
④環境を傷つけず、環境からの恵みを大切にする。
⑤個を尊重するとともに、互いに支え合う関係を強くする。
⑥人々に喜びを分かち合う仕事を育てる。
⑦責任ある個人によって担われる、活力あるコミュニティをつくる。

この理念を実現するために、「エコ村ネットワーキング」が組織され、これまで活動を続けてきた。活動の主な内容はこの理念を普及し、それを実現することを目指している。普及のために、セミナー、ワークショップを多数開催してきた。

もう一つの活動はエコ村づくりだ。近江八幡市の市街地の西南に隣接して「小舟木エコ村」が計画され、08年から居住が開始され、09年4月には

エコ村の家庭菜園

約70世帯が生活を始めている。計画が始まったのは02年11月からなので、実現に至るまで長い道のりだった。エコ村の計画をして、それを実現するために、多くのことを学んできた。エコ村予定地の法定地目が農地（実際には荒地）であったこともあり、開発の許可を得るのに散々苦労した。また、事業主体として株式会社地球の芽が設立され、民間ベースで進めたことにも一長一短があった。でも、エコ村がようやく立ち上がり、これからは住民主体でほんとうのエコ村づくりが始まった。

小舟木エコ村では、各戸に10坪の菜園が設けられている。菜園はもっとも身近な自然の窓口であり、自然との小さなふれあいの場となるが、同時に菜園づくりをネタに近所づきあいが始まり、コミュニティのなかで世代を超えたつながりが育まれることが期待される。また、菜園は家庭から出る生ゴミのコンポスト化を促し、ゴミについて考える機会をつくってくれる。小さな菜園からエコ村ができあがってくることが楽しみだ。

地域が人々の生活を支え、しかも自然を破壊することなく持続的に人々の生活を支えていく仕組みをつくるうえで、そこにあるものを大切にすることがいちばんである。

そのような生活スタイルを築き上げることがエコ村の目的だが、団地再生も同じくこれを共通の目的にしている。

現在の環境と経済の危機を乗り越えるには、地域の資本を大切にし、活用することが基本だ。エコ村ネットワーキングは地域でその役割を果たすことを目的に活動している。

NPO 法人 エコ村ネットワーキング

概　要

2000年に設立され、産官学民の協働により、持続可能な社会をコミュニティから創出することを目的にしている。2003年に法人化され、2008年より小舟木エコ村が動きはじめた。

連絡先

滋賀県立大学　環境科学部内
滋賀県彦根市八坂町2500番地
TEL：0749-28-8348
FAX：0749-28-8348
URL：http://www.eco-mura.net/

エコ村公園で自ら苗木を植える住民たち

ＥＳＣＯ推進協議会（Japan Association of Energy Service Companies:JAESCO）

事務局長　村越千春

温暖化対策の担い手として

ＥＳＣＯ（Energy Service Company）は１００年ほど前にフランスで生まれ、石油危機以降、アメリカでビジネスモデルとして成長し、現在では世界40か国以上に広がっている。わが国への導入は１９９６年に始まり、事業規模は４００億円に成長、昨年までの二酸化炭素排出削減量は１００万ｔ-CO_2を超えた。

ＥＳＣＯ事業の特徴

ＥＳＣＯ事業はお客さまとウィンウィンの関係を築き、お客さまの収益改善と温暖化対策に貢献する事業である。省エネルギー改善工事による省エネ効果を保証する点に大きな特徴があるが、事業の進め方にもさまざまな特徴がある。これは医者にかかったときと似ている。ＥＳＣＯの場合、初めに現状を把握するための省エネルギー診断を行い、その後、改修の提案、契約、改修工事、メンテナンス、計測・検証を行う。医者と異なるのは、省エネ効果を保証する点と、ファイナンスサービスを行う点である。計測・検証は運転管理時の省エネ効果を把握・分析してお客さまに報告す

わが国 ESCO 事業の市場規模　　資料：ESCO 推進協議会調べ（2008年）

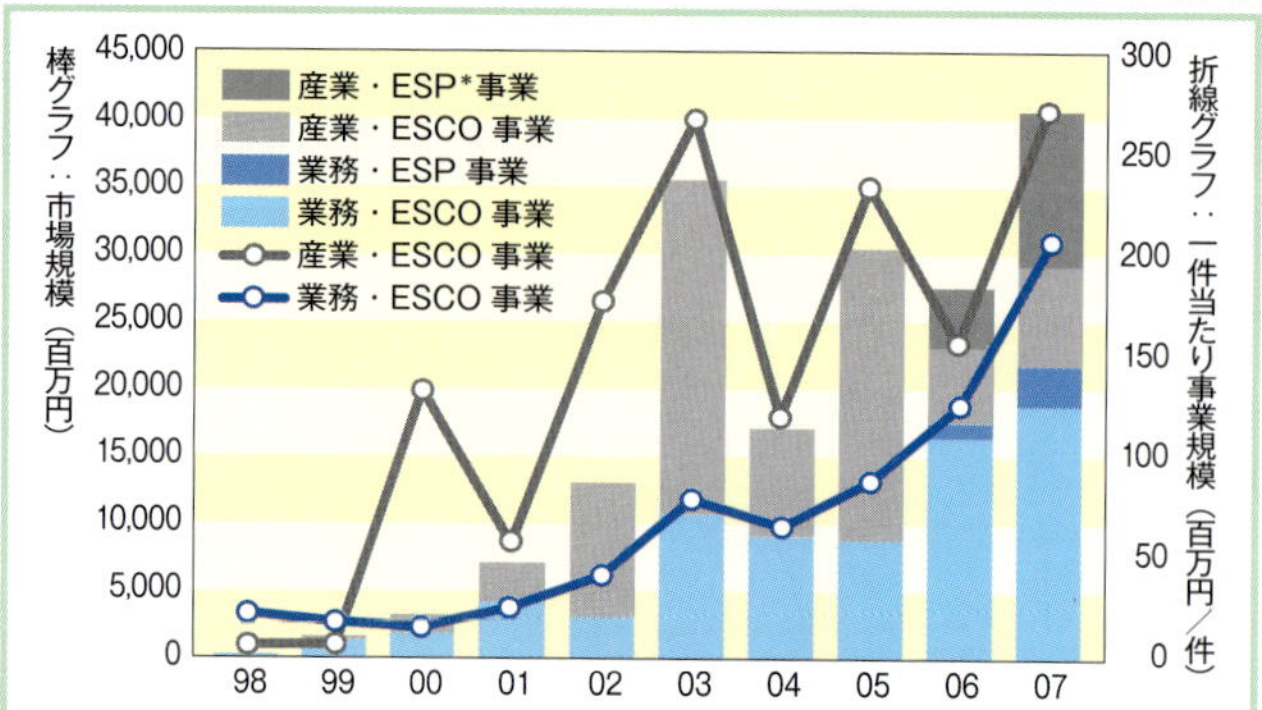

＊ ESP: Energy Service Provider

るサービスだ。このような包括的なサービスを行うことで、お客様の利益を最大化しリスクを最小化すると同時に、省エネ効果を長期間持続することが可能になるビジネスである。

団地再生とのかかわり

ESCO事業は通常、住宅は対象としていない。各世帯で使うエネルギー消費量が大きく異なり、省エネ効果を特定して保証することが困難になるからだ。しかし、ESCOの持つノウハウは団地再生の現場でも適用できるものがあると思う。省エネルギー診断、省エネ設計、計測・検証、ファイナンスサービスなどだ。世界中で行われているビジネスなので国際協調の点でも通じるものがあると思う。とくにアジアではわが国の持つ省エネノウハウへの関心が強く、普及拡大に貢献できると考えている。

ESCO推進協議会の活動

1999年に民間のESCO推進母体として発足し10年を迎えた。会員向けのセミナー、研修会、ニュースレター、公募情報提供および、一般を対象としたコンファレンス、展示会への出展、説明会への講師派遣などを行うとともに、政府への提言、政策協力を行っている。海外協力についてはアジアESCOコンファレンスを2005年にバンコク市で、07年に北京で行い、アジアESCOネットワークで各国のESCO関係者との情報交換を行っている。09年4月で123の会員が参加している。

ESCO推進協議会

概　要

1999年10月、ESCO事業の民間促進母体として設立（会長：茅陽一東京大学名誉教授）。会員数123（2009年4月）。ESCO推進のための各種キャパシティー・ビルディング、政府への働きかけ、海外協力などを主に行っている。

連絡先

〒102-0094 東京都千代田区紀尾井町3-29
紀尾井町福田ビル3階
TEL：03-3234-2226
FAX：03-3234-2228
URL：http://www.jaesco.gr.jp

第2回アジアESCOコンファレンス（北京2007年）。中上英俊氏（JAESCO副会長：左）と沈龙海氏（EMCA主任：右）

NPO法人 建築技術支援協会

事業部長 中村正實

マンションの「価値管理」を目指して

１９９８年11月に任意団体として発足、翌１９９９年9月に東京都より特定非営利活動法人の認可を受けた当協会のマンション部会を母体として、２００５年6月、マンション管理組合支援事業部が設立された。

実際にコンサルティング契約を結ぶようになったのは、２００６年2月からだが、学位取得者26名、一級建築士96名、設備士ほか13名を擁する団体の一事業部として、協会の設立理念にかない、かつ参加する多彩なスタッフのモチベーションを維持するアイデンティティをどうするかが問題であった。

その基本理念として「マンションの価値管理」を標榜することとなり、以来今日まで3年を超える実際の活動でその実を上げることができた。これまでの3年という短い期間に相談を受けた案件は、現在１２０件に及び、手がけたプロジェクトは60件に届こうとしている。

現在の支援内容は次の通りである。

■大規模修繕にかかわる支援

建物診断・修繕仕様の決定・修繕設計・合意形成・施工業者選定補助・

「スカイヴュー戸塚」(177戸)の大規模修繕風景。
屋根アスファルトシングル更新(右)と手すり支柱足元補強(円内:復旧後)

工事監理・長期修繕計画の見直し・大規模修繕のための管理組合に対する勉強会の開催。

■耐震診断・耐震改修設計

構造計算書のチェック・構造計算書と構造図の整合性のチェック。
構造図と建物の整合性のチェック・耐震改修設計とその工事監理。

■管理組合運営についての支援

当初は、主に大規模修繕にかかわる技術的支援を仕事として発足したが、実際の相談に乗るうちに修繕積立金が不足する事例も少なからずあり、その原因は管理会社の不適切な指導や対応だった。

築年数の古いマンションでは未収金残高の増加などがあり、管理組合の運営や再建に関するアドバイスなどの、マネジメントに対する支援も含まれるようになった。

■瑕疵《かし》工事の修復に関する支援

管理組合と販売会社・施工会社の間に立って、中立的立場から次の支援を行っている。

瑕疵《かし》の内容・責任関係・瑕疵補修の技術的判断（ただし、会員のなかには調停委員も多いため、直接係争にはかかわれない）。

当協会の支援内容は以上だが、支援契約の締結にあたっては工事費に左右されることなく、実際の業務に予想される労力を基準に契約金額の算出をしている。

NPO法人 建築技術支援協会

概　要

高度な技術や豊富な経験を持つベテラン建築技術者の集団。次世代への熟練技術の伝承、市民への建築・住宅に関する技術の情報発信活動などを通して社会に貢献している。

連絡先

〒113-0033
東京都文京区本郷6-25-14　宗文館ビル3F
TEL：03-5689-2911
FAX：03-5689-2912
URL：http://www.psats.or.jp/
E-mail：psats@psats.or.jp

「パークサイド平塚」（245戸）で行った耐震診断。コンクリートの強度を調べるコア抜き作業

執筆者プロフィール

第1章

村上　心　椙山女学園大学生活科学部教授。1992年東京大学大学院博士課程満了後、椙山女学園大学講師、デルフト工科大学客員研究員を経て現職。博士（工学）

大坪　明　武庫川女子大学生活環境学科教授。1948年生まれ。アール・アイ・エー大阪支社副支社長を経て2006年より現職。NPO 団地再生研究会理事、団地再生産業協議会特別委員

江川直樹　建築家／関西大学環境都市工学部建築学科教授。早稲田大学建築学科卒業、同大学院修士課程修了。現代計画研究所大阪代表。日本都市計画学会賞（計画設計賞）、都市住宅学会賞などを受賞

土師純一　堺市議会議員。1960年大阪府堺市生まれ。広告代理店の大広、博報堂 DY メディアパートナーズを経て、2007年4月より現職

河﨑恭広　大阪ガス株式会社近畿圏部理事。広島県生まれ。1972年日本住宅公団入社。主に団地計画・再開発・調査研究業務を担当。2008年 UR 都市機構退社

大沼正寛　東北文化学園大学准教授／建築研究所 MAIS。東北大大学院修了、工学博士。伊藤邦明都市建築研究所、東北文化学園大学講師を経て現職。建築家。東北の風土醸成に寄与する建築デザインを探求

星田逸郎　建築家。1958年大阪府生まれ。神戸大学環境計画学科卒。2001年星田逸郎空間都市研究所を設立、都市・集住体・独立住宅などの幅広い計画・設計に従事

川村眞次　UR サポート設計技術部長。大阪工業大学建築学科卒、日本住宅公団などを経て現在 UR サポート設計技術部長、大阪芸術大学非常勤講師。専門は集住体デザイン

第2章

齋藤亮太郎　明治大学澤田研究室 OB ／竹中工務店東京本店設計部。1981年生まれ。明治大学卒業。澤田研究室在籍中に、建築構法から建築デザインまで幅広く習得。3年前、ドイツ・ライネフェルデを訪問

ポール・スミザー　ガーデンデザイナー／ホーティカルチャリスト。1970年英国生まれ。宝塚市ガーデンフィールズ内シーズンズ、そのほか、各地の庭園を手がける。TV 出演・著作多数

河村和久　建築家／マインツ工科大学建築学科教授。1949年福岡県生まれ。東京藝術大学建築科卒業後渡独。アーヘン工科大学工学部建築学科卒業。ケルンにて自営。ライネフェルデ日本庭園など日独交流プロジェクトに参加

原　大祐　Co.Lab 代表取締役。1978年3月生まれ。青山学院大学経済学部経済学科卒業。団地再生産業協議会事務局に従事。Co.Lab 代表取締役、西湘をあそぶ会代表

仁連孝昭　滋賀県立大学副学長／ NPO 法人エコ村ネットワーキング理事長。1948年大阪府生まれ。京都大学大学院経済学研究科博士課程修了。1995年より滋賀県立大学環境科学部教授。

安原喜秀　居心地研究所。東京生まれ。1992年に居心地を研究する初の「居心地研究所」を設立。東海大学大学院客員教授

鈴木優里　武庫川女子大学生活環境学部生活環境学科助手。武庫川女子大学大学院修士課程2年時、兵庫県尼崎市の西武庫団地で住戸自主改修実験を実施

寺田美恵子　NPO 法人福祉亭理事。2001年多摩市高齢福祉課（当時）の呼びかけで集まった市民が「高齢者社会参加拡大事業運営協議会」を発足。福祉部会メンバーとして福祉亭設立に参加

第3章

牧野純子　市浦ハウジング＆プランニング大阪事務所計画室勤務。技術士、マンション管理士、森林インストラクター

小林秀樹　千葉大学大学院工学研究科建築・都市科学専攻教授。1977年東京大学建築学科卒業。工学博士。建設省建築研究所を経て、現職。住宅問題、建築計画を専門とする

角野幸博　関西学院大学総合政策学部教授。専門は都市計画、住環境計画。工学博士、一級建築士。主な著書は『郊外の20世紀』、『近代日本の郊外住宅地』ほか

中道育夫　多治見市34区ホワイトタウン自治会元区長。1972年北海道大学卒。建設コンサルタント会社勤務。技術士（応用理学部門）。元多治見市議会議員（1995年4月～ 2007年4月）

水野成容　大阪ガス株式会社近畿圏部部長。1984年入社。京都リサーチパークの開発やサステナブル建築世界会議東京大会事務局などを担当後、2006年4月より現職

鈴木克彦　京都工芸繊維大学大学院工芸科学研究科教授。大阪大学工学部建築工学科卒業、同大学院修了。工学博士。一級建築士。日本建築学会賞、日本マンション学会論文賞、日本建築協会「建築と社会」賞ほか

小山展宏　都市・建築研究者。1976年神奈川県茅ケ崎市生まれ。日本とデンマークで建築設計、まちづくり、各種研究活動に従事している。社会システムデザインプロジェクトアーキビスト、早稲田大学理工学研究所嘱託研究員

山本俊哉　明治大学理工学部建築学科准教授。1959年生まれ。㈱マヌ都市建築研究所を経て、2004年より現職。専門は都市計画・安全学。博士（学術）。主な著書に「防犯まちづくり」

菅　孝能　株式会社山手総合計画研究所。1965年東京大学建築学科卒。横浜市の都市デザイン、神奈川県下各地の景観づくり、湘南 CX の都市づくり、公共図書館の設計などに携わる

平館孝雄　DATE プランニングアソシエイツ代表取締役。1964年東京大学建築学科卒。日本設計建築設計本部長などを経て2005年より現職。団地再生産業協議会専務理事。NPO 団地再生研究会常任理事

山森芳郎　たまプラーザ住宅管理組合理事長。1940年生まれ。東京工業大学助手、農村生活総合研究センター主任研究員を経て、共立女子短期大学教授。工学博士。2007 ～ 08年度たまプラーザ住宅管理組合理事長

第4章

尾身嘉一　大栄工業株式会社社長。1940年生まれ。一級建築士。設計事務所勤務の後、父・信蔵設立の工務店を引き継ぐ。「匠の会」理事長

横山　圭　東京理科大学初見研究室卒業。修士論文は「居住者の自主改修による団地再生」(2007年)

下田邦雄　東京ガス株式会社。都市基盤整備公団(現・都市再生機構)を経て、2003年から東京ガスに勤務。現在、リビング企画部技術顧問

桂嶋史夫　山梨県住宅供給公社事業課長。1968年より山梨県住宅供給公社勤務。97年企画調整課長として環境・安全・安心のまち「双葉・響が丘」をプロデュース。一級建築士。専門は、まちづくり

安孫子義彦　株式会社ジエス代表取締役。1968年東京大学工学部建築学科卒。70年ジエス創設。住宅の設備部品の開発、コンサルティングに従事。日本建築設備診断機構専務理事兼務。一級建築士、建築設備士

片倉百樹　東京電力株式会社顧問。東京大学工学部都市工学科卒、東京電力入社。以来一貫してエネルギー営業部門に従事。家庭・都市・産業などあらゆる分野に向けたヒートポンプ・蓄熱システムの開発・普及に力を注ぐ

横谷　功　YKK AP株式会社改装推進室室長。1959年三重県生まれ。三重大学工学部卒業。2006年より現職

南　一誠　芝浦工業大学工学部建築学科教授。東京大学およびマサチューセッツ工科大学大学院修了、博士(工学)、S.M.Arch.。専門は建築構法計画、建築設計

鎌田一夫　住まいの研究所。1944年東京都生まれ。千葉大学建築学科卒。旧住都公団建築技術試験場長などを歴任後、住まいの研究所を主宰。新建築家技術者集団常任幹事

関連団体ホームページ

団地再生産業協議会　www.danchisaisei.org/

NPO団地再生研究会　www.tok2.com/home/danchisaisei/

合人社計画研究所　www.gojin.co.jp/

団地再生に関する参考書籍

【建築と都市】

『サステイナブル社会の建築——オープンビルディング』
編集:H.ファスビンダー+A.プロフェニールス(日本語版監修:澤田誠二、藤澤好一)　New Wave in Building研究会　日刊建設通信新聞社　1998

『高齢社会と都市のモビリティ』
まちづくりと交通プランニング研究会編　学芸出版社2004

『建築とモノ世界をつなぐ——モノ・ヒト・産業、そして未来』
松村秀一　彰国社　2005

『都市田園計画の展望——「間にある都市」の思想(ZwischenStadt)』
トマス・ジーバーツ(監訳:蓑原敬　訳:澤田誠二、渋谷和久、村木美貴、小林博人、姥浦道生、村山顕人)　学芸出版社　2006

『まちづくり教科書(10):地球環境時代のまちづくり』
日本建築学会編(編集:岩村和夫)　丸善　2007

『現代都市のリデザイン——これからのまちづくり心得』
リデザイン研究会　東洋書店　2008

【団地再生まちづくり:海外事例】

『まちづくりの新潮流——コンパクトシティ/ニューアーバニズム/アーバンビレッジ』
松永安光　彰国社　2005

『IBAエムシャーパークの地域再生——「成長しない時代」のサスティナブルなデザイン』
永松栄　水曜社　2006

『ライネフェルデの奇跡——まちと団地はいかにしてよみがえったか』
Das Wunder von Leinefelde—Eine Stadt erfindet sich neu(日本語版監修:澤田誠二)　水曜社　2009

【住まいとまちづくり】

『建築士が語る家づくりの真髄』
峰政克義　岩波書店　2008

『建築士が育てる地域力——もの・まち・くらしづくり』
日本建築士会連合会　日刊建設通信新聞社　2009

『この街は、なぜ元気なのか?——北海道伊達市モデル』
桐山秀樹　かんき出版　2008

『自分らしく住むためのバリアフリー——ハウスアダプテーションの事例から』
住宅総合研究財団　岩波書店　2006

【団地再生の事例・手法・アイディア】

『住宅Vol.55』(特集:集合住宅団地の再生)
団地再生卒業設計賞にみる団地再生アイデア(澤田誠二)　社団法人日本住宅協会　2006

『団地再生まちづくり——建て替えずによみがえる団地・マンション・コミュニティ』
NPO団地再生研究会・合人社計画研究所　水曜社　2006

『ニュータウン再生——引き潮時代のタウンマネジメント』
秋元孝夫　NPO多摩ニュータウン・まちづくり専門家会議　2007

『千葉市団地型マンション再生マニュアル』
千葉大学工学部都市環境システム学科・小林研究室
千葉市都市局建築部住宅政策課

団地再生シンポジウム「既存住棟を活用した団地の新たな魅力づくり」
都市住宅学会関西支部　住宅団地のリノベーション研究委員会(入手先:武庫川女子大学教授　大坪明)

『CEL Vol.88』(特集持続可能なハウジング“団地再生”)
大阪ガス エネルギー・文化研究所　2009

団地再生まちづくり2
よみがえるコミュニティと住環境

二〇〇九年七月一一日　初版第一刷

編　著　団地再生産業協議会
NPO団地再生研究会
合人社計画研究所

発行者　仙道 弘生

発行所　株式会社 水曜社
〒160-0022 東京都新宿区新宿一-一四-一二
電　話 〇三-三三五一-八七六八
ファックス 〇三-五三六二-七二七九
www.bookdom.net/suiyosha/

印刷所　大日本印刷株式会社

制　作　株式会社 青丹社

装　幀　西口雄太郎

定価はカバーに表示してあります。
乱丁・落丁本はお取り替えいたします。

 ISBN978-4-88065-222-1 C0052